拟微分算子

（第三版）

Pseudodifferential Operators
(Third Edition)

陈恕行

中国教育出版传媒集团

高等教育出版社·北京

图书在版编目（CIP）数据

拟微分算子 / 陈恕行著 . -- 3 版 . -- 北京 : 高等
教育出版社，2024.8. -- ISBN 978-7-04-062581-3

Ⅰ . O175.3

中国国家版本馆 CIP 数据核字第 2024280AZ0 号

拟微分算子
Ni Weifen Suanzi

策划编辑 吴晓丽	责任编辑 吴晓丽		封面设计 张 楠 李卫青		版式设计 徐艳妮
责任校对 胡美萍	责任印制 刘弘远				

出版发行	高等教育出版社	网　　址	http://www.hep.edu.cn
社　　址	北京市西城区德外大街4号		http://www.hep.com.cn
邮政编码	100120	网上订购	http://www.hepmall.com.cn
印　　刷	天津鑫丰华印务有限公司		http://www.hepmall.com
开　　本	787mm×960mm　1/16		http://www.hepmall.cn
印　　张	18.5	版　　次	1995 年 5 月第 1 版
字　　数	260 千字		2024 年 8 月第 3 版
购书热线	010-58581118	印　　次	2024 年 8 月第 1 次印刷
咨询电话	400-810-0598	定　　价	49.00 元

本书如有缺页、倒页、脱页等质量问题，请到所购图书销售部门联系调换

版权所有　侵权必究
物 料 号　62581-00

序

拟微分算子是 20 世纪 60 年代发展起来的数学分支。随着数学理论的发展，它已经与广义函数、Sobolev 空间理论一样，成为一种常用的数学工具，在偏微分方程理论的各个方面以及在调和分析、多复变函数、微分几何等领域的许多问题的研究中有广泛的应用。对于一个从事数学理论研究的学者，特别是对于研究偏微分方程理论的学者，具备并熟练掌握这方面的基本知识与技能是十分必要的。在本书中我们将较详细地介绍拟微分算子的基本理论与应用。阅读或使用本书的读者仅需具备基本的偏微分方程知识以及关于广义函数、Sobolev 空间、微分流形的一些基本概念。本书可以作为数学系研究生的教材，也可作为有关数学教师与研究工作者的参考书。

本书分成基础篇与应用篇两部分。基础篇的五章介绍拟微分算子的基本理论。首先，介绍拟微分算子的基本性质与其象征的运算规则，建立拟微分算子代数。其次，还结合拟微分算子的拟局部性质介绍了波前集的概念与微局部分析的基本思想，并对拟微分算子的有界性作了一定的介绍。我们相信这对从事偏微分方程或调和分析研究的学者是十分有用的。应用篇的四章介绍拟微分算子在偏微分方程理论研究中的应用，包括椭圆型方程边值问题和双曲型方程初值问题与初边值问题的理论，涉及解的存在性、唯一性、正则性与奇性分析等基本问题。本书未能介绍局部可解性问题的系统研究成果，因为这一专题太大，本书的篇幅无法容纳，有兴趣的读者可参考有关的文献与专著。

以上内容中第一章、第五章以及后记是第二版与第三版中先后增加的，其中简要地介绍拟微分算子理论的历史与发展，让读者能从更宽广的背景下了解书中详细介绍的基本内容。

若将本书作为一门研究生课程的教材，则可以根据学时安排与研究生的具体情况讲授全书或其中一部分内容。特别是应用篇四章的内容相互独立，略去一段不会对其他部分的学习产生影响。如果教学时数较紧，也可以选取本书前三章、第四章的 §1 以及第五章的 §1，构成一个较少内容的组合，在二十余学时中讲授完毕。

在本书写作过程中作者得到了许多老师与同事的关心和帮助，在此表示衷心的感谢。由于作者水平所限，书中难免有不妥之处，恳切地希望读者们给予批评指正。

陈恕行

二〇二四年于复旦大学

目　录

基 础 篇

第一章
拟微分算子的由来

§1. 从几个例子说起

偏微分方程理论的研究有久远的历史. 到了 20 世纪 50 年代, 由于广义函数理论的建立, 人们逐步习惯于用这样一个观点来看待微分方程, 即认为它是由一个微分算子所导出的映射. 于是, 一个微分方程的求解就可以视为相应的微分算子在一定意义上求逆. 按照算子复合的观点, 在微分算子类中可以进行加法与乘法的运算, 而除法运算 (即求逆运算) 一般不能进行. 寻找一个合理的除法运算的定义, 有必要的话还可以适当扩大微分算子类, 就成为数学家追求的一个目标.

例如, 考察在以 $(x_1, \cdots, x_n)$ 为自变量的 $\mathbb{R}^n$ 中的偏微分方程

$$-\Delta u + u = f, \tag{1.1.1}$$

它经 Fourier 变换

$$\hat{u}(\xi) = \int u(x) e^{-i\langle x, \xi \rangle} dx \tag{1.1.2}$$

后可以化成

$$(1 + |\xi|^2)\hat{u}(\xi) = \hat{f}(\xi), \tag{1.1.3}$$

于是 $\dfrac{\hat{f}(\xi)}{1+|\xi|^2}$ 的 Fourier 逆变换

$$A[f] = (2\pi)^{-n} \int \frac{1}{1+|\xi|^2} e^{i\langle x,\xi\rangle} \hat{f}(\xi) d\xi \tag{1.1.4}$$

就给出了方程 (1.1.1) 的解. 算子 A 称为 **Fourier 乘子算子**, 利用它就将 (1.1.1) 的求解轻松地解决了.

然而在一般情况下微分算子的求逆并非如此简单. 显然, 若 (1.1.1) 左边的算子代之以 $-\Delta u$, 则 (1.1.3) 就得更换成

$$|\xi|^2 \hat{u}(\xi) = \hat{f}(\xi), \tag{1.1.5}$$

这时 $|\xi|^2$ 在 $\xi = 0$ 处出现零点. 而在 (1.1.5) 两边除以 $|\xi|^2$ 的运算在一般的广义函数类中是不允许的. 尽管如此, 在 Fourier 变换的对偶变量空间中作代数运算有可能对应于在原自变量空间中作更广义的运算是一个值得注意的事实.

又如, 在讨论单个空间变量的波动方程 (弦振动方程)

$$\frac{\partial^2 u}{\partial t^2} - a^2 \frac{\partial^2 u}{\partial x^2} = 0 \tag{1.1.6}$$

时, 左边的波动算子可以分解, 从而 (1.1.6) 可以写成

$$\left(\frac{\partial}{\partial t} - a\frac{\partial}{\partial x}\right)\left(\frac{\partial}{\partial t} + a\frac{\partial}{\partial x}\right) u = 0. \tag{1.1.7}$$

这里, 将二阶算子分解为两个一阶算子 $\left(\dfrac{\partial}{\partial t} - a\dfrac{\partial}{\partial x}\right)$ 与 $\left(\dfrac{\partial}{\partial t} + a\dfrac{\partial}{\partial x}\right)$ 的乘积是一个重要的研究方法. 它显示了波动过程包含了左传播运动与右传播运动的内涵, 而且还提供了该方程及相应定解问题的解法. 但是, 当我们试图用相似的方法来讨论三维空间中的波动方程

$$\frac{\partial^2 u}{\partial t^2} - a^2 \Delta u = 0 \tag{1.1.8}$$

时, 是否也能将方程写成

$$\left(\frac{\partial}{\partial t} - a\Delta^{1/2}\right)\left(\frac{\partial}{\partial t} + a\Delta^{1/2}\right) u = 0 \tag{1.1.9}$$

呢? 如果形式地这么写, 那么 $\Delta^{1/2}$ 该如何理解与具体决定呢?

再考察一个偏微分方程的边值问题. 假设我们已经知道了 Laplace 算子的 Dirichlet 问题的可解性 (可以通过泛函方法得到, 如见 [Ch3]), 今据此讨论 Laplace 算子的第三边值问题的求解. 设 Ω 为 $\mathbb{R}^n$ 中给定的有界区域, 其边界 $\partial\Omega$ 是光滑的. 若 u 满足

$$\Delta u = 0, \quad \text{在 } \Omega \text{ 内,} \tag{1.1.10}$$

$$\frac{\partial u}{\partial n} + \sigma u = g, \quad \text{在 } \partial\Omega \text{ 上.} \tag{1.1.11}$$

如何求解 u?

已知 Ω 中的 Dirichlet 问题是可解的. 若对 $u|_{\partial\Omega} = h \in L^2(\partial\Omega)$, 问题

$$\begin{cases} \Delta u = 0, \\ u|_{\partial\Omega} = h \end{cases} \tag{1.1.12}$$

的解记为 u_h, 则 u_h 在边界上的法向导数为 $\dfrac{\partial}{\partial n}u_h$. 于是, 第三边值问题 (1.1.10), (1.1.11) 的解在边界 $\partial\Omega$ 上满足

$$\frac{\partial u_h}{\partial n} + \sigma u_h = g. \tag{1.1.13}$$

将 $\dfrac{\partial}{\partial n}u_h$ 写成 $G(h)$, 则有

$$G(h) + \sigma h = g. \tag{1.1.14}$$

若方程 (1.1.14) 可解出 h, 则原问题 (1.1.10), (1.1.11) 的解就可以用 u_h 表示.

(1.1.14) 是怎样的一个方程呢? 它决定于算子 G 的性质. G 是一个线性算子, 我们可以将 h 进行分解, 使得 h 的支集只集中在 $\partial\Omega$ 的某个邻域中. 再作展平, 就化成区域 Ω 为 $\mathbb{R}^n_+$ 的情形.

对于问题

$$\Delta u = 0, \quad \text{在 } \mathbb{R}^n_+ \text{ 中,} \tag{1.1.15}$$

$$\frac{\partial u}{\partial n} + \sigma u = g, \quad \text{在 } x_n = 0 \text{ 上} \tag{1.1.16}$$

的求解, 可以作关于变量 $x_1, x_2, \cdots, x_{n-1}$ (合记为 x') 的部分 Fourier

变换. 记 u 关于 x' 的 Fourier 变换为 $\hat{u}$, 有

$$\frac{\partial^2 \hat{u}}{\partial x_n^2} - |\xi'|^2 \hat{u} = 0,$$

$$\hat{u}|_{x_n=0} = \hat{h}.$$

取其有界解, 得

$$\hat{u} = e^{-|\xi'|x_n}\hat{h}, \tag{1.1.17}$$

从而

$$u(x) = (2\pi)^{-(n-1)} \int e^{i\langle x', \xi'\rangle - |\xi'|x_n} \hat{h}(\xi')d\xi', \tag{1.1.18}$$

求关于 x_n 的导数, 有

$$\frac{\partial u}{\partial x_n} = (2\pi)^{-(n-1)} \int -|\xi'|e^{i\langle x', \xi'\rangle - |\xi'|x_n} \hat{h}(\xi')d\xi', \tag{1.1.19}$$

注意到 $G(h)$ 即 u 在边界 $x_n = 0$ 上的外法向导数 $-\dfrac{\partial u}{\partial x_n}$, 故

$$G(h) = (2\pi)^{-(n-1)} \int |\xi'|e^{i\langle x', \xi'\rangle} \hat{h}(\xi')d\xi'. \tag{1.1.20}$$

由此知, G 是以 $|\xi'|$ 为乘子的 **Fourier 乘子算子**. 算子 G 以及上面遇到的算子 A 与 $\Delta^{1/2}$ 都是本书中将详细研究的拟微分算子的特例. 显然, 当我们清楚地了解了算子 $G(h)$ 的性质后, 就可以对于方程 (1.1.14) 或边值问题 (1.1.10), (1.1.11) 的可解性给予明确的回答.

在调和分析理论中经常用到 Hilbert 变换, 它的定义是

$$Hf(x) = \text{P.V.} \int_{-\infty}^{\infty} \frac{f(y)}{x-y}dy, \tag{1.1.21}$$

其中 P.V. 表示 Cauchy 主值积分. 当 $f \in C_c^{\infty}$ 时,

$$Hf = \lim_{\varepsilon \to 0} \left(\int_{-\infty}^{-\varepsilon} + \int_{\varepsilon}^{\infty} \right) \frac{f(y)}{x-y}dy,$$

利用广义函数卷积的记号, 它可写成

$$Hf = \text{P.V.} \left(\frac{1}{x} \right) * f.$$

而由广义函数的运算知, P.V. $\left(\dfrac{1}{x}\right)$ 的 Fourier 变换为 $\pi i \operatorname{sgn} \xi$, 故

$$\widehat{Hf} = \pi i \operatorname{sgn} \xi \cdot \hat{f}(\xi), \tag{1.1.22}$$

它也是一种 Fourier 乘子算子.

比 (1.1.21) 形式更为一般的奇异积分算子

$$H_\Omega f = \text{P.V.} \int \frac{\Omega(x-y)f(y)}{x-y} dy \tag{1.1.23}$$

就无法用 Fourier 乘子来表示. 在多变量的情况下, 奇异积分算子 H_Ω 的形式为

$$H_\Omega f = \text{P.V.} \int \frac{\Omega(x-y)f(y)}{|x-y|^n} dy, \tag{1.1.24}$$

其中 x, y 都是 $\mathbb{R}^n$ 上的变量. 特别地, 当 $\Omega(x) = \dfrac{x_j}{|x|}$ 时, (1.1.24) 称为 Riesz 算子. Riesz 算子与一般形式的奇异积分算子在调和分析中有广泛的应用. 奇异积分算子也是拟微分算子的特例.

§2. 历史的回顾

尽管在 20 世纪中叶有许多拓广微分算子的尝试, 然而最终胜出的是 L. Nirenberg 与 L. Hörmander 等数学家所引入的拟微分算子, 它将在本书中被较详细的介绍. 拟微分算子能胜出的原因在于它的形成与发展伴随着偏微分方程发展历史上一些基本问题研究的重大进展, 如多变量线性偏微分方程 Cauchy 问题解的唯一性、局部可解性等. 存在性与唯一性都是偏微分方程理论中最为基础性的问题. 早在 20 世纪初 E. Holmgren 已证明了具有解析系数 Cauchy 问题在非解析函数类中的唯一性. 但是当方程的系数仅为 C^∞ 函数时, Cauchy 问题的解不一定是唯一的. 到 20 世纪 30 年代末, T. Carleman 对含两个自变量方程的 Cauchy 问题得到了较普遍的结果. 可是对于含多个自变量的方程, 仍只有零星的结果. 1958 年 Calderón 利用奇异积分算子证明了主型偏微分方程 Cauchy 问题解的唯一性. 他只要求方程具有 C^∞ 系数且不出现重特征, 并不需要对方程的类型加什么限制. Calderón 证

明 Cauchy 问题唯一性的要点是先利用奇异积分算子 Λ (也就是本书中将介绍的以 $|\xi|$ 为象征的拟微分算子), 将高阶方程化成一阶方程组, 这种化高阶方程为方程组的方法不会增加特征, 因而得到的方程组也不具有重特征. 然后对一阶方程组进行适当的分解, 又化成一阶方程的相应问题. 这里 Calderón 对于偏微分方程所作的种种变形实际上都是拟微分算子的运算. 最终也是在对拟微分算子精细估计的基础上完成了唯一性的证明.

另一个例子是关于偏微分方程局部可解性的研究. 长期以来人们认为一个偏微分方程总是有许多解的, 需要附加一些定解条件来确定所需要的解. 然而在 1957 年 H. Lewy 给出了一个具有复系数的偏微分方程 $Pu = f$. 对于这个方程, 若仅要求 f 是原点邻域中的 C^∞ 函数, 则对于很多 f, 方程根本就没有解. 这一现象的发现, 促使人们去研究这样一个问题, 究竟什么样的微分算子才使方程对任意右端都是有解的 (即使是局部的). 1963 年 L. Nirenberg 与 F. Treves 首先解决了具复系数的一阶主型微分算子的局部可解问题, 但是对于高阶算子的局部可解性直到 1970 年才有重要进展, 其原因也是在此以前缺乏合适的分析工具. 1970 年 L. Nirenberg 与 F. Treves 在证明局部可解性的必要条件与充分条件时, 先在高阶微分算子的特征点的邻域中将所考察的算子分解成一个椭圆算子与一个一阶算子的乘积, 然后集中力量考察一阶算子的局部可解性而导出所欲证明的结论. 上面提到的算子都是拟微分算子, 这些做法都只有在拟微分算子的系统理论建立以后才有可能.

上述两个问题的解决都是偏微分方程发展历史上的重大进展, 拟微分算子理论在局部可解性与 Cauchy 问题唯一性的研究中表现出来的巨大威力毋庸置疑地确立了拟微分算子以及在此基础上进一步推广的 Fourier 积分算子的重要地位, 并开拓了一个崭新的研究方向 (微局部分析). 数学家们发现, 偏微分方程理论中的一些经典问题, 例如高维严格双曲型偏微分方程 Cauchy 问题与椭圆型方程一般边值问题, 虽然过去已有较完整的结果, 但利用拟微分算子可以得到更简洁的证明. 另外一些问题, 如高维双曲型方程的初边值问题, 过去一直没有好的处理办法, 而利用拟微分算子进行精细的分析, 即可导出理想的结果. 此外, 有些问题如偏微分方程解的正则性 (包括亚椭圆性、奇性传播等) 还可以利用拟微分算子给出更精细的结果. 20 世纪 60 年代是偏微分方程理论硕果累累、成就卓著的年代, 其中许多最重要的成就均与拟微分算子理论紧密相关. 这里最突出的例子就是 Atiyah-Singer 指标定理. 这个定理指出, 在一个微分流形上定义的椭圆算子组的拓扑指标与解析指标相等, 它被誉为 20 世纪下半叶的一个重大数学成就. 而这里的解析指标正是借助于拟微分算子定义的.

拟微分算子理论在非线性问题的研究中也发挥着重要的作用. 例如, A. Majda 于 1983 年应用具有限正则性象征的拟微分算子理论证明了可压缩流 Euler 方程组高维间断初值问题激波解的存在性, 从而掀开了对高维激波数学理论研究的新篇章 (见 [Ma1], [Ma2]). 又如 S. Aliuhac、J. Y. Chemin 先后将微局部分析应用于可压缩流与不可压缩流中奇性发展的研究, 均取得了令人瞩目的成绩 (见 [Al2], [Al3], [Che1], [Che2] 等).

总之, 拟微分算子在整个数学理论发展中的地位与重要性已得到公认. 拟微分算子的理论、思想与方法也已与其他数学分支相融合, 成为数学家所必备的数学修养之一, 本书将以相对简练的篇幅介绍拟微分算子的基本理论与若干重要应用. 它可以作为该领域的入门书, 为有关的读者提供必备的基础与能力, 也为更有兴趣的读者铺路, 使他们能对相关的文献进行更深入的阅读与研究.

第二章
拟微分算子的概念与基本运算

---

§1. 拟微分算子的概念

设在空间 $\mathbb{R}^n$ 中给定一个具 C^∞ 系数的线性偏微分算子 $P \equiv P(x, D)$, 可表示为

$$P(x, D) \equiv \sum_{|\alpha| \leqslant m} a_\alpha(x) D^\alpha, \tag{2.1.1}$$

其中 x 表示变量 $(x_1, \cdots, x_n)$, α 为重指标 $(\alpha_1, \cdots, \alpha_n)$, $|\alpha| = \sum_{k=1}^{n} \alpha_k$, $D^\alpha = D_1^{\alpha_1} \cdots D_n^{\alpha_n} = \left(\dfrac{1}{i}\partial_{x_1}\right)^{\alpha_1} \cdots \left(\dfrac{1}{i}\partial_{x_n}\right)^{\alpha_n}$, 其中 i 为虚数单位. 算子 P 可作用于任意的 $C_c^\infty(\mathbb{R}^n)$ 函数 $u(x)$. 由于 $u(x)$ 可以利用其 Fourier 变换表示为

$$u(x) = (2\pi)^{-n} \int e^{i\langle x, \xi \rangle} \hat{u}(\xi) d\xi,$$

其中 $\langle x, \xi \rangle = \sum_{k=1}^{n} x_k \xi_k$. 由 Fourier 变换的性质知

$$P(x, D)u = (2\pi)^{-n} \int e^{i\langle x, \xi \rangle} \sum_{|\alpha| \leqslant m} a_\alpha(x) \xi^\alpha \hat{u}(\xi) d\xi$$

$$= (2\pi)^{-n} \int e^{i\langle x,\xi\rangle} p(x,\xi)\hat{u}(\xi)d\xi. \qquad (2.1.2)$$

于是, 当我们给定一个 $\xi = (\xi_1, \cdots, \xi_n)$ 的多项式 $a(x,\xi)$ 后, 可以按

$$Au = \int e^{i\langle x,\xi\rangle} a(x,\xi)\hat{u}(\xi)đ\xi \qquad (2.1.3)$$

定义一个线性偏微分算子. 这里与今后, 为书写方便起见, 记 $(2\pi)^{-n}d\xi$ 为 $đ\xi$. 由于 (2.1.3) 式对更一般的函数 $a(x,\xi)$ 仍有意义, 故利用这一形式可以考察更一般的线性算子. 例如按积分 $\int e^{i\langle x,\xi\rangle}(1+|\xi|^2)^{-1}\hat{u}(\xi)đ\xi$, $\int e^{i\langle x,\xi\rangle}|\xi|\hat{u}(\xi)đ\xi$ 所定义的算子, 对于 $C_c^\infty(\mathbb{R}^n)$ 函数或更一般的函数的作用有意义. 由 (2.1.3) 式所确定的线性算子就称为**拟微分算子**.

通过将微分算子表示形式 (2.1.2) 中的多项式替换为更一般的函数, 我们得到了微分算子的一种推广——拟微分算子. 这并不仅仅是一种形式上的推广, 而且在应用上会带来很大的方便. 例如推广后的算子可形成一个代数, 并且在其中可以包括特定意义下的逆算子等. 举例来说, 若我们考察在空间 $\mathbb{R}^n$ 上的椭圆型方程

$$-\sum_{i=1}^{n} \frac{\partial^2 u}{\partial x_i^2} + u = f, \qquad (2.1.4)$$

其中 $f \in C_c^\infty$. 为求这个方程的解, 将方程两边作 Fourier 变换, 得

$$(|\xi|^2 + 1)\hat{u}(\xi) = \hat{f}(\xi).$$

于是 $u(x)$ 可以表示为

$$u(x) = \int e^{i\langle x,\xi\rangle} \frac{1}{1+|\xi|^2} \hat{f}(\xi)đ\xi. \qquad (2.1.5)$$

(2.1.5) 式右边就是前面出现过的算子, 它可视为 $I - \Delta$ 的逆算子.

算子 (2.1.5) 给出了方程 (2.1.4) 的解的表达式, 容易理解, 如果在所考察的算子类中包含了偏微分算子的逆算子 (或即使是一部分偏微分算子的逆算子), 将给偏微分方程的求解带来很大的方便. 上例中讨论的是常系数椭圆型方程的情形. 对于变系数椭圆型算子, 也可以利用今后建立的拟微分算子运算法则, 建立其在较弱意义下的 “逆” 算子.

由 (2.1.3) 式可知, 函数 $a(x,\xi)$ 在拟微分算子的定义中起着重要

的作用, 因此, 在给出拟微分算子的确切定义以前, 先对它所属的函数类做一个规定.

定义 2.1.1　对于给定的满足条件 $0 \leqslant \delta < \rho \leqslant 1$ 的实数 ρ, δ 以及实数 m, 若函数 $a(x, \xi) \in C^\infty(\mathbb{R}_x^n \times \mathbb{R}_\xi^n)$, 且对任意重指标 α, β, 成立

$$|\partial_\xi^\alpha \partial_x^\beta a(x, \xi)| \leqslant C_{\alpha, \beta}(1 + |\xi|)^{m - \rho|\alpha| + \delta|\beta|}, \tag{2.1.6}$$

其中 $C_{\alpha, \beta}$ 是常数, 则称 $a \in S_{\rho, \delta}^m$. [①]

具有 $C_c^\infty(\mathbb{R}_x^n)$ 系数的 ξ 的 m 次多项式属于 $S_{1,0}^m$ 类. 显然, 一般的 $S_{\rho, \delta}^m$ 类中包含更多的函数, 例如 $(1 + |\xi|^2)^{1/3}$, $(1 + |x|^{2\mu} + |\xi|^{2v})^{-1}$ 等都属于具有适当参数的 $S_{\rho, \delta}^m$ 类. 因此通过 $S_{\rho, \delta}^m$ 函数类可以定义比熟知的微分算子更广泛的拟微分算子.

从以后的讨论可知, $0 \leqslant \delta < \rho \leqslant 1$ 是一个使拟微分算子运算得以顺利进行的必要条件. $\rho = \delta$ 可能对应于一些特殊的奇异情形 (参见本书第四章 §2).

以下我们通常讨论 $\rho = 1, \delta = 0$ 的情形, 特别在本章中更是如此, 故我们简记 $S_{1,0}^m$ 为 S^m, 又记 $S^\infty = \bigcup_m S^m$, $S^{-\infty} = \bigcap_m S^m$.

定义 2.1.2　若函数 $a(x, \xi) \in S^m$, 则可以定义 $\mathscr{S}(\mathbb{R}^n) \to \mathscr{S}(\mathbb{R}^n)$ 的线性连续映射 A 为

$$Au(x) = \int e^{i\langle x, \xi \rangle} a(x, \xi) \hat{u}(\xi) \dbar\xi, \tag{2.1.7}$$

A 称为**拟微分算子**, 并记 A 为 $a(x, D)$, 称 $a(x, \xi)$ 为 A 的**象征**.

若 $a(x, \xi) \in S^m$, 则称 $a(x, \xi)$ 为 S^m **类象征**, 则按 (2.1.7) 定义的算子称为 ψ^m **类拟微分算子**. 相应地, 若 $a(x, \xi) \in S^\infty$, 则称 A 为 ψ^∞ **类拟微分算子**. 若 $a(x, \xi) \in S^{-\infty}$, 则称 A 为 $\psi^{-\infty}$ **类拟微分算子**.

我们在此必须说明 A 确实是 $\mathscr{S}(\mathbb{R}^n) \to \mathscr{S}(\mathbb{R}^n)$ 的线性连续映射. 事实上, 由于 $|a(x, \xi)| \leqslant (1 + |\xi|)^m$, $\hat{u}(\xi)$ 速降, 所以 (2.1.7) 式中的积分绝对一致收敛, 故 $Au(x)$ 连续, 且

[①]有的文献中在定义函数类 $S_{\rho, \delta}^m$ 时只要求 (2.1.6) 对 $x \in K \subset\subset \mathbb{R}_x^n$, $\xi \in \mathbb{R}_\xi^n$ 成立, 此时 (2.1.6) 右侧的常数与 K 有关. 亦参见本章 §5.

$$|Au| \leqslant \int (1+|\xi|)^m |\hat{u}(\xi)| d\!\!\!/\xi \sup(|a(x,\xi)|(1+|\xi|)^{-m}). \qquad (2.1.8)$$

又由于

$$D_j(Au)(x) = \int e^{i\langle x,\xi\rangle}(\xi_j a + D_j a)\hat{u}(\xi)d\!\!\!/\xi$$

$$= A(D_j u) - iA_{(j)}u,$$

$$x_j(Au)(x) = \int (D_{\xi_j}e^{i\langle x,\xi\rangle})a(x,\xi)\hat{u}(\xi)d\!\!\!/\xi$$

$$= A(x_j u) + iA^{(j)}u,$$

其中 $A_{(j)}, A^{(j)}$ 是象征分别为 $\partial_{x_j}a$ 与 $\partial_{\xi_j}a$ 的拟微分算子, 故同样可说明 $D_j(Au)(x)$ 连续, 且 $|D_j(Au)|, |x_j(Au)|$ 被 u 在 $\mathscr{S}(\mathbb{R}^n)$ 中的某些半范数所控制, 以此类推, 可知对任意 $\alpha, \beta, x^\alpha D^\beta(Au)(x)$ 都是连续的, 而且其最大模被 u 在 $\mathscr{S}(\mathbb{R}^n)$ 中的有限个半范数所控制, 因此 $Au \in \mathscr{S}(\mathbb{R}^n)$, 而且 A 是 $\mathscr{S}(\mathbb{R}^n) \to \mathscr{S}(\mathbb{R}^n)$ 的线性连续映射.

定理 2.1.1 按 (2.1.7) 式定义的拟微分算子 $a(x,D)$ 是 $\mathscr{S}(\mathbb{R}^n) \to \mathscr{S}(\mathbb{R}^n)$ 的线性连续算子. 它还可以唯一地扩张为 $\mathscr{S}'(\mathbb{R}^n) \to \mathscr{S}'(\mathbb{R}^n)$ 的线性连续算子, 其中 $\mathscr{S}'(\mathbb{R}^n)$ 中的收敛按序列弱收敛的意义理解.

证明 今只需证明后半部分, 对于 $u \in \mathscr{S}'(\mathbb{R}^n)$, 我们按下式给出 $a(x,D)u$:

$$\langle a(x,D)u, v\rangle_x = \langle \hat{u}(\xi), \frac{1}{(2\pi)^n}\int e^{ix\cdot\xi}v(x)a(x,\xi)dx\rangle_\xi, \quad \forall v \in \mathscr{S}(\mathbb{R}^n), \qquad (2.1.9)$$

这里 $\langle,\rangle_x, \langle,\rangle_\xi$ 分别表示在 $\mathbb{R}^n_x$ 与 $\mathbb{R}^n_\xi$ 中的对偶积. 由于 $u \in \mathscr{S}'(\mathbb{R}^n_x)$, 故 $\hat{u} \in \mathscr{S}'(\mathbb{R}^n_\xi)$, 所以为说明 (2.1.9) 有意义, 必须证明 $p_v(\xi) = \int e^{i\langle x,\xi\rangle}v(x)a(x,\xi)dx \in \mathscr{S}(\mathbb{R}^n_\xi)$, 且当 $v_j \to 0(\mathscr{S}(\mathbb{R}^n_x))$ 时有 $p_{v_j} \to 0(\mathscr{S}(\mathbb{R}^n_\xi))$.

事实上, 由于 $v(x)$ 是速降函数, 而 $a(x,\xi)$ 满足 (2.1.6), 故对任意重指标 α, β, 我们有

$$\left|\xi^\alpha \int e^{i\langle x,\xi\rangle}v(x)a(x,\xi)dx\right| = \left|\int (D_x^\alpha e^{i\langle x,\xi\rangle})v(x)a(x,\xi)dx\right|$$

$$= \left| \iint e^{i\langle x,\xi\rangle} D_x^\alpha(v(x)a(x,\xi))dx \right|$$

$$\leqslant C_{\alpha,v}(1+|\xi|)^m,$$

$$\left| D_\xi^\beta \int e^{i\langle x,\xi\rangle} v(x)a(x,\xi)dx \right| = \left| \iint e^{i\langle x,\xi\rangle} v(x) \sum_{\beta'+\beta''=\beta} C_{\beta'\beta''} x^{\beta'} D_\xi^{\beta''} a\, dx \right|$$

$$\leqslant C'_{\beta,v}(1+|\xi|)^m.$$

同样地, 易得 $|\xi^\alpha D_\xi^\beta p_v(\xi)| \leqslant C_{\alpha,\beta,v}(1+|\xi|)^m$, 而由于 m 为固定数, α 与 β 为任意重指标, 这就得到了 $p_v(\xi) \in \mathscr{S}(\mathbb{R}_\xi^n)$, 又当序列 $v_j \to 0(\mathscr{S}(\mathbb{R}_x^n))$ 时, C_{α,β,v_j} 关于 j 是一致的. 故得 $p_{v_j} \to 0(\mathscr{S}(\mathbb{R}_\xi^n))$.

为说明 $a(x,D)$ 的连续性, 取序列 $u_k \to 0(\mathscr{S}'(\mathbb{R}_x^n))$ 则 $\hat{u}_k \to 0(\mathscr{S}'(\mathbb{R}_\xi^n))$, 因此对任意 $v \in \mathscr{S}(\mathbb{R}_x^n)$, 由 $p_v(\xi) \in \mathscr{S}(\mathbb{R}_\xi^n)$ 知

$$\langle \hat{u}_k(\xi), \frac{1}{(2\pi)^n} \int e^{i\langle x,\xi\rangle} v(x)a(x,\xi)dx \rangle_\xi \to 0,$$

从而

$$\langle a(x,D)u_k, v\rangle_x \to 0,$$

所以 $a(x,D)$ 是 $\mathscr{S}'(\mathbb{R}_x^n) \to \mathscr{S}'(\mathbb{R}_x^n)$ 的线性连续映射.

由 $\mathscr{S}(\mathbb{R}^n)$ 在 $\mathscr{S}'(\mathbb{R}^n)$ 中的稠密性可知, 上述扩张是唯一的. 定理证毕. ■

定义 2.1.2 中的 (2.1.7) 式也可以写成

$$a(x,D)u = \int_{\mathbb{R}_\xi^n} \int_{\mathbb{R}_x^n} e^{i\langle x-y,\xi\rangle} a(x,\xi)u(y)dy \d\xi. \tag{2.1.10}$$

这时被积函数中的因子 $a(x,\xi)$ 不依赖于变量 y, 但如果由 (2.1.9) 式写出 $a(x,D)$ 的转置 (或称为对偶), 有

$$^t a(x,D)v = \int_{\mathbb{R}_\xi^n} \int_{\mathbb{R}_y^n} e^{i\langle y-x,\xi\rangle} a(y,\xi)v(y)dy \d\xi$$

$$= \int_{\mathbb{R}_\xi^n} \int_{\mathbb{R}_x^n} e^{i\langle x-y,\xi\rangle} a(y,-\xi)v(y)dy \d\xi. \tag{2.1.11}$$

(2.1.11) 式右边被积函数中的因子 $a(y,-\xi)$ 依赖于变量 y, 因此它并不

能简单地化成 (2.1.7) 的形式. 为满足在拟微分算子类中进行运算的需要, 我们将定义 2.1.2 作些扩充, 先仿照定义 2.1.1 引入

定义 2.1.3 对于给定实数 m 以及满足条件 $0 \leqslant \delta < \rho \leqslant 1$ 的实数 ρ, δ, 若函数 $a(x, y, \xi) \in C^{\infty}(\mathbb{R}_x^n \times \mathbb{R}_y^n \times \mathbb{R}_\xi^n)$, 且对任意重指标 α, β 成立

$$|\partial_\xi^\alpha \partial_{x,y}^\beta a(x, y, \xi)| \leqslant C_{\alpha,\beta}(1 + |\xi|)^{m-\rho|\alpha|+\delta|\beta|}, \qquad (2.1.12)$$

则称 $a \in S_{\rho,\delta}^m$ (或 $a \in S_{\rho,\delta}^m(\mathbb{R}_x^n \times \mathbb{R}_y^n \times \mathbb{R}_\xi^n)$).

在 $\rho = 1, \delta = 0$ 时, 我们仍简记 $S_{\rho,\delta}^m$ 为 S^m.

定义 2.1.4 若函数 $a(x, y, \xi) \in S^m$, 则按

$$Au = \int_{\mathbb{R}_\xi^n} \int_{\mathbb{R}_x^n} e^{i\langle x-y,\xi\rangle} a(x, y, \xi) u(y) dy \bar{d}\xi \qquad (2.1.13)$$

所定义的算子为 $\mathscr{S}(\mathbb{R}^n) \to \mathscr{S}(\mathbb{R}^n)$ 的线性连续映射, 它也称为拟微分算子, 其中 $a(x, y, \xi)$ 称为算子 A 的**振幅**.

式 (2.1.13) 中的积分可按累次积分理解, 它也可以按振荡积分理解 (参见下节). 若按累次积分理解 (2.1.13), 则可以与定义 2.1.2 相仿来说明 (2.1.13) 定义了 $\mathscr{S}(\mathbb{R}^n) \to \mathscr{S}(\mathbb{R}^n)$ 或 $\mathscr{S}'(\mathbb{R}^n) \to \mathscr{S}'(\mathbb{R}^n)$ 的线性连续映射, 详细的推导留给读者.

令人关心的一个问题是, 除了微分算子之外, 拟微分算子还包括哪些算子? 以下列举两类常见的线性算子, 它的重要性是无须多言的.

1) 若 $k(x, y)$ 是 $\mathscr{S}(\mathbb{R}_x^n \times \mathbb{R}_y^n)$ 类函数, 可以定义一个线性算子

$$(Ku)(x) = \int k(x, y) u(y) dy, \quad \forall u \in C_c^\infty(\mathbb{R}^n). \qquad (2.1.14)$$

这个积分算子可以改写成 (2.1.13) 的形式, 事实上, 若取 $\varphi(\xi) \in C_c^\infty(\mathbb{R}_\xi^n)$, 且 $\int \varphi(\xi) \bar{d}\xi = 1$, 则 $e^{i\langle y-x,\xi\rangle} k(x, y) \varphi(\xi) \in S^{-\infty}$. 将 Ku 写成

$$Ku = \iint e^{i\langle x-y,\xi\rangle} e^{i\langle y-x,\xi\rangle} k(x, y) \varphi(\xi) u(y) dy \bar{d}\xi,$$

则积分算子 K 可以视为具有振幅 $e^{i\langle y-x,\xi\rangle} k(x, y) \varphi(\xi)$ 的拟微分算子.

2) 若 $m(\xi)$ 为 ξ 的有界可测函数, 则由 $m(\xi)$ 所定义的 Fourier 乘子算子为

$$Mu = F_{\xi \to x}^{-1}(m(\xi)\hat{u}(\xi)), \quad \forall u \in \mathscr{S}(\mathbb{R}^n), \tag{2.1.15}$$

将这个算子改写为

$$Mu = \int e^{i\langle x,\xi\rangle} m(\xi)\hat{u}(\xi)\,d\!\!\!/\xi, \tag{2.1.16}$$

它就具有 (2.1.7) 的形式, 自然也可进一步化成 (2.1.13) 的形式, 算子 M 的象征为 $m(\xi)$ (这里, 我们实际上已将定义 2.1.2 作了推广, 允许象征属于更一般的函数类).

当 $m(\xi) = i\dfrac{\xi_j}{|\xi|}$ 时, (2.1.16) 又称为 Riesz 变换, 它也可以写成

$$Mu = C_n \int \frac{x_j - y_j}{|x - y|^{n+1}} u(y)dy \tag{2.1.17}$$

的形式, 其中 $C_n = \Gamma\left(\dfrac{n+1}{2}\right)\pi^{-\frac{n+1}{2}}$. 将 (2.1.17) 式视为积分算子, 并与 (2.1.14) 相比较, 其积分核在 $x = y$ 处有奇性, 而且不是弱奇性, 因而 (2.1.17) 式中的积分应当按 Cauchy 积分主值来理解.

许多奇异积分算子都可以写成 Fourier 乘子的形式, 奇异积分算子另一个重要的例子是 Calderón 算子, 它相当于 $m(\xi) = |\xi|$ 的情形, 我们以后将会用到它. 在拟微分算子的系统理论形成以前, 奇异积分算子的性质与应用已得到了相当详细的研究. 这种研究也促成了拟微分算子理论的产生与发展.

注　若要使 (2.1.14), (2.1.15) 式中定义的算子完全符合定义 2.1.3 的要求, 即要使它们是由 S^m 类振幅函数所生成的拟微分算子, 则还需对函数 $k(x,y), m(\xi)$ 的增长性与光滑性加一些要求. 然而, 上面我们侧重于说明拟微分算子在怎样程度上扩充了微分算子的概念, 故不曾细致地列出这些条件. 事实上, 我们还经常会根据所讨论问题的需要通过放宽对象征 $a(x,\xi)$ 与振幅 $a(x,y,\xi)$ 的限制, 引入更一般的拟微分算子类, 这在以后讨论中会遇到.

§2. 象征与渐近展开

本节中我们详细地研究象征函数类的性质, 以下只讨论 S^m 类 (即 $S^m_{\rho,\delta}$ 类中 $\rho = 1, \delta = 0$ 的情形). 以 x 记变量 $(x_1, \cdots, x_n)$, 以 θ 记变量 $(\theta_1, \cdots, \theta_N)$, 此处 n 与 N 不一定相等, 如上节所述, $S^m(\mathbb{R}^n_x \times \mathbb{R}^N_\theta)$ 中任一元素 $a(x, \theta)$ 是 $\mathbb{R}^n_x \times \mathbb{R}^N_\theta$ 中的 C^∞ 函数, 且对任意重指标 α, β, 存在常数 $C_{\alpha,\beta}$, 使得

$$|\partial^\alpha_\theta \partial^\beta_x a(x, \theta)| \leqslant C_{\alpha,\beta}(1 + |\theta|)^{m - |\alpha|} \tag{2.2.1}$$

成立. (2.1.6) 与 (2.1.12) 分别对应于 $n = N$ 与 $n = 2N$ 的情形.

用使 (2.2.1) 式成立的最小常数作为 $a(x, \theta)$ 的半范, 可以在 S^m 空间中引入可列半范

$$\rho_{\alpha,\beta}[a] = \sup |(\partial^\alpha_\theta \partial^\beta_x a(x, \theta))(1 + |\theta|)^{|\alpha| - m}|. \tag{2.2.2}$$

在装备以形式 (2.2.2) 的可列半范族所导出的拓扑结构以后, S^m 成为一个 Fréchet 空间.

容易看出, 若 $a(x, \theta) \in S^m$, $b(x, \theta) \in S^{m'}$, 则 $ab \in S^{m+m'}$, 且 $(a, b) \mapsto ab$ 是 $S^m \times S^{m'} \to S^{m+m'}$ 的双线性连续映射, 又对任意重指标 α, β 有 $\partial^\alpha_\theta \partial^\beta_x a \in S^{m-|\alpha|}$, 且 $\partial^\alpha_\theta \partial^\beta_x$ 是 $S^m \to S^{m-|\alpha|}$ 的线性连续映射. 又若 $a(x, y, \theta) \in S^m(\mathbb{R}^{n_1}_x \times \mathbb{R}^{n_2}_y \times \mathbb{R}^N_\theta)$, 则当 $y \to y_0$ 时, $a(x, y, \theta) \to a(x, y_0, \theta)(S^m(\mathbb{R}^{n_1}_x \times \mathbb{R}^N_\theta))$.

记 $S_0 = \{a(x, \theta); a \in S^\infty, $ 且当 $|\theta|$ 充分大时, $a = 0\}$, 则 $S_0 \subset S^{-\infty}$. 对任意 $\psi(\theta) \in C^\infty_c(\mathbb{R}^N), a(x, \theta) \in S^\infty$, 必有 $\psi(\theta)a(x, \theta) \in S_0$.

定理 2.2.1 设 $m' > m$, 则 S_0 按 $S^{m'}$ 的拓扑在 S^m 中稠密.

证明 设 $a \in S^m$, 取 $\psi(\theta) \in C^\infty_c(\mathbb{R}^N)$, $\operatorname{supp} \psi \subset \{\theta; |\theta| \leqslant 2\}$, 而且当 $|\theta| \leqslant 1$ 时, $\psi(\theta) \equiv 1$. 对任意 $\varepsilon > 0$, 作 $a_\varepsilon(x, \theta) = \psi(\varepsilon\theta)a(x, \theta)$, 则 $a_\varepsilon(x, \theta) \in S_0$. 以下来证明当 $\varepsilon \to 0$ 时, $a_\varepsilon \to a(S^{m'})$.

对 $a_\varepsilon(x, \theta)$ 求导数, 有

$$\partial_x a_\varepsilon(x, \theta) = \psi(\varepsilon\theta)\partial_x a(x, \theta),$$

$$\partial_\theta a_\varepsilon(x, \theta) = \varepsilon\psi'(\varepsilon\theta)a(x, \theta) + \psi(\varepsilon\theta)\partial_\theta a(x, \theta),$$

$$\partial_\theta^\alpha \partial_x^\beta a_\varepsilon(x,\theta) = \sum_{|\alpha_1|+|\alpha_2|=|\alpha|} C_{\alpha_1,\alpha_2} \varepsilon^{|\alpha_1|} \psi^{(|\alpha_1|)}(\varepsilon\theta) \cdot \partial_\theta^{\alpha_2} \partial_x^\beta a(x,\theta).$$

故

$$(1+|\theta|)^{-m'+|\alpha|} |\partial_\theta^\alpha \partial_x^\beta (a_\varepsilon(x,\theta) - a(x,\theta))|$$

$$\leqslant (1+|\theta|)^{-m'+\alpha} |(\psi(\varepsilon\theta)-1)\partial_\theta^\alpha \partial_x^\beta a(x,\theta)|$$

$$+ (1+|\theta|)^{-m'+\alpha} \cdot \sum_{|\alpha_1|+|\alpha_2|=|\alpha|, |\alpha_1|\neq 0} C_{\alpha_1,\alpha_2} \varepsilon^{|\alpha_1|} |\psi^{(|\alpha_1|)}(\varepsilon\theta)\partial_\theta^{\alpha_2}\partial_x^\beta a(x,\theta)|.$$

对于右边第一项, 由于 ψ 有界, 又当 $|\theta| \leqslant 1/\varepsilon$ 时, $\psi(\varepsilon\theta) - 1 = 0$, 故有

$$|(1+|\theta|)^{-m'+\alpha}(\psi(\varepsilon\theta)-1)\partial_\theta^\alpha \partial_x^\beta a(x,\theta)|$$

$$\leqslant C(1+|\theta|)^{m-m'}|(1+|\theta|)^{-m+|\alpha|}\partial_\theta^\alpha \partial_x^\beta a(x,\theta)|$$

$$\leqslant C(1+1/\varepsilon)^{m-m'} \leqslant \varepsilon^{m'-m}.$$

对于右边第二项, 由于当 $|\theta| > \dfrac{2}{\varepsilon}$ 时, $\psi^{(|\alpha_1|)} = 0$, 而当 $|\theta| < \dfrac{2}{\varepsilon}$ 时有

$$(1+|\theta|)^{|\alpha_1|}\varepsilon^{|\alpha_1|} \leqslant \left(1+\frac{2}{\varepsilon}\right)^{|\alpha_1|} \varepsilon^{|\alpha_1|} \leqslant C,$$

且由于当 $|\theta| \leqslant 1/\varepsilon$, $|\alpha_1| \neq 0$ 时, $\psi^{(|\alpha_1|)}(\varepsilon\theta) = 0$, 因此

$$(1+|\theta|)^{-m'+|\alpha|} \cdot \sum_{\substack{|\alpha_1|+|\alpha_2|=|\alpha| \\ |\alpha_1|\neq 0}} C_{\alpha_1,\alpha_2} \varepsilon^{|\alpha_1|} |\psi^{(|\alpha_1|)}(\varepsilon\theta)\partial_\theta^{\alpha_2}\partial_x^\beta a(x,\theta)|$$

$$\leqslant (1+|\theta|)^{m-m'} \cdot \sum_{\substack{|\alpha_1|+|\alpha_2|=|\alpha| \\ |\alpha_1|\neq 0}} (1+|\theta|)^{|\alpha_1|}\varepsilon^{|\alpha_1|}.$$

$$|\psi^{(|\alpha_1|)}(\varepsilon\theta)|(1+|\theta|)^{-m+|\alpha_2|}|\partial_\theta^{\alpha_2}\partial_x^\beta a(x,\theta)|$$

$$\leqslant C(1+1/\varepsilon)^{m-m'}$$

$$\leqslant C\varepsilon^{m'-m}.$$

于是, 当 $\varepsilon \to 0$ 时, 对一切 α, β, 有 $\rho_{\alpha,\beta}[a_\varepsilon - a] \to 0$. 定理证毕. ∎

　　如同线性偏微分算子常常是由不同阶的微分算子组合成一样, 拟微分算子的象征 (或振幅) 也常可分解为具不同指标 m 的 S^m 类函数之和. 而区别之处在于, 拟微分算子的象征常被分解成一个无穷和, 这

与解析函数范畴中的幂级数展开式有些相似, 但是在求和与余项的处理上需要有新的概念与技巧.

定义 2.2.1 设 $a_j(x,\theta) \in S^{m_j}(\mathbb{R}_x^n \times \mathbb{R}_\theta^N)$, m_j 单调下降趋于 $-\infty$ (记为 $m_j \searrow -\infty$), 若函数 $a(x,\theta)$ 对任意的 k 成立

$$a - \sum_{j<k} a_j \in S^{m_k}, \tag{2.2.3}$$

则称 $a(x,\theta)$ 具有**渐近展开** $\displaystyle\sum_{j=1}^{\infty} a_j(x,\theta)$, 并记作

$$a \sim \sum_{j=1}^{\infty} a_j. \tag{2.2.4}$$

一种常见的情况是 $a_j(x,\theta)$ 是 θ 的正齐 $m-j$ 次函数, 即对任意 $t>0$, $a_j(x,t\theta) = t^{m-j} a_j(t,\theta)$, 这时 $a(x,\theta) \in S^m$, 它称为**经典的象征**.

注意当 a 具有渐近展开 $\displaystyle\sum_j a_j$ 时, 并不意味着 $\displaystyle\sum_j a_j$ 收敛, 而且不同的象征可以具有相同的渐近展开. 例如若 $a \sim \displaystyle\sum_j a_j$, $b \in S^{-\infty}$, 则 $a+b \sim \displaystyle\sum_j a_j$ 也成立. 反之, 若 a, a' 均以 $\displaystyle\sum_j a_j$ 为渐近展开, 那么必有 $a - a' \in S^{-\infty}$. 事实上, 对任意的 k,

$$a - a' = \left(a - \sum_{j<k} a_j \right) - \left(a' - \sum_{j<k} a_j \right) \in S^{m_k},$$

而 $m_k \searrow -\infty$, 所以 $a - a' \in S^{-\infty}$.

定理 2.2.2 设 $a_j(x,\theta) \in S^{m_j}$, $m_j \searrow -\infty$, 则必存在 $a(x,\theta) \in S^{m_0}$, 它以 $\displaystyle\sum a_j(x,\theta)$ 为渐近展开, 且在允许相差 $S^{-\infty}$ 函数的意义下, 这样的象征 $a(x,\theta)$ 是唯一的.

证明 根据前面一段说明知, 我们只需构造符合要求的 $a(x,\theta)$, 令函数 $\varphi(\theta) \in C_c^{\infty}(\mathbb{R}^N)$, 它当 $|\theta| \leqslant \dfrac{1}{2}$ 时为 0, 当 $|\theta| > 1$ 时等于 1, 再取数列 $\{t_j\}$, 使得对一切满足条件 $|\alpha| + |\beta| \leqslant j$ 的 α, β, 成立

$$\left| \partial_\theta^\alpha \partial_x^\beta \left(\varphi\left(\frac{\theta}{t_j} \right) a_j(x,\theta) \right) \right| \leqslant 2^{-j} \cdot (1+|\theta|)^{m_{j-1}-|\alpha|}. \tag{2.2.5}$$

再利用序列 $\{t_j\}$ 作出

$$a(x,\theta) = \sum_{j=0}^{\infty} \varphi\left(\frac{\theta}{t_j}\right) a_j(x,\theta), \qquad (2.2.6)$$

则 $a(x,\theta)$ 就是以 $\sum a_j$ 为渐近展开的函数.

我们先说明满足 (2.2.5) 式的序列 $\{t_j\}$ 是可以选取得到的. 因为对固定的 α,β 来说

$$\left|\partial_\theta^\alpha \partial_x^\beta\left(\varphi\left(\frac{\theta}{t_j}\right) a_j(x,\theta)\right)\right| \leqslant C \sum_{\alpha_1 \leqslant \alpha}\left|\partial_\theta^{\alpha_1}\varphi\left(\frac{\theta}{t_j}\right) \cdot \partial_\theta^{\alpha-\alpha_1}\partial_x^\beta a_j(x,\theta)\right|,$$

$$\left|\partial_\theta^{\alpha_1}\varphi\left(\frac{\theta}{t_j}\right)\right| \leqslant C t_j^{-|\alpha_1|},$$

$$\left|\partial_\theta^{\alpha-\alpha_1}\partial_x^\beta a_j(x,\theta)\right| \leqslant C(1+|\theta|)^{m_j-|\alpha|+|\alpha_1|},$$

但注意到当 $|\theta| < \dfrac{1}{2}t_j$ 与 $|\theta| > t_j$ 时 $\varphi\left(\dfrac{\theta}{t_j}\right)$ 的导数都是零. 所以当 $\alpha_1 \neq 0$ 时,

$$\left|\partial_\theta^{\alpha_1}\varphi\left(\frac{\theta}{t_j}\right)\right| \leqslant C(1+|\theta|)^{-|\alpha_1|}.$$

显见, 此式当 $\alpha_1 = 0$ 时也成立, 于是

$$\left|\partial_\theta^\alpha \partial_x^\beta\left(\varphi\left(\frac{\theta}{t_j}\right) a_j(x,\theta)\right)\right| \leqslant C(1+|\theta|)^{m_j-|\alpha|}$$

$$\leqslant C(1+|\theta|)^{m_{j-1}-|\alpha|}\left(1+\frac{1}{2}t_j\right)^{m_j-m_{j-1}}.$$

所以只要 t_j 取得充分大, 对固定的 α,β 就有 (2.2.5) 式成立. 但由于对固定的 j, 满足条件 $|\alpha|+|\beta| \leqslant j$ 的 α,β 只有有限个, 故满足上述要求的序列 $\{t_j\}$ 可以取到.

再说明根据所得到的序列 $\{t_j\}$ 作出的级数表示 (2.2.6) 是有意义的, 而且 $a(x,\theta)$ 确实以 $\sum a_j$ 为渐近展开. 事实上, 因为对固定的 θ 在 j 充分大时 $\varphi\left(\dfrac{\theta}{t_j}\right) \equiv 0$, 所以这个级数对每个 (x,θ) 实际上只是有限项的求和, 从而 $a(x,\theta)$ 得以确定.

现在考察 $\left|\partial_\theta^\alpha \partial_x^\beta\left(a - \sum_{j<k} a_j\right)\right|$ 的估计. 取 $l = \max(|\alpha|+|\beta|, k)$, 则

由 (2.2.6) 式知

$$\left| \partial_\theta^\alpha \partial_x^\beta \left(a(x,\theta) - \sum_{j<k} a_j(x,\theta) \right) \right|$$

$$\leqslant \left| \partial_\theta^\alpha \partial_x^\beta \sum_{j<k} \left(\varphi\left(\frac{\theta}{t_j}\right) - 1 \right) a_j(x,\theta) \right| + \left| \partial_\theta^\alpha \partial_x^\beta \sum_{j=k}^l \varphi\left(\frac{\theta}{t_j}\right) a_j(x,\theta) \right|$$

$$+ \left| \partial_\theta^\alpha \partial_x^\beta \sum_{j>l} \varphi\left(\frac{\theta}{t_j}\right) a_j(x,\theta) \right|$$

$$= \mathrm{I} + \mathrm{II} + \mathrm{III}.$$

在表示式 I 中, 仅含级数的有限项, 且当 θ 充分大时有

$$\varphi\left(\frac{\theta}{t_j}\right) \equiv 1,$$

所以这一项当 $|\theta| \to \infty$ 时为零. 在表示式 II 中, 也只含有限项, 每一项均可以用 $C(1+|\theta|)^{m_j-|\alpha|}$ 来估计, 而当 $k \leqslant j \leqslant l$ 时, $m_j \leqslant m_k$, 因而整个表示式 II 也可以用 $C(1+|\theta|)^{m_k-|\alpha|}$ 来估计. 在表示式 III 中, 由于 $|\alpha|+|\beta| \leqslant j$, 所以由 (2.2.5) 式知

$$\mathrm{III} \leqslant \sum_{j>l} \frac{1}{2^j}(1+|\theta|)^{m_{j-1}-|\alpha|} \leqslant (1+|\theta|)^{m_l-|\alpha|} \sum_{j>l} \frac{1}{2^j}$$

$$\leqslant (1+|\theta|)^{m_l-|\alpha|} \leqslant (1+|\theta|)^{m_k-|\alpha|}.$$

以上在 III 中的和式是对 $j>l$ 的相应项作和. 这样做是因为在 (2.2.5) 式中要求 $j \geqslant |\alpha|+|\beta|$, 而在 II 中的和式不满足此要求. 综合以上对 I, II, III 的估计, 即得 $a - \sum_{j<k} a_j \in S^{m_k}$ 的结论, 所以 $a(x,\theta)$ 以 $\sum a_j(x,\theta)$ 为渐近展开. 定理证毕. ∎

在上述定理证明中构造级数 (2.2.6) 的方法称为 **Borel 技巧**, 它使我们绕过了级数 $\sum a_j$ 不收敛的困难, 这种技巧在处理 C^∞ 函数的 Taylor 级数 (不一定收敛) 以及偏微分方程解的构造中也常被用到.

需要注意的是定理 2.2.2 应用起来不很方便, 因为要验证 $a \sim \sum a_j$

就需要估计所有的 $\partial_\theta^\alpha \partial_x^\beta \left(a - \sum_{j<k} a_j \right)$, 这无疑是十分麻烦的, 使用下面的定理 2.2.3 就可以简化这一验证过程.

定理 2.2.3 设 $a_j(x,\theta) \in S^{m_j}$, $m_j \searrow -\infty$, $a(x,\theta) \in C^\infty(\mathbb{R}_x^n \times \mathbb{R}_\theta^N)$, 又设以下两个条件成立:

(1) 对任意重指标 α, β, 均存在相应的实数 μ 及正常数 C, 使得

$$|\partial_\theta^\alpha \partial_x^\beta a(x,\theta)| \leqslant C(1+|\theta|)^\mu, \tag{2.2.7}$$

(2) 存在序列 $\mu_k \searrow -\infty$ 以及相应的常数 C_k, 使得对任意 k 成立

$$\left| a(x,\theta) - \sum_{j<k} a_j(x,\theta) \right| \leqslant C_k(1+|\theta|)^{\mu_k}, \tag{2.2.8}$$

则 $a(x,\theta) \in S^{m_0}$, 且 $a \sim \sum a_j$.

证明 利用定理 2.2.2 作 $b(x,\theta) \sim \sum a_j$, 则 $\tilde{a}(x,\theta) = a(x,\theta) - b(x,\theta)$ 满足 (2.2.7) 式以及

$$\left| \tilde{a}(x,\theta) \right| \leqslant \left| a(x,\theta) - \sum_{j<k} a_j(x,\theta) \right| + \left| b(x,\theta) - \sum_{j<k} a_j(x,\theta) \right|$$
$$\leqslant C_k(1+|\theta|)^{\mu'_k},$$

其中 $\mu'_k = \max(m_k, \mu_k)$, 它也单调下降趋于 $-\infty$. 所以我们就把定理条件中的 a_j 都化为零的情形. 需要证明的是若 $\tilde{a}(x,\theta)$ 函数本身当 $|\theta| \to \infty$ 时速降, 而各阶导数均为缓增的, 则 $\tilde{a}(x,\theta)$ 的各阶导数也必定是速降的. 为说明这一点, 对于单位向量 η, 利用 Taylor 公式以及 (2.2.7) 式有

$$|\tilde{a}(x,\theta+\varepsilon\eta) - \tilde{a}(x,\theta) - \langle \tilde{a}_\theta(x,\theta), \varepsilon\eta \rangle| \leqslant C\varepsilon^2(1+|\theta|)^\mu, \quad 0 < \varepsilon < 1,$$

从而对任意 $|\eta| = 1$,

$$|\langle \tilde{a}_\theta(x,\theta), \eta \rangle| \leqslant C\varepsilon(1+|\theta|)^\mu + |\tilde{a}(x,\theta) - \tilde{a}(x,\theta+\varepsilon\eta)|/\varepsilon.$$

取 $\varepsilon = (1+|\theta|)^{-N}$, 利用 $\tilde{a}(x,\theta)$ 的速降性可有 $|\tilde{a}(x,\theta)| \leqslant C'(1+|\theta|)^{-2N}$, 从而

$$|\bar{a}_\theta(x,\theta)| \leqslant C'(1+|\theta|)^{\mu-N}. \tag{2.2.9}$$

由于 N 是任意大的正数, 所以 (2.2.9) 式即说明 $\tilde{a}_\theta(x,\theta)$ 也是速降的, 用同样方法可证明 $\tilde{a}_x(x,\theta)$ 为速降的, 再用递推的方法知所有 $\partial_\theta^\alpha \partial_x^\beta \tilde{a}(x,\theta)$ 都是速降的, 这样就证明了定理. ∎

§3. 振荡积分

本节中我们介绍振荡积分的概念及其性质. 它不仅是拟微分算子运算法则的理论基础, 而且对于更一般的算子的引入及其性质的研究也具有基本的意义.

1. 振荡积分的正则化

仍以 x 记变量 $(x_1, \cdots, x_n)$, 以 θ 记变量 $(\theta_1, \cdots, \theta_N)$, 考虑如下形式的**振荡积分**:

$$I_\varphi(au) \equiv \iint e^{i\varphi(x,\theta)} a(x,\theta) u(x) dx d\theta. \tag{2.3.1}$$

它不一定在通常的 Lebesgue 积分意义下可积. (2.3.1) 中的函数 $\varphi(x,\theta)$ 称为**位相函数**, 对它的要求是

(1) $\varphi(x,\theta) \in C^\infty(\mathbb{R}_x^n \times \mathbb{R}_\theta^N \setminus \{0\})$, $\varphi(x,\theta)$ 取实值.

(2) $\varphi(x,\theta)$ 关于 θ 是正齐一次函数, 即对任意 $t > 0$, 均有 $\varphi(x,t\theta) = t\varphi(x,\theta)$, 对一切 (x,θ) 成立.

(3) $\varphi(x,\theta)$ 关于 x,θ 无临界点, 即

$$\nabla_{x,\theta}\varphi(x,\theta) \neq 0, \quad (x,\theta) \in \mathbb{R}_x^n \times \mathbb{R}_\theta^N \setminus \{0\}. \tag{2.3.2}$$

(2.3.1) 中的函数 $a(x,\theta)$ 称为**振幅函数**, 通常就要求它是属于 S^m 类 (或 $S_{\rho,\delta}^m$ 类) 的.

在某些情形下, 函数 φ 与 a 可以只是定义在 $\mathbb{R}_x^n \times \mathbb{R}_\theta^N$ 的一个局部区域上. 例如它们可以只定义在 $\mathbb{R}_x^n \times \mathbb{R}_\theta^N$ 的一个**开锥集** Γ 上, 这里所谓开锥集 Γ 是指 $\mathbb{R}_x^n \times \mathbb{R}_\theta^N$ 中这样的开子集, 它满足条件:

$$(x,\theta) \in \Gamma, \quad t > 0 \Rightarrow (x,t\theta) \in \Gamma. \tag{2.3.3}$$

当 φ 与 a 只是局部地定义时, 关于 φ 的要求 (1)—(3) 以及关于 a 当 $|\theta| \to \infty$ 时增长性的要求也只需在该局部区域上满足.

以下我们想要说明, 如果对积分 (2.3.1) 适当地赋值, 则

$$u \mapsto \iint e^{i\varphi(x,\theta)} a(x,\theta) u(x) dx d\theta \qquad (2.3.4)$$

可以定义一个 Schwarz 意义下的分布. 故一般总认为 $u(x) \in C_c^\infty(\mathbb{R}_x^n)$, 于是对积分 (2.3.1) 的赋值, 关键在于如何处理当 $\theta \to \infty$ 时积分的发散性.

将积分 (2.3.1) 记为 $I_\varphi(au)$, 显然, 若 $a(x,\theta)$ 在 θ 充分大时恒为零, 则 $I_\varphi(au)$ 有意义, 又若 a 所属的函数类 $S_{\rho,\delta}^m$ 的指标 $m < -N$, 则 $I_\varphi(au)$ 也收敛. 我们就是希望利用这样的事实. 将 $I_\varphi(au)$ 的定义加以扩张, 使得对任意的 $S_{\rho,\delta}^m$ 函数 a, 表达式 $I_\varphi(au)$ 都能有确切的意义.

我们先介绍如下引理.

引理 2.3.1　*对实值位相函数 $\varphi(x,\theta)$, 存在一阶偏微分算子*

$$L = \sum_{j=1}^N a_j \frac{\partial}{\partial \theta_j} + \sum_{j=1}^n b_j \frac{\partial}{\partial x_j} + c \qquad (2.3.5)$$

使得 ${}^t L e^{i\varphi} = e^{i\varphi}$, 其中 ${}^t L$ 是 L 的形式转置算子, 且对任意的 $\beta(x) \in C_c^\infty(\mathbb{R}_x^n)$, 有 $\beta a_j \in S^0$, $\beta b_j \in S^{-1}$, $\beta c \in S^{-1}$.[①]

证明　由位相函数 $\varphi(x,\theta)$ 所满足的条件 (1)—(3) 知

$$\psi_1 = |\theta|^2 \sum_{j=1}^N (\varphi_{\theta_j})^2 + \sum_{j=1}^n (\varphi_{x_j})^2$$

是 θ 的正齐二次函数, 且当 $\theta \neq 0$ 时不为零, 所以 $\psi = (\psi_1)^{-1}$ 当 $\theta \neq 0$ 时有意义, 且关于 θ 为正齐 -2 次函数.

由于 φ 的导数在原点处有奇性, 故取 $\chi(\theta) \in C_c^\infty(\mathbb{R}^N)$, 它在零点附近为 1, 作

$$M = \sum_{j=1}^N a_j' \frac{\partial}{\partial \theta_j} + \sum_{j=1}^n b_j' \frac{\partial}{\partial x_j} + \chi, \qquad (2.3.6)$$

[①]若按 §1 末的注来定义 $S_{\rho,\delta}^m$ 类, 则本引理中引入的 $\beta(x)$ 可省略.

其中

$$a'_j = -i(1-\chi)\psi|\theta|^2\varphi_{\theta_j},$$

$$b'_j = -i(1-\chi)\psi\varphi_{x_j},$$

从而有 $Me^{i\varphi} = e^{i\varphi}$, 再令 $L = {}^tM$, 这个 L 就具有引理中所要求的形式, 且其系数具有引理中所示的性质. 事实上, 对任意的 $\beta(x) \in C_c^\infty(\mathbb{R}_x^n)$, 有 $\beta a_j = -\beta a'_j \in S^0$, $\beta b_j = -\beta b'_j \in S^{-1}$,

$$\beta c = \beta\chi - \sum_{j=1}^N \beta(a'_j)_{\theta_j} - \sum_{j=1}^n \beta(b'_j)_{x_j} \in S^{-1}.$$

引理证毕. ■

定理 2.3.1 若振荡积分 (2.3.1) 中位相函数 $\varphi(x,\theta)$ 满足条件 (1)—(3), $a(x,\theta) \in S^m$, 又若 $\psi(\theta) \in C_c^\infty(\mathbb{R}^N)$, 并在 $\theta = 0$ 附近为 1, 则对任意 $C_c^\infty(\mathbb{R}^n)$ 函数 u, 极限

$$\lim_{\varepsilon \to +0} \iint e^{i\varphi(x,\theta)}\psi(\varepsilon\theta)a(x,\theta)u(x)dxd\theta \tag{2.3.7}$$

存在, 且此极限与 ψ 的具体选取无关.

证明 记 $a_\varepsilon(x,\theta) = \psi(\varepsilon\theta)a(x,\theta)$, 由于 a_ε 当 θ 充分大时为零, 故积分

$$I_\varphi(a_\varepsilon u) = \iint e^{i\varphi(x,\theta)}a_\varepsilon(x,\theta)u(x)dxd\theta$$

有意义, 而且由引理 2.3.1 知, $e^{i\varphi}$ 可以改写为 $({}^tL)^k e^{i\varphi}$, 其中 k 为任意正整数, 取 k 充分大, 使 $m - k < -N$, 则由分部积分法知

$$I_\varphi(a_\varepsilon u) = \iint e^{i\varphi(x,\theta)} L^k(a_\varepsilon(x,\theta)u(x))dxd\theta. \tag{2.3.8}$$

注意到存在一个与 ε 无关的常数 $C_r > 0$, 使 (2.3.6) 式中的 χ 满足

$$|\partial_\theta^r \chi(\varepsilon\theta)| \leqslant C_r(1 + |\theta|)^{-r},$$

所以当 $\varepsilon \to 0$ 时, (2.3.8) 式右边的极限存在, 这个极限就是

$$\iint e^{i\varphi(x,\theta)} L^k(a(x,\theta)u(x))dxd\theta. \tag{2.3.9}$$

它已经是按 Lebesgue 意义收敛的积分, 于是我们对于满足引理 2.3.1 的算子 L, 当 $k > m + N$ 时建立了

$$\lim_{\varepsilon \to 0} I_\varphi(a_\varepsilon u) = \iint e^{i\varphi(x,\theta)} L^k(a(x,\theta)u(x)) dx d\theta. \tag{2.3.10}$$

显然, 在 (2.3.10) 式右边不出现 ψ, 故极限 (2.3.7) 与函数 ψ 的选取无关. 定理证毕. ∎

注　满足引理 2.3.1 的算子 L 不是唯一的, 例如, 在构造算子 L 时, 取不同的 χ, 对应的 L 自然不相同, 但是由于 (2.3.10) 式左边不出现算子 L, 所以 $I_\varphi(a_\varepsilon u)$ 的极限也不依赖于 L. 同样可说明, 这个极限与 k 值无关 (只要 $k > m + N$).

这样, 我们就获得了一个方法给振荡积分 (2.3.1) 赋以确切的意义, 即:

$$I_\varphi(au) = \lim_{\varepsilon \to +0} \iint e^{i\varphi(x,\theta)} \psi(\varepsilon\theta) a(x,\theta) u(x) dx d\theta, \tag{2.3.11}$$

其中 ψ 为定理 2.3.1 中给出的函数, 这个方法称为**振荡积分正则化方法**.

(2.3.10) 式实际上给出了振荡积分的计算方法, 因为只要找到了满足引理 2.3.1 要求的算子 L 以及 $k > m + N$, 该式右边就是 $I_\varphi(au)$ 的值, 有时我们也称它为振荡积分正则化的第二种方法.

由于按振荡积分的定义, $I_\varphi(au)$ 有确切的含义, 所以在固定了 φ 和 a 以后, $I_\varphi(au)$ 是 $u \in C_c^\infty(\mathbb{R}_x^n)$ 的线性连续泛函, 又若 φ 及其各阶导数关于 x 缓增, 则 $I_\varphi(au)$ 也是 $u \in \mathscr{S}(\mathbb{R}_x^n)$ 的线性连续泛函, 从而它是一个 $\mathscr{S}'(\mathbb{R}_x^n)$ 广义函数.

2. 带参变量的振荡积分

下面考虑带有参变量的振荡积分

$$I_\varphi(au)(y) = \iint e^{i\varphi(x,y,\theta)} a(x,y,\theta) u(x,y) dx d\theta, \tag{2.3.12}$$

其中 φ 和 a 作为 y 的函数, 它们的取值分别是满足条件 (1)—(3) 的位相函数和属于 $S^m(\mathbb{R}_x^n \times \mathbb{R}_\theta^N)$ 的振幅. 设对每个 y, $u(x,y) \in C_c^\infty(\mathbb{R}_x^n)$,

则对每个 y, 积分 (2.3.12) 均有确定的意义. 下面我们来研究 (2.3.12) 在 "积分号下" 对参变量 y 取极限的问题.

定理 2.3.2 设存在位相函数 $\Phi(x,\theta)$ 以及振幅函数 $A(x,\theta) \in S^m$, 使当 $y \to y_0$ 时, $a(x,y,\theta) \to A(x,\theta)$ $(S^m(\mathbb{R}^n_x \times \mathbb{R}^N_\theta))$, 且在 $\mathbb{R}^n_x \times \mathbb{R}^N_\theta$ 的任一紧集上 $\varphi(x,y,\theta)$ 及其各阶导数收敛于 $\Phi(x,\theta)$ 及其相应的各阶导数, 则

$$\lim_{y \to y_0} I_\varphi(au)(y) = \iint e^{i\Phi(x,\theta)} A(x,\theta) u(x,y_0) dx d\theta$$

$$= I_\Phi(Au). \tag{2.3.13}$$

证明 按定理 2.3.1, 取 $k > m + N$, 则

$$I_\varphi(au)(y) = \iint e^{i\varphi(x,y,\theta)} L^k(a(x,y,\theta)u(x,y)) dx d\theta, \tag{2.3.14}$$

其中微分算子 L 按引理 2.3.1 定出, 于是按 Lebesgue 控制收敛定理知 (2.3.13) 成立. ■

定理 2.3.3 设 $\varphi(x,y,\theta)$ 是 $\mathbb{R}^{n_1}_x \times \mathbb{R}^{n_2}_y \times \mathbb{R}^N_\theta \setminus \{0\}$ 中的 C^∞ 函数, 作为 x,y,θ 的函数满足位相函数的条件 (1)—(3), 且对任意 y, $\nabla_{x,\theta}\varphi \neq 0$, 又设 $a(x,y,\theta) \in S^m(\mathbb{R}^{n_1}_x \times \mathbb{R}^{n_2}_y \times \mathbb{R}^N_\theta)$, 则对任意函数 $u(x,y) \in C_c^\infty(\mathbb{R}^{n_1}_x \times \mathbb{R}^{n_2}_y)$,

(1) 以 y 为参变量的振荡积分

$$I_\varphi(au)(y) = \iint e^{i\varphi(x,y,\theta)} a(x,y,\theta) u(x,y) dx d\theta$$

有意义, 且是 y 的连续可微函数.

(2) $\dfrac{\partial}{\partial y}\{I_\varphi(au)(y)\} = \iint \dfrac{\partial}{\partial y}(e^{i\varphi} au) dx d\theta$

$$= \iint e^{i\varphi}(i\varphi_y au + a_y u + a u_y) dx d\theta. \tag{2.3.15}$$

(3) $\quad \iiint e^{i\varphi(x,y,\theta)} a(x,y,\theta) u(x,y) dx dy d\theta$

$$= \int dy \iint e^{i\varphi(x,y,\theta)} a(x,y,\theta) u(x,y) dx d\theta. \tag{2.3.16}$$

证明　由 $\varphi(x,y,\theta)$ 所满足的条件可知, 对任一固定的 y, $\varphi(x,y,\theta)$ 也是 x,θ 的位相函数, 且利用中值定理可知, 对 $y_0 \in \mathbb{R}^{n_2}_y$, 当 $y \to y_0$ 时, 函数 $\varphi(x,y,\theta)$ 及其各阶导数在 $\mathbb{R}^{n_1}_x \times S^{N-1}_\theta$ 的任一紧集上均一致收敛于 $\varphi(x,y_0,\theta)$ 及其相应的各阶导数. 此外, 容易验证, 当 $y \to y_0$ 时, $a(x,y,\theta) \to a(x,y_0,\theta)(S^m(\mathbb{R}^{n_1}_x \times \mathbb{R}^N_\theta))$, 故根据定理 2.3.2 有

$$\lim_{y \to y_0} \iint e^{i\varphi(x,y,\theta)} a(x,y,\theta) u(x,y) dx d\theta$$
$$= \iint e^{i\varphi(x,y_0,\theta)} a(x,y_0,\theta) u(x,y_0) dx d\theta.$$

因此 $I_\varphi(au)(y)$ 关于 y 连续.

又对 $I_\varphi(au)(y)$ 作差商, 并利用定理 2.3.2, 得

$$\lim_{\Delta y \to 0} \frac{1}{\Delta y} \left[\iint e^{i\varphi(x,y+\Delta y,\theta)} a(x,y+\Delta y,\theta) u(x,y+\Delta y) dx d\theta \right.$$
$$\left. - \iint e^{i\varphi(x,y,\theta)} a(x,y,\theta) u(x,y) dx d\theta \right]$$
$$= \lim_{\Delta y \to 0} \left[\iint e^{i\varphi(x,y,\theta)} \frac{1}{\Delta y} \left(e^{i\varphi(x,y+\Delta y,\theta) - i\varphi(x,y,\theta)} - 1 \right) a(x,y+\Delta y,\theta) \right.$$
$$u(x,y+\Delta y) dx d\theta$$
$$+ \iint e^{i\varphi(x,y,\theta)} \frac{1}{\Delta y} (a(x,y+\Delta y,\theta) - a(x,y,\theta)) u(x,y+\Delta y) dx d\theta$$
$$\left. + \iint e^{i\varphi(x,y,\theta)} a(x,y,\theta) \frac{1}{\Delta y} (u(x,y+\Delta y) - u(x,y)) dx d\theta \right]$$
$$= \iint e^{i\varphi(x,y,\theta)} (i\varphi_y au + a_y u + au_y) dx d\theta,$$

故 $I_\varphi(au)(y)$ 关于 y 有连续导数, 且 (2.3.15) 成立.

(2.3.16) 式两边的积分都应按振荡积分理解, 利用正则化方法都可以化成绝对收敛的积分, 于是由 Fubini 定理可知该式成立. 定理证毕. ■

注 1　反复地应用定理 2.3.3, 即可知 $I_\varphi(au)(y)$ 实际上是变量 y 的 C^∞ 函数. 此外, 定理 2.3.3 说明, 对振荡积分来说, 积分次序的交换、积分号与微分号的交换是相当 "自由" 的. 这时, 一般需验证的主要条件是位相函数无临界点条件.

注 2　若 $\varphi(x,y,\theta)$ 及其导数当 $x \to \infty$ 时为缓增的, 那么定理 2.3.3 对于速降函数 u 也成立.

现在回到 §1 中给出的拟微分算子

$$Au = \iint e^{i\langle x-y,\xi \rangle} a(x,y,\xi) u(y) dy đ\xi, \qquad (2.3.17)$$

该式右边可视为带参数 x 的振荡积分, 我们有

定理 2.3.4 按振荡积分 (2.3.17) 定义的算子 A 是 $\mathscr{S}(\mathbb{R}^n) \to \mathscr{S}(\mathbb{R}^n)$ 或 $\mathscr{S}'(\mathbb{R}^n) \to \mathscr{S}'(\mathbb{R}^n)$ 的线性连续映射. 当 $u \in \mathscr{S}(\mathbb{R}^n)$ 时, (2.3.17) 式按振荡积分定义与按累次积分定义所得到的算子是一致的.

证明 视 (2.3.17) 右边为振荡积分, 它的位相函数为 $\langle x-y,\xi \rangle$, 由于

$$\nabla_{y,\xi}\langle x-y,\xi \rangle = (-\xi_1, \cdots, -\xi_n, x_1 - y_1, \cdots, x_n - y_n),$$

故当 $|\xi| \neq 0$ 时, $\nabla_{y,\xi}\langle x-y,\xi \rangle$ 不全为零, 从而 $(Au)(x)$ 有意义, 而且按定理 2.3.3 的注知, $(Au)(x)$ 是 C^∞ 函数.

仍利用定理 2.3.3, 可知

$$x^\alpha \partial_x^\beta (Au)(x) = \iint x^\alpha \partial_x^\beta (e^{i\langle x-y,\xi \rangle} a(x,y,\xi)) u(y) dy đ\xi$$

$$= \iint x^\alpha e^{i\langle x-y,\xi \rangle} \sum_{\lambda+\gamma=\beta} \frac{\beta!}{\lambda!\gamma!} (i\xi)^\lambda \partial_x^\gamma a(x,y,\xi) u(y) dy đ\xi,$$

将 x^α 写成 $(x-y+y)^\alpha$ 并展开, 上式可写成

$$\sum_{\substack{0 \leqslant \delta \leqslant \alpha \\ 0 \leqslant \lambda \leqslant \beta}} C_{\alpha\beta\delta\lambda} \iint e^{i\langle x-y,\xi \rangle} y^\delta \partial_\xi^{\alpha-\delta} (\xi^\lambda \partial_x^{\beta-\lambda} a(x,y,\xi)) u(y) dy đ\xi,$$

从而可得, 对任意 $\alpha, \beta, |x^\alpha \partial_x^\beta (Au)(x)|$ 有界, 所以 $(Au)(x) \in \mathscr{S}(\mathbb{R}^n)$.

将上面的表达式记成

$$x^\alpha \partial_x^\beta (Au)(x) = \iint e^{i\langle x-y,\xi \rangle} a_1(x,y,\xi) u(y) dy đ\xi,$$

则由振荡积分正则化方法知, 对适当的算子 L 与充分大的 k,

$$|x^\alpha \partial_x^\beta (Au)(x)| \leqslant \left| \iint e^{i\langle x-y,\xi \rangle} L^k (a_1(x,y,\xi) u(y)) dy đ\xi \right|$$

$$\leqslant \sum_{|\alpha|=0}^k C_\alpha \sup (1+|y|)^{|\alpha|} |D^\alpha u(y)|.$$

故 A 是 $\mathscr{S}(\mathbb{R}^n) \to \mathscr{S}(\mathbb{R}^n)$ 的线性连续映射.

利用对偶积可导出 A 的转置算子 ${}^{t}A$, 事实上

$$\langle Au, v \rangle = \langle u, {}^{t}Av \rangle = \iiint e^{i\langle x-y,\xi \rangle} a(x,y,\xi) u(y) v(x) dx dy đ\xi,$$

所以

$$({}^{t}Av)(y) = \iint e^{i\langle x-y,\xi \rangle} a(x,y,\xi) v(x) dx đ\xi. \tag{2.3.18}$$

将变量 x 与 y 的位置对换, 得到 ${}^{t}A$ 的形式与 A 相同, 所以 ${}^{t}A$ 是 $\mathscr{S}(\mathbb{R}^n) \to \mathscr{S}(\mathbb{R}^n)$ 的线性连续映射, 从而 A 为 $\mathscr{S}(\mathbb{R}^n) \to \mathscr{S}'(\mathbb{R}^n)$ 的线性连续映射.

最后我们说明 (2.3.17) 按振荡积分定义与按累次积分定义所得到的算子是一致的. 事实上, 设 A 表示按振荡积分理解所确定的算子, 由振荡积分定义知

$$Au(x) = \lim_{\varepsilon \to 0} \iint e^{i\langle x-y,\xi \rangle} a(x,y,\xi) \psi(\varepsilon\xi) u(y) dy đ\xi$$

$$= \lim_{\varepsilon \to 0} \int \left(\int e^{i\langle x-y,\xi \rangle} a(x,y,\xi) u(y) dy \right) \psi(\varepsilon\xi) đ\xi.$$

因为内层积分存在, 且按第一节所述, 它关于 ξ 是速降的, 于是由 Lebesgue 控制收敛定理, 上式极限存在, 而且可以把极限号移到积分号内. 从而有

$$Au(x) = \int \lim_{\varepsilon \to 0} \psi(\varepsilon\xi) \int e^{i\langle x-y,\xi \rangle} a(x,y,\xi) u(y) dy đ\xi$$

$$= \int \left(\int e^{i\langle x-y,\xi \rangle} a(x,y,\xi) u(y) dy \right) đ\xi.$$

这就是所需要证明的.   ■

3. 拟微分算子的核

如定理 2.3.1 后面的注所述, 若给定了位相 $\langle x-y,\xi \rangle$ 与 S^m 类振幅 $a(x,y,\xi)$, 则对于任一函数 $w(x,y) \in \mathscr{S}(\mathbb{R}_x^n \times \mathbb{R}_y^n)$,

$$I(aw) = \iiint e^{i\langle x-y,\xi \rangle} a(x,y,\xi) w(x,y) dx dy đ\xi \tag{2.3.19}$$

有确定的值. 于是, $w \to I(aw)$ 就定义了一个 $\mathscr{S}'(\mathbb{R}_x^n \times \mathbb{R}_y^n)$ 分布. 记作 K_A. 今取 $w(x,y) = u(y)v(x)$, 其中 $u \in \mathscr{S}(\mathbb{R}_y^n)$, $v \in \mathscr{S}(\mathbb{R}_x^n)$, 则

$$\langle K_A, uv \rangle = I(auv) = \langle Au, v \rangle, \tag{2.3.20}$$

式中 A 即为由 (2.1.14) 所定义的拟微分算子, 分布 K_A 称为**拟微分算子的核**.

当 $m < -N$ 时, 积分 (2.3.19) 按 Lebesgue 意义绝对收敛, 则

$$I(aw) = \iint \left(\int e^{i\langle x-y,\xi \rangle} a(x,y,\xi) d\xi \right) w(x,y) dx dy,$$

所以

$$K_A(x,y) = \int e^{i\langle x-y,\xi \rangle} a(x,y,\xi) d\xi. \tag{2.3.21}$$

但当 $m < -N$ 不成立时, 积分 (2.3.21) 不再按 Lebesgue 意义收敛, 且仅当 $x \neq y$ 时可按振荡积分来理解. 让我们仍将它作为 $K_A(x,y)$ 的表示. 由于 $a(x,y,\xi)$ 当 $|\xi| \to \infty$ 时被 ξ 的幂函数所控制, 故 (2.3.21) 也可按广义函数 Fourier 逆变换的意义理解.

举一个非光滑分布核的例子. 象征为 1 的拟微分算子为恒等算子, 它的分布核为 1 的 Fourier 逆变换, 即 $\delta(x-y)$. 又微分算子 $P(x,D) = \sum a_\alpha D^\alpha$ 的象征为 $p(x,\xi)$, 它所相应的分布核为 $\sum a_\alpha D^\alpha \delta(x-y)$.

根据拟微分算子核的表示式 (2.3.21) 知, 当 $x \neq y$ 时位相函数 $\langle x-y,\xi \rangle$ 关于 ξ 无临界点, 故可应用振荡积分的性质知 $K_A(x,y)$ 为 C^∞ 的, 因而可得如下定理.

定理 2.3.5 拟微分算子的分布核在对角线 $x = y$ 外是无穷正则的.

§4. 拟微分算子代数

本节讨论拟微分算子的运算, 将给出算子运算法则和其象征运算法则之间的对应, 从而给出拟微分算子的代数结构.

1. 拟微分算子的象征

我们先定义一般形式的拟微分算子的象征, 按定义 2.1.2, 若拟微分算子按 (2.1.7) 式定义 (或在 (2.1.13) 式中振幅函数不依赖于 y), 则 $a(x,\xi)$ 称为算子 A 的**象征**, 它是偏微分算子 $P = p(x,D)$ 以 $p(x,\xi)$ 作

为算子象征这一事实的推广. 在偏微分算子的情形, 容易验证

$$p(x,\xi) = e^{-i\langle x,\xi\rangle} P(e^{i\langle x,\xi\rangle}).$$

若 A 为按 (2.1.13) 式定义的拟微分算子, 由 §1 知其定义域可扩充到 $\mathscr{S}'$, 故取 $u(x) = e^{i\langle x,\xi_0\rangle}$ 时, Au 有意义, 且将广义函数的作用仍用积分形式书写, 我们有

$$\begin{aligned} A(e^{i\langle x,\xi_0\rangle}) &= \int e^{i\langle x,\xi\rangle} a(x,\xi)\delta(\xi-\xi_0)d\xi \\ &= e^{i\langle x,\xi_0\rangle} a(x,\xi_0), \end{aligned}$$

从而也有

$$a(x,\xi) = e^{-i\langle x,\xi\rangle} A(e^{i\langle x,\xi\rangle}). \tag{2.4.1}$$

于是我们给出

定义 2.4.1　对于形式为 (2.1.13) 的拟微分算子 A, 定义

$$e^{-i\langle x,\xi\rangle} A(e^{i\langle x,\xi\rangle}) \tag{2.4.2}$$

为**算子 A 的象征**, 记为 $\sigma_A(x,\xi)$.

注意到我们在定理 2.3.4 中已指出, 按 (2.1.13) 式定义的算子 A 是 $\mathscr{S}'(\mathbb{R}^n) \to \mathscr{S}'(\mathbb{R}^n)$ 的线性连续映射, 所以定义 2.4.1 是合理的, 而且当振幅 $a(x,y,\xi)$ 不依赖于 y 时它与定义 2.1.2 一致.

按定义 2.4.1 中的象征定义, 还可以将形式为 (2.1.13) 的拟微分算子化为形式 (2.1.7), 事实上, 对 $u \in \mathscr{S}(\mathbb{R}^n)$ 成立 Fourier 逆变换公式

$$u(x) = \int_{\mathbb{R}_\xi^n} e^{i\langle x,\xi\rangle} \hat{u}(\xi) đ\xi.$$

由于 A 是 $\mathscr{S}(\mathbb{R}^n) \to \mathscr{S}'(\mathbb{R}^n)$ 的线性连续映射, 故

$$\begin{aligned} Au(x) &= \int (Ae^{i\langle x,\xi\rangle})\hat{u}(\xi)đ\xi \\ &= \int e^{i\langle x,\xi\rangle} \sigma_A(x,\xi)\hat{u}(\xi)đ\xi. \end{aligned} \tag{2.4.3}$$

由 (2.4.3) 式我们可以说, 形式为 (2.1.13) 的拟微分算子与形式为 (2.1.7) 的拟微分算子实质上是一致的. 但由于 (2.1.13) 的写法更为灵活, 它在

运算以及一些问题的讨论中往往更为方便.

按 (2.4.2) 式给出的象征并不便于计算, 以下我们设法导出一个通过振幅来计算象征的公式. 先由 (2.1.13) 与 (2.4.2) 知

$$\sigma_A(x,\xi) = e^{-i\langle x,\xi\rangle} \iint e^{i\langle x-y,\eta\rangle} a(x,y,\eta) e^{i\langle y,\xi\rangle} dy\,\bar{d}\eta$$

$$= \iint e^{i\langle x-y,\eta-\xi\rangle} a(x,y,\eta) dy\,\bar{d}\eta. \tag{2.4.4}$$

其中积分可按累次积分理解, 而内层积分可视为 Fourier 变换, 以下我们也将用处理振荡积分的方法计算 (2.4.4) 的值, 特别是讨论当 $|\xi| \to \infty$ 时 $\sigma_A(x,\xi)$ 的渐近性态.

暂时离开 $\sigma_A(x,\xi)$ 具体形式的讨论, 我们证明以下两个引理.

引理 2.4.1 设 B 是 $n \times n$ 非退化实对称矩阵, $z = (z_1, \cdots, z_n)$, 则 $e^{\frac{i}{2}\langle Bz,z\rangle}$ 的 Fourier 变换是

$$(2\pi)^{\frac{n}{2}} |\det B|^{-\frac{1}{2}} e^{\frac{\pi}{4} i \operatorname{sgn} B} e^{-\frac{i}{2}\langle B^{-1}\zeta,\zeta\rangle}, \tag{2.4.5}$$

其中 $\operatorname{sgn} B$ 表示 B 的正特征值数与负特征值数之差.

证明 先设 B 是对角阵 $\operatorname{diag}\{b_1, \cdots, b_n\}$. 此时,

$$e^{\frac{i}{2}\langle Bz,z\rangle} = \prod_{j=1}^{n} e^{\frac{i}{2} b_j z_j^2},$$

于是关于它的 Fourier 变换就化为一维的情形.

设 η 是非零实数, 当 z 为单个变量时, 根据 Fourier 变换的连续性有

$$F(e^{i\eta z^2}) = \lim_{\varepsilon \to +0} F(e^{(i\eta-\varepsilon)z^2}).$$

由于

$$F(e^{(i\eta-\varepsilon)z^2}) = \int_{-\infty}^{+\infty} e^{-iz\zeta} e^{(i\eta-\varepsilon)z^2} dz$$

$$= e^{-i\frac{\zeta^2}{4(\eta+i\varepsilon)}} \int_{-\infty}^{+\infty} e^{(i\eta-\varepsilon)\left(z - \frac{i\zeta}{2(i\eta-\varepsilon)}\right)^2} dz,$$

利用复平面上围道积分计算方法可知上式等于

$$\frac{1}{\sqrt{\varepsilon - i\eta}} e^{-i\frac{\zeta^2}{4(\eta + i\varepsilon)}} \int_{-\infty}^{+\infty} e^{-\omega^2} d\omega = \frac{\sqrt{\pi}}{\sqrt{\varepsilon - i\eta}} e^{-i\frac{\zeta^2}{4(\eta + i\varepsilon)}}.$$

当 $\varepsilon \to +0$ 时, 其极限为

$$\sqrt{\frac{\pi}{|\eta|}} e^{-i\frac{\zeta^2}{4\eta}} e^{\frac{\pi}{4}i\,\mathrm{sgn}\,\eta}.$$

因此, 由 $\mathrm{sgn}\,B = \sum_{j=1}^{n} \mathrm{sgn}\,b_j$ 可得

$$F(e^{\frac{i}{2}\langle Bz, z\rangle}) = \prod_{j=1}^{n} F(e^{\frac{i}{2}b_j z_j^2})$$

$$= \prod_{j=1}^{n} \sqrt{\frac{2\pi}{|b_j|}} e^{-i\frac{\zeta_j^2}{2b_j}} e^{\frac{\pi}{4}i\,\mathrm{sgn}\,b_j}$$

$$= (2\pi)^{\frac{n}{2}} |\det B|^{-\frac{1}{2}} e^{\frac{\pi}{4}i\,\mathrm{sgn}\,B} e^{-\frac{i}{2}\langle B^{-1}\zeta, \zeta\rangle}. \tag{2.4.6}$$

当 B 不是对角阵时, 由 B 的对称性知, 存在正交阵 U 与对角阵 $\tilde{B}$, 使 $B = U\tilde{B}U^{-1}$. 令 $z = Uz'$, 则 $\langle z, \zeta\rangle = \langle z', U^{-1}\zeta\rangle$, 从而

$$F(e^{\frac{i}{2}\langle Bz, z\rangle})(\zeta) = F(e^{\frac{i}{2}\langle \tilde{B}z', z'\rangle})(\zeta')\Big|_{\zeta' = U^{-1}\zeta}$$

$$= (2\pi)^{\frac{n}{2}} |\det \tilde{B}|^{-\frac{1}{2}} e^{\frac{\pi}{4}i\,\mathrm{sgn}\,\tilde{B}} e^{-\frac{i}{2}\langle \tilde{B}^{-1}\zeta', \zeta'\rangle}\Big|_{\zeta' = U^{-1}\zeta'}.$$

注意到 $\det B$ 与 $\mathrm{sgn}\,B$ 在正交变换下均不变, 又

$$\langle \tilde{B}^{-1}\zeta', \zeta'\rangle\Big|_{\zeta' = U^{-1}\zeta} = \langle \tilde{B}^{-1}U^{-1}\zeta, U^{-1}\zeta\rangle = \langle B^{-1}\zeta, \zeta\rangle,$$

将它代入前式即知 $F(e^{i\langle Bz, z\rangle})(\zeta)$ 的表达式为 (2.4.5). 引理证毕. ■

引理 2.4.2 设函数 $g(z, t) \in C^\infty(\mathbb{R}^n \times \mathbb{R}_+)$, g 关于 z 在无穷远处速降, 又当 $t \to \infty$ 时满足

$$|\partial_z^\alpha g(z, t)| \leqslant C_\alpha t^m, \quad \forall \alpha, \tag{2.4.7}$$

则对积分 $I = \int e^{\frac{1}{2}it\langle Bz, z\rangle} g(z, t) dz$ 有估计

$$I = \left(\frac{2\pi}{t}\right)^{\frac{n}{2}} |\det B|^{-\frac{1}{2}} e^{\frac{\pi}{4}i\,\mathrm{sgn}\,B} \sum_{j=0}^{N-1} \frac{t^{-j}}{j!} (L^j g)\Big|_{z=0} + R_N, \tag{2.4.8}$$

其中 $L = \frac{i}{2}\langle B^{-1}\frac{\partial}{\partial z}, \frac{\partial}{\partial z}\rangle$, $|R_N| \leqslant Ct^{-\frac{n}{2}-N+m}$.

证明 利用引理 2.4.1 以及 Parseval 等式 $\int f \cdot \bar{g} dz = \int F(f) \cdot \bar{F}(g) d\zeta$, 我们有

$$I = (2\pi t)^{-\frac{n}{2}} |\det B|^{-\frac{1}{2}} e^{\frac{\pi}{4} i \operatorname{sgn} B} \int e^{-\frac{i}{2t}\langle B^{-1}\zeta, \zeta\rangle} \overline{F(\bar{g})} d\zeta. \qquad (2.4.9)$$

由于

$$e^{-\frac{i}{2t}\langle B^{-1}\zeta, \zeta\rangle} = \sum_{j=0}^{N-1} \frac{t^{-j}}{j!} \left(-\frac{i}{2}\langle B^{-1}\zeta, \zeta\rangle\right)^j + r_N,$$

其中 $|r_N| \leqslant Ct^{-N}(1+|\zeta|^2)^N$, 故

$$\int e^{-\frac{i}{2t}\langle B^{-1}\zeta, \zeta\rangle} \overline{F(\bar{g})} d\zeta = \sum_{j=0}^{N-1} \frac{t^{-j}}{j!} \int \overline{F(L^j(\bar{g}))} d\zeta + \int r_N \overline{F(\bar{g})} d\zeta.$$

注意到 $\int \overline{F(\bar{h})}(\eta) d\eta = (2\pi)^n h(0)$, 上式等于

$$(2\pi)^n \sum_{j=0}^{N-1} \frac{t^{-j}}{j!} (L^j g)\Big|_{z=0} + R'_N,$$

代入 (2.4.9), 即得 (2.4.8) 式. 且由于

$$|R'_N| \leqslant Ct^{-N} \int (1+|\zeta|^2)^N |\overline{F(\bar{g})}| d\zeta$$

$$\leqslant Ct^{-N} \left(\int (1+|\zeta|^2)^{2N+n} |F(\bar{g})|^2 d\zeta \int (1+|\zeta|^2)^{-n} d\zeta\right)^{\frac{1}{2}}$$

$$\leqslant Ct^{-N} \|g\| c^{2N+n}.$$

故知对 $|R_N|$ 的估计为真. 引理证毕. ■

回到计算 $\sigma_A(x, \xi)$ 的 (2.4.4) 式. 我们将证明

定理 2.4.1 以 $a(x, y, \xi)$ 为振幅的拟微分算子 A 的象征有渐近展开

$$\sigma_A(x, \xi) \sim \sum \frac{1}{\alpha!} \partial_\xi^\alpha D_y^\alpha a(x, y, \xi)\Big|_{y=x}. \qquad (2.4.10)$$

证明 在 (2.4.4) 式中将 ξ 写成 $t\xi$, $|\xi| = 1$, 考察 $\sigma_A(x, t\xi)$ 当 $t \to \infty$

时的性态, 记 ω_1, ω 为 (x, ξ) 的锥邻域, 且 $\omega_1 \subset\subset \omega$, 作函数 $h(y, \theta) \in C_c^\infty(\omega)$, 且在 ω_1 中 h 恒等于 1, 则

$$
\begin{aligned}
\sigma_A(x, t\xi) &= \iint e^{i\langle x-y, \eta-t\xi\rangle} a(x, y, \eta) dy \bar{d}\eta \\
&= t^n \iint e^{it\langle x-y, \theta-\xi\rangle} h(y, \theta) a(x, y, t\theta) dy \bar{d}\theta \\
&\quad + t^n \iint e^{it\langle x-y, \theta-\xi\rangle} (1 - h(y, \theta)) a(x, y, t\theta) dy \bar{d}\theta \\
&= I_1 + I_2.
\end{aligned}
\tag{2.4.11}
$$

积分 I_1 与 I_2 的位相函数是 $t\langle x-y, \theta-\xi\rangle$, 它的临界点是 $y = x$, $\theta = \xi$, 由于 I_2 的被积函数在 ω_1 中恒为零, 故在它的支集中 $|\theta - \xi|^2 + |x - y|^2 > 0$, 于是我们可以构造算子 L, 使

$$
{}^t L = \sum_j \frac{i}{|\theta - \xi|^2 + |x - y|^2} \left((\theta_j - \xi_j) \frac{\partial}{\partial y_j} - (x_j - y_j) \frac{\partial}{\partial \theta_j} \right), \tag{2.4.12}
$$

这时对任意 k 有 $|L^k a| \leqslant c t^m$, 从而对任意 N 有

$$
\begin{aligned}
I_2 &= t^n \iint e^{it\langle x-y, \theta-\xi\rangle} t^{-n-N-m} L^{n+N+m}((1-h)a) dy \bar{d}\theta \\
&= O(t^{-N}).
\end{aligned}
\tag{2.4.13}
$$

对于积分 I_1, 当 (y, θ) 落在 ω 内时被积函数才不等于零. 应用引理 2.4.2 来估计 I_1, 取 $z = (y, \theta)$, 积分变量个数为 $2n$, 由于 $a \in S^m$, 故条件 (2.4.7) 满足, 又在 (2.4.8) 式中

$$
B = \begin{pmatrix} 0 & -I \\ -I & 0 \end{pmatrix},
$$

故 $\det B = 1, \operatorname{sgn} B = 0, L = \sum_{k=1}^n \frac{1}{i} \frac{\partial^2}{\partial y_k \partial \theta_k}$, 从而

$$
\begin{aligned}
I_1 &= t^n \iint_\omega e^{-it\langle y, \theta\rangle} h(y+x, \theta+\xi) a(x, y+x, t(\theta+\xi)) dy \bar{d}\theta \\
&= \frac{t^n}{(2\pi)^n} \left(\frac{2\pi}{t} \right)^n \sum_{j=0}^{N-1} \frac{t^{-j}}{j!} \left(\sum_k \partial y_k D_{\theta_k} \right)^j (h(y, \theta) a(x, y, t\theta)) \Bigg|_{y=x, \theta=\xi} + R_N,
\end{aligned}
$$

其中 $R_N = O(t^{-N})$, 由于 h 在 ω_1 中恒等于 1, 故它在上面的表达式中并不起作用, 从而有

$$I_1 = \sum_{|\alpha| < N} \frac{1}{\alpha!} \partial_y^\alpha D_\theta^\alpha a(x, y, \xi) \Big|_{y=x} + R_N, \qquad (2.4.14)$$

其中当 $|\xi| \to \infty$ 时, $R_N = O(|\xi|^{-N})$.

由于当 $t \to +\infty$ 时, I_2 有估计式 (2.4.13), 所以 (2.4.14) 的右边用于估计 $\sigma_A(x, \xi)$ 也是正确的, 于是, 定理 2.2.3 的条件 (2.2.8) 成立. 至于定理 2.2.3 中的条件 (2.2.6) 可以通过将 (2.4.4) 式求导后再作估计 (事实上此时已不需要 $\sigma_A(x, \xi)$ 的导数当 $|\xi| \to \infty$ 时增长阶的准确估计), 因此, 由定理 2.2.3 知 $\sigma_A(x, \xi)$ 以

$$\sum \frac{1}{\alpha!} \partial_y^\alpha D_\xi^\alpha a(x, y, \xi) \Big|_{y=x}$$

为渐近展开. 定理证毕. ∎

定理 2.4.1 的证明中所采用的方法称为**稳定位相法**, 对这种方法的详细叙述可参见 [Ho3], [QCe], [Qi] 等.

2. 转置、共轭与复合

下面我们利用定理 2.4.1 来给出拟微分算子经转置、共轭以及复合后所得的算子的象征表示. 由于前面我们已指出形式为 (2.1.13) 的拟微分算子都可写成 (2.1.7) 的形式, 所以只需指出形式为 (2.1.7) 的拟微分算子的运算规则就够了.

定理 2.4.2 拟微分算子 $A = a(x, D)$ 的转置 ${}^t A$ 与共轭 A^* 都是拟微分算子, 且它们的象征有渐近展开

$$\sigma_{{}^t A}(x, \xi) \sim \sum_\alpha \frac{1}{\alpha!} \partial_\xi^\alpha D_x^\alpha \sigma_A(x, -\xi), \qquad (2.4.15)$$

$$\sigma_{A^*}(x, \xi) \sim \sum_\alpha \frac{1}{\alpha!} \partial_\xi^\alpha D_x^\alpha \overline{\sigma_A(x, \xi)}. \qquad (2.4.16)$$

证明 将算子 A 写成

$$Au = \iint e^{i\langle x-y, \xi \rangle} a(x, \xi) u(y) dy \, d\xi.$$

因 A 的转置 $^t A$ 由对偶积

$$\langle {}^t Av, u \rangle = \langle v, Au \rangle$$

所定义, 故得

$$
\begin{aligned}
{}^t Av &= \iint e^{i\langle x-y, \xi \rangle} a(x, \xi) v(x) dx d\!\!\!{}^-\xi \\
&= \iint e^{i\langle x-y, \xi \rangle} a(y, -\xi) v(y) dy d\!\!\!{}^-\xi.
\end{aligned}
\tag{2.4.17}
$$

又 A 的共轭算子 A^* 由内积

$$(A^* v, u) = (v, Au)$$

所定义, 故得

$$\int (A^* v)(y) \bar{u}(y) dy = \int v(x) \overline{Au}(x) dx.$$

从而

$$
\begin{aligned}
A^* v &= \iint \overline{e^{i\langle x-y, \xi \rangle} a(x, \xi)} v(x) dx d\!\!\!{}^-\xi \\
&= \iint e^{i\langle x-y, \xi \rangle} \bar{a}(y, \xi) v(y) dy d\!\!\!{}^-\xi.
\end{aligned}
\tag{2.4.18}
$$

再对 (2.4.17) 和 (2.4.18) 应用定理 2.4.1, 即得 (2.4.15) 和 (2.4.16). 定理证毕. ∎

定理 2.4.3 拟微分算子 $A = a(x, D)$, $B = b(x, D)$ 的复合 $B \circ A$ 也是拟微分算子, 且它的象征有渐近展开

$$\sigma_{B \circ A} \sim \sum_\alpha \frac{1}{\alpha!} \partial_\xi^\alpha \sigma_B(x, \xi) \cdot D_x^\alpha \sigma_A(x, \xi). \tag{2.4.19}$$

证明 对于 $u \in \mathscr{S}(\mathbb{R}^n)$,

$$(B \circ A)u = \int e^{i\langle x, \xi \rangle} b(x, \xi) \widehat{Au}(\xi) d\!\!\!{}^-\xi.$$

因为由 (2.4.17) 知

$$Au = {}^t({}^t Au) = \iint e^{i\langle x-y, \xi \rangle} \sigma_{{}^t A}(y, -\xi) u(y) dy d\!\!\!{}^-\xi,$$

所以

$$\widehat{Au}(\xi) = \int e^{-i\langle y, \xi \rangle} \sigma_{{}^t A}(y, -\xi) u(y) dy.$$

将它代入 $(B \circ A)u$ 的表达式, 可得

$$(B \circ A)u = \iint e^{i\langle x-y, \xi\rangle} b(x, \xi) \sigma_{{}^tA}(y, -\xi) u(y) dy d\xi,$$

所以

$$\sigma_{B \circ A}(x, \xi) \sim \sum_{\alpha} \frac{1}{\alpha!} \partial_{\xi}^{\alpha} D_y^{\alpha} b(x, \xi) \sigma_{{}^tA}(y, -\xi)\Big|_{y=x}$$

$$= \sum_{\alpha} \frac{1}{\alpha!} \partial_{\xi}^{\alpha} [b(x, \xi) D_x^{\alpha} \sigma_{{}^tA}(x, -\xi)]. \qquad (2.4.20)$$

又由 (2.4.15) 知

$$\sigma_{{}^tA}(x, -\xi) \sim \sum_{\beta} \frac{1}{\beta!} (-\partial_{\xi})^{\beta} D_x^{\beta} a(x, \xi),$$

代入 (2.4.20) 得

$$\sigma_{B \circ A}(x, \xi) \sim \sum_{\alpha, \beta} \frac{1}{\alpha! \beta!} \partial_{\xi}^{\alpha} [b(x, \xi)(-\partial_{\xi})^{\beta} D_x^{\alpha+\beta} a(x, \xi)]. \qquad (2.4.21)$$

现利用重指标的二项式定理

$$\sum_{\alpha+\beta=\gamma} \frac{\eta^{\alpha} \theta^{\beta}}{\alpha! \beta!} = \frac{(\eta + \theta)^{\gamma}}{\gamma!} \qquad (2.4.22)$$

来化简 (2.4.21) 式, 由 (2.4.22) 知, 当 $|\gamma| \neq 0$ 时, 都有 $\displaystyle\sum_{\alpha+\beta=\gamma} \frac{(-1)^{\beta}}{\alpha! \beta!} = 0$,

所以记 $D_x^{\alpha+\beta} a(x, \xi)$ 为 g, 我们有

$$\sigma_{B \circ A}(x, \xi) \sim \sum_{\alpha, \beta} \frac{1}{\alpha! \beta!} \partial_{\xi}^{\alpha} [b(-\partial_{\xi})^{\beta} g]$$

$$= \sum_{\gamma} \sum_{\alpha+\beta=\gamma} \frac{1}{\alpha! \beta!} \partial_{\xi}^{\alpha} [b(-\partial_{\xi})^{\beta} g]$$

$$= \sum_{\gamma} \sum_{\alpha_1+\alpha_2+\beta=\gamma} \frac{1}{\alpha_1! \alpha_2! \beta!} \partial_{\xi}^{\alpha_1} b \cdot \partial_{\xi}^{\alpha_2+\beta} g \cdot (-1)^{|\beta|}$$

$$= \sum_{\gamma} \sum_{\alpha_1} \left[\frac{\partial_{\xi}^{\alpha_1} b}{\alpha_1!} \sum_{\alpha_2+\beta=\gamma-\alpha_1} \frac{(-1)^{|\beta|}}{\alpha_2! \beta!} \partial_{\xi}^{\alpha_2+\beta} g \right].$$

由于当 $\gamma - \alpha_1 \neq 0$ 时 $\displaystyle\sum_{\alpha_2+\beta=\gamma-\alpha_1} \frac{(-1)^{|\beta|}}{\alpha_2! \beta!} = 0$, 故得

$$\sigma_{B \circ A}(x, \xi) \sim \sum_{\gamma} \frac{1}{\gamma!} \partial_{\xi}^{\gamma} b \cdot g$$

$$= \sum_{\gamma} \frac{1}{\gamma!} \partial_{\xi}^{\gamma} b(x, \xi) D_x^{\gamma} a(x, \xi).$$

定理证毕. ■

注　当 A, B 为微分算子时, (2.4.15), (2.4.16) 以及 (2.4.19) 的右端均为有限和. 此时, (2.4.19) 就是人们熟知的 Leibniz 公式. 例如, 在 x 为单变量时, 取 $A = a(x), B = D_x^m$, 则 $\sigma_A = a(x), \sigma_B = \xi^m$, 按 (2.4.19) 有

$$\sigma_{B \circ A} = \sum_{k=0}^{m} C_m^k (D_x^k a) D_\xi^{m-k},$$

故对任意 C^∞ 函数 $u(x)$, 有

$$(B \circ A) u = \sum_{k=0}^{m} C_m^k (D_x^k a) D_x^{m-k} u.$$

等式右端与 $D^m(au)$ 按 Leibniz 公式展开所得到的和式一致.

3. 拟微分算子代数

对一切 m, 所有 Ψ^m 类拟微分算子全体 $\bigcup_m \Psi^m$ 构成一个线性空间. 若将算子的复合作为该集合中的乘法, 则 $\Psi^\infty = \bigcup_m \Psi^m$ 构成代数. 不仅如此, 这个代数中还可定义两种对合运算[①]: $A \mapsto {}^t A$ 以及 $A \mapsto A^*$, 所以 Ψ^∞ 是具有两种对合运算的代数.

将拟微分算子 A 与它的象征 σ_A 对应, 可建立拟微分算子集合 Ψ^∞ 与象征集合 S^∞ 之间的一个线性同构. 我们希望在 S^∞ 中引入一种 "乘法运算法则 #", 使 S^∞ 按这个运算构成代数, 而且 Ψ^∞ 与 S^∞ 按各自乘法所组成的代数是同构的. 根据定理 2.4.3 知, 乘法运算 # 的合理选择应当是

$$b(x, \xi) \# a(x, \xi) = \sum_{\gamma} \frac{1}{\gamma!} \partial_{\xi}^{\gamma} b(x, \xi) D_x^{\gamma} a(x, \xi), \tag{2.4.23}$$

[①]所谓代数 G 中的对合运算, 是指 $G \to G$ 的一个自同态 τ, 使得 $\tau^2 = \mathrm{Id}$.

此式右边表示渐近展开. 可是定理 2.2.2 告诉我们, 具有同一渐近展开式的象征不是唯一的, 它们之间可以相差一个 $S^{-\infty}$ 象征. 这就给我们建立 Ψ^∞ 与 S^∞ 之间的同构带来了困难. 一个克服此困难的方法就是在 S^∞ 中建立一种等价关系 $\sim$, 将相差 $S^{-\infty}$ 象征的两个象征归入同一等价类, 即

$$a \sim b \Longleftrightarrow a = b + e, \quad e \in S^{-\infty}. \tag{2.4.24}$$

按等价关系 (2.4.24) 建立商空间 $S^\infty/S^{-\infty}$, 同样地, 在 Ψ^∞ 中也建立等价关系, 将相差 $\Psi^{-\infty}$ 类算子的两个拟微分算子归入同一等价类, 即

$$A \sim B \Longleftrightarrow A = B + E, \quad E \in \Psi^{-\infty}. \tag{2.4.25}$$

并按此等价关系建立商空间 $\Psi^\infty/\Psi^{-\infty}$. 这样, 定理 2.4.3 就告诉我们 $\Psi^\infty/\Psi^{-\infty}$ 与 $S^\infty/S^{-\infty}$ 是一对同构的代数, 它们的乘法分别为算子复合与运算 $\#$ (更确切地说, 应当是算子复合与运算 $\#$ 在商空间中所诱导出的等价类运算), 这个同构通常记成 σ.

又由定理 2.4.2 知, 在 $S^\infty/S^{-\infty}$ 中也可以引入两种对合运算

$$\tau_1(a(x,\xi)) = \sum_\alpha \frac{1}{\alpha!} \partial_\xi^\alpha D_x^\alpha \sigma_A(x, -\xi), \tag{2.4.26}$$

$$\tau_2(a(x,\xi)) = \sum_\alpha \frac{1}{\alpha!} \partial_\xi^\alpha D_x^\alpha \overline{\sigma_A(x,\xi)}, \tag{2.4.27}$$

它们分别与 $\Psi^\infty/\Psi^{-\infty}$ 中的转置和共轭相对应. 于是我们有

定理 2.4.4 拟微分算子类 $\Psi^\infty/\Psi^{-\infty}$ 关于算子复合以及算子转置和共轭运算构成代数. 相应地, 象征类 $S^\infty/S^{-\infty}$ 关于象征运算 $\#$ 与象征类中的对合运算 τ_1, τ_2 也构成代数, 且这两个代数在相应运算对应下是同构的.

定义 2.4.2 如果一个 S^m 类象征 $a(x,\xi)$ 有渐近展开

$$a \sim \sum a_j(x,\xi),$$

而每项 $a_j(x,\xi)$ 为变量 ξ 的 $m-j$ 次齐次函数, 则称 $a(x,\xi)$ 为**经典象征**, 以经典象征为象征的拟微分算子称为**经典拟微分算子**.

若 A, B 为经典拟微分算子, 则按 (2.4.15), (2.4.16), (2.4.19) 所得到的象征 $\sigma_{^tA}, \sigma_{A^*}, \sigma_{B \circ A}$ 仍为经典象征, 所以经典拟微分算子也在 $\mathrm{mod}\,\Psi^{-\infty}$ 意义下构成一个拟微分算子代数, 它是一般拟微分算子代数 Ψ^∞ 的子代数.

4. 主象征

若拟微分算子 $a(x, D) \in \Psi^m, b(x, D) \in \Psi^{m'}$, 则由 (2.4.15) 和 (2.4.16) 知 $\sigma_{^tA}$ 与 σ_{A^*} 的渐近展开第一项属于 S^m, 以后各项都在 S^{m-1} 中; 由 (2.4.19) 知, $\sigma_{B \circ A}$ 的渐近展开第一项属于 $S^{m+m'}$, 以后各项都在 $S^{m+m'-1}$ 中. 与微分算子的情形相似, 象征展开的第一项往往特别重要, 常需将它特别选取出来进行讨论, 选取的方法仍是作商空间. 我们由拟微分算子与其象征之间的对应可以诱导出一个同构

$$\sigma_m : \Psi^m/\Psi^{m-1} \to S^m/S^{m-1}. \tag{2.4.28}$$

一个拟微分算子在此同构对应下的像称为其**主象征** (有时我们也简单地称这个像在等价类中的代表元为主象征, 例如称 (2.4.19) 的第一项为 $B \circ A$ 的主象征).

由定理 2.4.2, 2.4.3 立即可以得到以下诸式:

$$\sigma_{m+m'}(B \circ A)(x, \xi) = \sigma_{m'}(B)(x, \xi)\sigma_m(A)(x, \xi),$$
$$\sigma_m(A^*)(x, \xi) = \overline{\sigma_m(A)(x, \xi)}, \tag{2.4.29}$$
$$\sigma_m(^tA)(x, \xi) = \sigma_m(A)(x, -\xi),$$
$$\sigma_{m+m'}(B \circ A) = \sigma_{m+m'}(A \circ B).$$

又若记两个拟微分算子 A, B 的交换子 $[A, B] = A \circ B - B \circ A$, 定义 (x, ξ) 的函数 f, g 的 Poisson **括号** $\{f, g\}$ 为

$$\sum_{k=1}^{n} \left\{ \frac{\partial f}{\partial \xi_k} \frac{\partial g}{\partial x_k} - \frac{\partial f}{\partial x_k} \frac{\partial g}{\partial \xi_k} \right\},$$

则有

$$\sigma_{m+m'-1}([A, B]) = \frac{1}{i}\{\sigma_m(A), \sigma_{m'}(B)\}. \tag{2.4.30}$$

注 为避免混淆, 我们将一个拟微分算子在同构对应

$$\sigma : \Psi^\infty / \Psi^{-\infty} \to S^\infty / S^{-\infty}$$

下的象征称为该拟微分算子的**全象征**, 或简单地将这个象征在等价类中的代表元称为其**全象征**. (2.4.1) 式就是拟微分算子的全象征的一个表示.

§5. 局部区域上的拟微分算子

1. 局部区域上拟微分算子的定义

前面关于拟微分算子及其性质的讨论都可以转移到局部区域上进行, 这里, 我们先考虑定义在开集上的拟微分算子.

定义 2.5.1 设 Ω 是 $\mathbb{R}^n$ 中的开集, $b(x,\xi) \in C^\infty(\Omega_x \times \mathbb{R}^n_\xi)$, 若对任意 $\varphi(x) \in C_c^\infty(\Omega_x)$ 有 $\varphi(x)b(x,\xi) \in S^m(\mathbb{R}^n_x \times \mathbb{R}^n_\xi)$ (当 x 不属于 Ω 时则令 φb 等于零), 则称 $b(x,\xi) \in S^m(\Omega_x \times \mathbb{R}^n_\xi)$. 相仿地, 若 $a(x,y,\xi) \in C^\infty(\Omega_x \times \Omega_y \times \mathbb{R}^n_\xi)$, 且对任意 $\varphi(x) \in C_c^\infty(\Omega_x)$, $\psi(y) \in C_c^\infty(\Omega_y)$, 有 $\varphi(x)a(x,y,\xi)\psi(y) \in S^m(\mathbb{R}^n_x \times \mathbb{R}^n_y \times \mathbb{R}^n_\xi)$, 则称 $a(x,y,\xi) \in S^m(\Omega_x \times \Omega_y \times \mathbb{R}^n_\xi)$.

注意, 当 Ω_x 与 Ω_y 分别取成 $\mathbb{R}^n_x$ 与 $\mathbb{R}^n_y$ 时, 按定义 2.5.1 所定义的 S^m 类象征与振幅是和定义 2.1.1, 2.1.1′ 有所不同的. 但为不致使记号过分复杂, 我们仍采用相同的记号.

关于 S^∞ 类与 $S^{-\infty}$ 类象征与振幅仿 §1 定义之.

易见, 若 $b(x,\xi) \in S^m(\Omega_x \times \mathbb{R}^n_\xi)$, 则对 Ω 中任意紧集 K 以及任意重指标 α, β 成立

$$|\partial_\xi^\alpha \partial_x^\beta b(x,\xi)| \leqslant C_{\alpha,\beta,K}(1+|\xi|)^{m-|\alpha|}, \quad \forall x \in K, \xi \in \mathbb{R}^n. \tag{2.5.1}$$

若 $a(x,y,\xi) \in S^m(\Omega_x \times \Omega_y \times \mathbb{R}^n_\xi)$, 则对 Ω 中任意紧集 K 以及任意重指标 α, β 成立

$$|\partial_\xi^\alpha \partial_{x,y}^\beta a(x,y,\xi)| \leqslant C_{\alpha,\beta,K}(1+|\xi|)^{m-|\alpha|}, \quad \forall x,y \in K, \xi \in \mathbb{R}^n. \tag{2.5.2}$$

在 §2 中关于象征的性质与有关渐近展开的定理都可以逐字逐句地移到按定义 2.5.1 所规定的象征类上, 相应定理的证明方法也基本相同, 请读者自行写出这些定理及其证明.

利用定义 2.5.1 中规定的象征类, 可以定义如下的拟微分算子:

$$(Bu)(x) = \int e^{i\langle x,\xi\rangle} b(x,\xi)\hat{u}(\xi)\,d\!\!\!-\xi, \quad \forall u \in C_c^\infty(\Omega), \tag{2.5.3}$$

$$(Au)(x) = \iint e^{i\langle x-y,\xi\rangle} a(x,y,\xi)u(y)\,dy\,d\!\!\!-\xi, \quad \forall u \in C_c^\infty(\Omega), \tag{2.5.4}$$

这里的积分 (2.5.3), (2.5.4) 仍可按振荡积分理解. 但与前面不同, 由于 Ω 是 $\mathbb{R}^n$ 中的一个开集, 所以算子 A, B 只是 $C_c^\infty(\Omega) \to C^\infty(\Omega)$ 的线性连续映射, 而利用对偶法知, A, B 可以延拓成 $\mathscr{E}'(\Omega) \to \mathscr{D}'(\Omega)$ 的线性连续映射.

由于开集 Ω 上的拟微分算子的定义域是具有紧支集广义函数的集合, 故将这类拟微分算子作用于 $e^{i\langle x,\xi\rangle}$ 不一定有意义. 此外, 由于开集 Ω 上拟微分算子的值域中的元素不一定有紧支集, 所以任取两个拟微分算子, 它们的复合也不一定有意义, 于是, 定义拟微分算子的象征与构造拟微分算子代数就遇到了困难. 克服这一困难的方法就是引入恰当支拟微分算子的概念.

2. 恰当支拟微分算子

定义 2.5.2 如果 Σ 为 $\Omega_x \times \Omega_y$ 中的子集, 它满足条件: 对任一紧集 $K \subset \Omega$, 集合 $\{(x,y)|(x,y) \in \Sigma, x \in K\}$ 以及 $\{(x,y)|(x,y) \in \Sigma, y \in K\}$ 都是 $\Omega_x \times \Omega_y$ 的紧集, 则称 Σ 为**恰当子集**.

定义 2.5.3 如果广义函数 $K \in \mathscr{D}'(\Omega_x \times \Omega_y)$, 其支集 supp K 为 $\Omega_x \times \Omega_y$ 的恰当子集, 则称 K 为**恰当支广义函数**, 如果一个拟微分算子 A 的核 K_A 为恰当支广义函数, 则称 A 为**恰当支拟微分算子**.

例如, 恒等算子 I 所对应的核是 $\delta(x-y)$, 它的支集是对角线 $x = y$, 这显然是恰当子集, 于是恒等算子是具有恰当支集的拟微分算子. 同理, 所有偏微分算子都是具有恰当支集的拟微分算子.

对于依赖于参数 ξ 的函数 $a(x,y,\xi)$, 若它的支集被一个与 ξ 无关的恰当支集所包含, 则称 $a(x, y, \xi)$ 具有关于 ξ 为一致的恰当子集.

引理 2.5.1 若 A 为开集 Ω 上的恰当支拟微分算子, A 按 (2.5.4) 式表示, 则 A 的振幅 $a(x, y, \xi)$ 可以改为一个具有关于 ξ 为一致的恰当支集的函数 $a_1(x, y, \xi)$.

证明 若算子 A 的核 K_A 的支集为 G, 它是 $\Omega_x \times \Omega_y$ 的恰当支集. 作 Ω 上的局部有限覆盖 $\cup V_j \supset \Omega$, 在每个 V_j 上作 ψ_j, 使 $\psi_j \in C_c^\infty(V_j)$, $0 \leqslant \psi_j \leqslant 1$. 再取 $\zeta_1 = \psi_1, \zeta_2 = (1 - \psi_1)\psi_2, \cdots, \zeta_n = (1 - \psi_1) \cdots (1 - \psi_{n-1})\psi_n$, 由于 $1 - \sum \zeta_j = \prod(1 - \psi_j)$, 故所有 ζ_j 构成 Ω 上的单位分解. 作

$$\varphi(x, y) = \sum_{j,k}{}' \zeta_j(x)\zeta_k(y), \tag{2.5.5}$$

其中和式为关于所有满足 $(V_j \times V_k) \cap G \neq \varnothing$ 的 j, k 求和. 那么, 对每个 x, y, 和式中非零项只有有限项. 所以按 (2.5.5) 式定义的 φ 为 C^∞ 函数, φ 在 G 上恒等于 1, 且 $\operatorname{supp} \varphi$ 为恰当支集. 于是, 对任意的 $u \in C_c^\infty(\Omega_x)$, $v \in C_c^\infty(\Omega_y)$, 有

$$
\begin{aligned}
\langle Au, v \rangle &= \iiint e^{i\langle x-y, \xi \rangle} a(x, y, \xi) u(y) v(x) \, dy \, dx \, d\!\!\!{}^-\xi \\
&= \langle K_A, u(y)v(x) \rangle \\
&= \langle \varphi(x, y) K_A, u(y)v(x) \rangle \\
&= \langle K_A, \varphi(x, y)u(y)v(x) \rangle \\
&= \iiint e^{i\langle x-y, \xi \rangle} a(x, y, \xi)\varphi(x, y)u(y)v(x) \, dy \, dx \, d\!\!\!{}^-\xi.
\end{aligned}
$$

记 $a_1(x, y, \xi) = a(x, y, \xi)\varphi(x, y)$, 它就是一个具有关于 ξ 为一致的恰当支集的振幅. 由 $a_1(x, y, \xi)$ 确定的算子与算子 A 显然是相同的. ∎

此命题的逆命题也是对的, 如果算子 A 的振幅具有关于 ξ 为一致的恰当支集 Σ, 则由于 A 所对应的核的支集为 Σ 的一个闭子集, 所以 K_A 也是恰当支的.

这样, 今后我们讲到恰当支拟微分算子 A 时, 就自然认为它相应的振幅具有关于 ξ 为一致的恰当支集.

定理 2.5.1　若算子 A 是按 (2.5.4) 式定义的拟微分算子, 且为恰当支的, 则它是 $C_c^\infty(\Omega) \to C_c^\infty(\Omega)$ 的线性连续映射, 且可以扩张为 $C^\infty(\Omega) \to C^\infty(\Omega)$ 的线性连续映射.

证明　若 $u(y)$ 的支集在 K 中, 振幅 $a(x, y, \xi)$ 具有与 ξ 无关的恰当支集 Σ, 从而 $\{(x, y) | (x, y) \in \Sigma, y \in K\}$ 是一个紧集 D, 于是使 $a(x, y, \xi) u(y) \neq 0$ 的那些 x 就落在一个紧集 $\Pi_x D$ 中 ($\Pi_x D$ 表示 D 在 $\mathbb{R}_x^n$ 中的投影), 因而 $Au \in C_c^\infty(\Omega)$.

又对任意给定的 $u(y) \in C^\infty(\Omega_y)$, 如何定义 Au 呢? 对于任意 $x \in \Omega_x$, 找一个开集 Ω_1, 使 $x \in \Omega_1 \subset\subset \Omega_x$, 于是 $F = \{(x, y) | (x, y) \in \Sigma, x \in \bar\Omega_1\}$ 为紧集 (见图 2.1), 从而 $F_1 = \Pi_y F$ 也是紧集 ($\Pi_y F$ 表示 F 在 Ω_y 上的投影). 我们作 $\zeta(y)$ 使它在 F_1 上为 1, 且 $\zeta(y) \in C_c^\infty(\Omega_y)$, 并令 Au 在 Ω_1 中的值为 $A(\zeta u)$, 它在 Ω_1 中显然是 C^∞ 的.

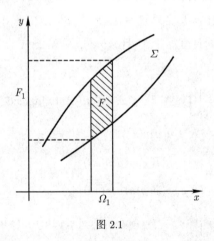

图 2.1

$A(\zeta u)$ 在 Ω_1 中的值与 ζ 的选取是无关的, 因为若 $C_c^\infty(\Omega_y)$ 函数 $\zeta_1(y), \zeta_2(y)$ 均在 F_1 上恒为 1, 那么 $\zeta_1 - \zeta_2$ 在 F_1 上恒为零, 从而当 $x \in \Omega_1$ 时, $a(x, y, \xi)(\zeta_1(y) - \zeta_2(y)) \equiv 0$, 所以此时 $A(\zeta_1 u) = A(\zeta_2 u)$. 同样可知 Au 在 x 点的值与 Ω_1 的选取无关, 于是我们就合理地规定了 Au 在 Ω 中的值, 它是一个 C^∞ 函数.

因为我们已经知道 A 将 $C_c^\infty(\Omega)$ 连续地映射到 $C^\infty(\Omega)$, 再结合上面关于 Au 支集的分析就容易得到本定理中映射的连续性. 事实上, 若

有 $\{u_j\}$ 为 $C_c^\infty(\Omega)$ 函数序列, $u_j \to 0(C_c^\infty(\Omega))$, 那么, 所有 u_j 的支集共含于一个紧集 K_1 中, 于是所有 Au_j 的支集也共含于一个紧集中, 从而可知 $Au_j \to 0(C_c^\infty(\Omega))$.

又若 $\{u_j\}$ 为 $C^\infty(\Omega)$ 函数序列, $u_j \to 0(C^\infty(\Omega))$, 则对于 Ω 中任意紧集 K_1, 如上面作法, 令 $F = \{(x,y) | (x,y) \in \Sigma, x \in K_1\}$, $F_1 = \Pi_y F$, 并作 $\zeta(y) \in C_c^\infty(\Omega_y)$, 使 $\zeta(y)$ 在 F_1 上恒取 1, 那么在 K_1 上 $Au_j = A(\zeta u_j)$. 但从条件 $u_j \to 0(C^\infty(\Omega))$ 可推知 $\zeta u_j \to 0(C_c^\infty(\Omega))$, $A(\zeta u_j) \to 0(C_c^\infty(\Omega))$, 因而在 K_1 上 Au_j 的各阶导数均一致地趋于零. 由于 K_1 为 Ω 中任意紧集, 所以 $Au_j \to 0(C^\infty(\Omega))$, 定理证毕.　■

注　定理 2.5.1 中给出的恰当支拟微分算子还可以扩张为 $\mathscr{E}'(\Omega) \to \mathscr{E}'(\Omega)$ 或 $\mathscr{D}'(\Omega) \to \mathscr{D}'(\Omega)$ 的线性连续映射.

利用对偶就可以证明这一点. 我们将其详细证明步骤留作习题.

定理 2.5.2　任意的开集 Ω 上的拟微分算子 A 都可表示为一个恰当支拟微分算子 A_1 与具 C^∞ 核的积分算子 A_2 之和.

证明　如引理 2.5.1 中所述之方法, 作函数 $\varphi(x,y)$, 使它在对角线 $x = y$ 邻域中恒为 1, 且具有恰当支集, 于是

$$
\begin{aligned}
Au &= \iint e^{i\langle x-y,\xi\rangle} a(x,y,\xi) u(y) dy đ\xi \\
&= \iint e^{i\langle x-y,\xi\rangle} \varphi(x,y) a(x,y,\xi) u(y) dy đ\xi \\
&\quad + \iint e^{i\langle x-y,\xi\rangle} (1-\varphi(x,y)) a(x,y,\xi) u(y) dy đ\xi \\
&= A_1 u + A_2 u, \tag{2.5.6}
\end{aligned}
$$

其中 A_1 已是恰当支拟微分算子, 而 A_2 的核为 $(1-\varphi)K_A$, 它是 C^∞ 函数, 故得所需结论. 定理证毕.　■

对于恰当支拟微分算子 A, 它作用在 $C^\infty(\Omega)$ 函数上有意义, 故我们仍以

$$
e^{-i\langle x,\xi\rangle} A(e^{i\langle x,\xi\rangle}) \tag{2.5.7}
$$

来定义算子 A 的象征. 对于一般的开集 Ω 上的拟微分算子 A, 按定理 2.5.2 将它分解成恰当支拟微分算子 A_1 与具 C^∞ 核的算子 A_2 之和, 并以

$$e^{-i\langle x,\xi\rangle}A_1(e^{i\langle x,\xi\rangle}) \tag{2.5.8}$$

作为 A 的象征.

这样所定义的象征, 带有某种不确定性, 因为上述的分解方式不是唯一的, 但是我们可以在 $\mathrm{mod}(S^{-\infty})$ 的意义下唯一地决定象征 (即允许相差一个 $S^{-\infty}$ 象征), 事实上, 若 A 的另一种分解方式为 $A_1' + A_2'$, 则由

$$A_1 - A_1' = A_2' - A_2$$

知, $A_1 - A_1'$ 为具恰当支集的 C^∞ 核的算子, 故它属于 $\Psi^{-\infty}$. 自然

$$e^{-i\langle x,\xi\rangle}(A_1 - A_1')e^{i\langle x,\xi\rangle} \in S^{-\infty},$$

所以在 $\mathrm{mod}(S^{-\infty})$ 的意义下, 仍可唯一地定义开集上拟微分算子的象征, 并可进一步建立 $\Psi^\infty/\Psi^{-\infty}$ 与 $S^\infty/S^{-\infty}$ 之间的一一对应关系.

对开集上拟微分算子的转置、复合等运算, 也只能在恰当支拟微分算子之间进行. 注意到当 G_1, G_2 均为 $\Omega \times \Omega$ 中的恰当子集时, 以下两个子集:

$$\begin{aligned}
&\{(x,y)|(y,x) \in G_1\}, \\
&\{(x,z)|(x,y) \in G_2, (y,z) \in G_1\},
\end{aligned} \tag{2.5.9}$$

也均为恰当子集. 所以对恰当支拟微分算子来说, 定理 2.4.2 与定理 2.4.3 中所述的事实仍然成立. 从而在开集 Ω 上所有恰当支拟微分算子全体构成具有两种对合运算的代数, 其按对合运算与乘法运算所得到的算子的象征仍按 (2.4.15), (2.4.16), (2.4.19) 计算.

容易看到, 将开集 Ω 上所有拟微分算子全体按 $\mathrm{mod}(\Psi^{-\infty})$ 分成等价类, 并选取恰当支拟微分算子作为代表元进行运算, 可以建立拟微分算子代数 $\Psi^\infty/\Psi^{-\infty}$ 与象征代数 $S^\infty/S^{-\infty}$ 之间的同构.

3. 拟微分算子的拟局部性

一个开集 Ω 上的拟微分算子 A 总是 $\mathscr{E}'(\Omega) \to \mathscr{D}'(\Omega)$ 的线性连续映射, 因此对于 $u \in \mathscr{E}'(\Omega)$, 我们希望了解 Au 的正则性与 u 的正则性之关系, 这里所说的正则性都是指 C^∞ 正则性.

定义 2.5.4　若 $u \in \mathscr{E}'(\Omega)$, 使 u 在其中为 C^∞ 函数的最大开集的余集, 称为 u 的**奇支集**, 记为 $\operatorname{singsupp} u$.

由奇支集与支集的定义可见, 对任意广义函数 u,

$$\operatorname{singsupp} u \subset \operatorname{supp} u. \tag{2.5.10}$$

定义 2.5.5　若 A 为 $\mathscr{E}'(\Omega) \to \mathscr{D}'(\Omega)$ 的线性连续映射, 它满足

$$\operatorname{singsupp} Au \subset \operatorname{singsupp} u, \quad \forall u \in \mathscr{E}'(\Omega), \tag{2.5.11}$$

则称 A 为**拟局部算子**.

定理 2.5.3　开集 Ω 上的拟微分算子为拟局部算子.

证明　设 A 为开集 Ω 上的拟微分算子, 其核记为 K_A, 由定理 2.3.5 知 $\operatorname{singsupp} K_A \subset \Delta$, 这里 Δ 为 $\Omega_x \times \Omega_y$ 的对角线, 今设 $u \in \mathscr{E}'(\Omega)$, $x_0 \notin \operatorname{singsupp} u$, 则必能找到 x_0 的邻域 ω, 使 u 在 ω 内为 C^∞ 函数. 取包含 x_0 的邻域 $\omega_1 \subset\subset \omega$, 并作函数 $\varphi \in C_c^\infty(\omega)$ 使 φ 在 ω_1 上恒等于 1, 作函数 $\psi \in C_c^\infty(\omega_1)$, 且 $\psi(x_0) \neq 0$, 则有

$$\psi Au = \psi A\varphi u + \psi A(1 - \varphi)u. \tag{2.5.12}$$

由于 $\varphi u \in C_c^\infty(\Omega)$, 故 $A\varphi u \in C^\infty(\Omega)$, $\psi A\varphi u \in C^\infty(\Omega)$, 而 (2.5.12) 式右边第二项, 可视为拟微分算子 $A_1 = \psi A(1 - \varphi)$ 对 u 的作用, 算子 A_1 的形式是

$$A_1 u = \iint e^{i\langle x-y, \xi \rangle} \psi(x) a(x, y, \xi)(1 - \varphi(y)) u(y) dy \bar{d}\xi,$$

它的核是 $\psi(x) K_A(x, y)(1 - \varphi(y))$, 由于

$$(\operatorname{supp} \psi \otimes \operatorname{supp}(1 - \varphi)) \cap \Delta = \varnothing,$$

故 $\mathrm{singsupp}(\psi(x)K_A(x,y)(1-\varphi(y)))=\varnothing$, 从而 $K_{A_1}(x,y)$ 为 C^∞ 函数, 所以 A_1u 也是 C^∞ 函数. 再注意到 $\psi(x_0)\neq 0$, 即得

$$x_0\notin\mathrm{singsupp}\,Au,$$

从而得 (2.5.11) 式, 定理证毕. ∎

§6. 微分流形上的拟微分算子

在许多应用拟微分算子的问题中都需要考虑微分流形上的拟微分算子. 一个微分流形就是许多局部 Euclid 空间的黏合, 为此, 我们先讨论自变量的坐标变换下拟微分算子的变化规律.

1. 自变量的坐标变换

设 Ω 与 G 分别是 $\mathbb{R}^n_x$ 与 $\mathbb{R}^n_y$ 中的区域, $\psi:\Omega\to G$ 是一个可逆的 C^∞ 变换, 即 $y=\psi(x)$ 建立了 Ω 与 G 之间的一一对应, $y=\psi(x)\in C^\infty$, 而且其反函数 $x=\psi_1(y)$ 也是 G 上的 C^∞ 函数. 若 A 为 Ω 上的一个 Ψ^m 拟微分算子, 则利用变换 ψ 可以诱导出 G 上的一个 Ψ^m 拟微分算子 A_1. 其定义方式为: 对于 $u(y)\in C^\infty_c(G)$, 则 $u(\psi(x))\in C^\infty_c(\Omega)$,

$$A_1u|_y=A(u(\psi(x)))|_{x=\psi_1(y)}.$$

它也可以写成

$$A_1u=A(u\circ\psi)\cdot\psi^{-1}\ (\text{或}\ A_1u=(\psi^{-1})^*A(\psi^*u)).\tag{2.6.1}$$

定理 2.6.1　若 A 为 Ω 上的 Ψ^m 恰当支拟微分算子, 则由 (2.6.1) 所定义的算子 A_1 是 G 上的 Ψ^m 恰当支拟微分算子, 且其象征有渐近展开

$$\sigma_{A_1}(y,\eta)|_{y=\psi(x)}\sim\sum_\alpha\frac{1}{\alpha!}\varphi_\alpha(x,\eta)\sigma_A^{(\alpha)}(x,{}^t\psi'(x)\eta),\tag{2.6.2}$$

这里 $\sigma_A^{(\alpha)}(x,\xi)=\partial_\xi^\alpha\sigma_A(x,\xi)$. 而

$$\varphi_\alpha(x,\eta)=D_z^\alpha\exp(i\langle\psi(z)-\psi(x)-\psi'(x)(z-x),\eta\rangle)|_{z=x},\tag{2.6.3}$$

它是 η 的不超过 $\frac{1}{2}|\alpha|$ 次的多项式.

证明 以下以 $x = \psi_1(y)$ 记 $y = \psi(x)$ 的反函数, 由定义知

$$
A_1 u(y) = \int_{\mathbb{R}^n_\xi} \int_{\Omega_{\bar{x}}} e^{i\langle x - \bar{x}, \xi\rangle} \sigma_A(x, \xi) u(\psi(\tilde{x})) d\tilde{x} d\xi \bigg|_{x = \psi_1(y)}
$$

$$
= \int_{\mathbb{R}^n_\xi} \int_{\Omega_{\bar{x}}} e^{i\langle \psi_1(y) - \bar{x}, \xi\rangle} \sigma_A(\psi_1(y), \xi) u(\psi(\tilde{x})) d\tilde{x} d\xi
$$

$$
= \int_{\mathbb{R}^n_\xi} \int_{G_{\tilde{y}}} e^{i\langle \psi_1(y) - \psi_1(\tilde{y}), \xi\rangle} \sigma_A(\psi_1(y), \xi) u(\tilde{y}) \cdot \det \left|\frac{\partial \psi_1}{\partial \tilde{y}}\right| d\tilde{y} d\xi.
$$

记 $\psi_1^{(j)}$ 为 ψ_1 的第 j 个分量, 有

$$
\langle \psi_1(y) - \psi_1(\tilde{y}), \xi\rangle = \sum_j (\psi_1^{(j)}(y) - \psi_1^{(j)}(\tilde{y}))\xi_j
$$

$$
= \sum_{k,j} \Phi_{jk}(y, \tilde{y})(y_k - \tilde{y}_k)\xi_j
$$

$$
= \langle y - \tilde{y}, {}^t\Phi \cdot \xi\rangle,
$$

这里 $\Phi_{jk}(y, \tilde{y})$ 在对角线附近为 C^∞ 正则的, 当 $y = \tilde{y}$ 时, 即 $\dfrac{\partial \psi_1}{\partial y}$. 因此在 $y = \tilde{y}$ 附近, ${}^t\Phi$ 有逆矩阵, 记为 Φ_1. 作 $\theta(y, \tilde{y})$ 为具恰当支集的 C^∞ 函数, 它在 $y = \tilde{y}$ 附近为 1, 而支集含在 ${}^t\Phi$ 有逆矩阵的区域中, 于是代入 $A_1 u$ 的表达式, 可得

$$
A_1 u(y) = \int_{\mathbb{R}^n_\xi} \int_{G_{\tilde{y}}} e^{i\langle y - y, {}^t\Phi \cdot \xi\rangle} \sigma_A(\psi_1(y), \xi) u(\tilde{y}) \cdot \det \left|\frac{\partial \psi_1}{\partial \tilde{y}}\right| d\tilde{y} d\xi
$$

$$
= \int_{\mathbb{R}^n_\xi} \int_{G_{\tilde{y}}} e^{i\langle y - y, {}^t\Phi \cdot \xi\rangle} \sigma_A(\psi_1(y), \xi)\theta(y, \tilde{y}) u(\tilde{y}) \cdot \det \left|\frac{\partial \psi_1}{\partial \tilde{y}}\right| d\tilde{y} d\xi + K
$$

$$
= \int_{\mathbb{R}^n_\eta} \int_{G_y} e^{i\langle y - y, \eta\rangle} \sigma_A(\psi_1(y), \Phi_1(y, \tilde{y})\eta) D(y, \tilde{y}) u(\tilde{y}) d\tilde{y} d\eta + K.
$$

$$
(2.6.4)
$$

在上面最后一式中我们令

$$
\eta = {}^t\Phi \cdot \xi, \quad D(y, \tilde{y}) = \det \left|\frac{\partial \psi_1}{\partial \tilde{y}}\right| \det |\Phi_1(y, \tilde{y})| \theta(y, \tilde{y}),
$$

式中 K 为一光滑算子. 于是利用定理 2.4.1 的结果可知 A_1 为 G 上 Ψ^m 拟微分算子, 且

$$\sigma_{A_1}(y,\eta) \sim \sum_\alpha \frac{1}{\alpha!} \partial_\eta^\alpha D_{\tilde y}^\alpha \sigma_A(\psi_1(y), \Phi_1(y,\tilde y)\eta) D(y,\tilde y) \bigg|_{\tilde y = y}. \qquad (2.6.5)$$

利用记号 $\sigma_A^{(\beta)}(x,\xi) = \partial_\xi^\beta \sigma_A(x,\xi)$, 可以将 (2.6.5) 中通项写成

$$C(y,\tilde y)\eta^\gamma \sigma_A^{(\beta)}(\psi_1(y), \Phi_1(y,\tilde y)\eta), \qquad (2.6.6)$$

对于 (2.6.5) 式中的一般项, 微分算子 ∂_η^α 中有 $\partial_\eta^{\alpha_1}$ 作用于 σ_A 上, $\partial_\eta^{\alpha-\alpha_1}$ 作用于 $D_y^\alpha \sigma_A$ 所生成的 η 幂次项上, 这样, σ_A 的求导次数为 $\alpha + \alpha_1$ 次, 而 η 的幂次项至多为 $\alpha - (\alpha - \alpha_1)$ 次. 所以在 (2.6.6) 中 $|\gamma| \leqslant \alpha_1$, $|\beta| = |\alpha + \alpha_1| \geqslant 2|\gamma|$, 即 $|\gamma| \leqslant \dfrac{|\beta|}{2}$. 将 (2.6.5) 按 $|\beta|$ 的大小重新加以归并, 可得

$$\sigma_{A_1}(y,\eta) \bigg|_{y=\psi(x)} \sim \sum_\beta \frac{1}{\beta!} \varphi_\beta(x,\eta) \sigma_A^{(\beta)}(x, \Phi_1(y,\tilde y)\eta) \bigg|_{y=\tilde y=\psi(x)}.$$

因为 Φ_1 是 ${}^t\Phi$ 的逆矩阵, 当 $y = \tilde y$ 时, 它是 ${}^t\left(\dfrac{\partial\psi_1}{\partial y}\right)$ 的逆矩阵, 且由于 $\psi(x)$ 与 $\psi_1(y)$ 互为反函数,

$$\left({}^t\left(\frac{\partial\psi_1}{\partial y}\right)\right)^{-1} \bigg|_{y=\psi(x)} = {}^t\left(\left(\frac{\partial\psi_1}{\partial y}\right)^{-1}\right) \bigg|_{y=\psi(x)} = {}^t\left(\frac{\partial\psi}{\partial x}\right),$$

故有

$$\sigma_{A_1}(y,\eta)\big|_{y=\psi(x)} \sim \sum_\beta \frac{1}{\beta!} \varphi_\beta(x,\eta) \sigma_A^{(\beta)}(x, {}^t\psi'(x)\eta),$$

式中 $\varphi_\beta(x,\eta)$ 为 η 的不超过 $\dfrac{|\beta|}{2}$ 次的多项式. 它就是 (2.6.2) 式.

下面来决定 $\varphi_\beta(x,\eta)$ 的形式, 注意到 $\varphi_\beta(x,\eta)$ 实际上与算子 A 无关, 所以可以通过取 A 为特定的一些算子而把 $\varphi_\beta(x,\eta)$ 确定出来. 例如取 A 为恒等算子, 则立即可得 $\varphi_0(y,\eta) = 1$. 为了一般地确定 $\varphi_\beta(y,\eta)$, 取 A 为微分算子, 则

$$\sigma_{A_1}(y,\eta)\big|_{y=\psi(x)} = e^{-i\langle y,\eta\rangle}\left(A_1 e^{i\langle y,\eta\rangle}\right)\bigg|_{y=\psi(x)}$$

$$= e^{-i\langle\psi(x),\eta\rangle} \sigma_A(z, D_x) e^{i\langle\psi(z),\eta\rangle}\bigg|_{z=x}. \qquad (2.6.7)$$

将 $\psi(z)$ 在 x 点展开, 得

$$\psi(z) = \psi(x) + \psi'(x)(z-x) + \chi(x,z),$$

$$\langle \psi(z), \eta \rangle = \langle \psi(x), \eta \rangle + \langle \psi'(x)(z-x), \eta \rangle + \langle \chi(x,z), \eta \rangle.$$

代入 (2.6.7) 式得

$$\sigma_{A_1}(y,\eta)|_{y=\psi(x)} = e^{-i\langle x, {}^t\psi'(x)\eta \rangle} \cdot \{ \sigma_A(z, D_z)[e^{i\langle z, {}^t\psi'(x)\eta \rangle} e^{i\langle \chi(x,z), \eta \rangle}] \} \Big|_{z=x}$$

$$= \sum_\alpha \frac{1}{\alpha!} \sigma_A^{(\alpha)}(x, {}^t\psi'(x)\eta) D_z^\alpha e^{i\langle \chi(x,z), \eta \rangle} \Big|_{z=x}. \tag{2.6.8}$$

在后面一个等式中利用了微分算子作用于乘积函数的 Leibniz 公式:

$$P(x,D)(fg) = \sum_\alpha \frac{1}{\alpha!} (P^{(\alpha)}(x,D)f) D^{(\alpha)}g,$$

式中 $P^{(\alpha)}$ 为将 P 视为 ξ 的多项式关于 ξ 求导 α 次后所得之多项式, 与 (2.6.2) 相比较, 并注意到 $\varphi_\alpha(x,\eta)$ 是与算子 A 的形式无关的, 对于每个 α 都有 (2.6.3) 式.

注意到 $\chi(x,z) = \psi(z) - \psi(x) - \psi'(x)(z-x)$ 在 $z=x$ 处有二阶零点, 所以当微分算子 D_z^α 作用于函数 $\exp(i\langle \chi(x,z), \eta \rangle)$ 时, 若因求导数而增加一个因子 η_j, 就必同时增加一个因子 $\chi(x,z)$, 它在 $z=x$ 时为零. 于是, 若 D_z^α 中有 α_1 次导数作用于 $e^{i\langle \chi(x,z), \eta \rangle}$ 使产生因子 η^{α_1}, 则必须有 $|\alpha| - |\alpha_1| \geqslant |\alpha_1|$ 才能使相应的项不等于零, 因此 $|\alpha_1| \leqslant |\alpha|/2$, 故知 $\varphi_\alpha(x,\eta)$ 是 η 的不超过 $\dfrac{|\alpha|}{2}$ 次的多项式, 它同时也说明了将 (2.6.2) 式右边视为一个渐近展开是合理的. 定理证毕. ∎

注 1 当 A 为一般的 Ψ^m 拟微分算子时, 利用定理 2.5.2 可将它写成 $B+C$, 其中 B 为恰当支拟微分算子, C 为具 C^∞ 核的正则算子. 于是由定理 2.5.3 知, $B_1 = (\psi^{-1})^* A \psi^*$ 也是 Ψ^m 恰当支拟微分算子. 又显见 $C_1 = (\psi^{-1})^* C \psi^*$ 也是具 C^∞ 核的正则算子, 所以 $A_1 = B_1 + C_1$ 仍为 Ψ^m 拟微分算子.

注 2 前面已指出过 $\varphi_0(x,\eta) = 1$, 所以若算子 A 的主象征是 $a(x,\xi)$, 则在自变量变换下, 算子 A_1 的主象征 $a_1(y,\eta)$ 满足

$$a_1(y, \eta)|_{y=\psi(x)} = a(x, {}^t\psi'(x)\eta). \tag{2.6.9}$$

2. 微分流形上的拟微分算子

有了以上的准备, 我们可以讨论微分流形上的拟微分算子了. 设 M 为一微分流形, $\cup\Omega_\alpha$ 为 M 的开覆盖. 对每个 Ω_α, 映射 $\chi_\alpha : \Omega_\alpha \to \chi_\alpha(\Omega_\alpha) \subset \mathbb{R}^n$ 为坐标, 我们引入以下定义.

定义 2.6.1　若 A 是 $C_c^\infty(M) \to C^\infty(M)$ 的线性连续映射, 且对于任意一坐标区域 Ω 及相应的坐标 χ, 算子 $(\chi^{-1})^* A \chi^*$ 是开集 $\chi(\Omega) \subset \mathbb{R}^n$ 上的 m 阶拟微分算子, 则称 A 是微分流形 M 上的 **m 阶拟微分算子**, 记为 $A \in \Psi^m(M)$.

拟微分算子类 $\Psi^\infty(M), \Psi^{-\infty}(M)$ 的定义与前相仿, 不再重复. 通过对偶又可将 A 延拓为 $\mathscr{E}'(M) \to \mathscr{D}'(M)$ 的连续映射. 这里需指出的是, 上面定理 2.6.1 及其注 1 说明了定义 2.6.1 是合理的. 事实上, 若对区域 Ω, 有两个坐标 χ_1, χ_2, 记 $\chi_i(\Omega) = \Omega_i (i = 1, 2)$, 则映射 $\varphi = \chi_2 \circ \chi_1^{-1}$ 是开集 Ω_1 到 Ω_2 的一个同胚, 于是, 下图是可交换的:

$$
\begin{array}{ccc}
C_c^\infty(\Omega) & \xrightarrow{A} & C^\infty(\Omega) \\
\chi_1^* \uparrow & & \uparrow \chi_1^* \\
C_c^\infty(\Omega_1) & \xrightarrow{A_1} & C^\infty(\Omega_1) \\
\varphi^* \uparrow & & \uparrow \varphi^* \\
C_c^\infty(\Omega_2) & \xrightarrow{A_2} & C^\infty(\Omega_2)
\end{array}
$$

由定理 2.6.1 知, A_2 也是一个 Ψ^m 拟微分算子.

定义 2.6.1 说明, 微分流形 M 上的拟微分算子在 M 的每个局部区域上, 通过微分流形的坐标映射对应着一个开集上的拟微分算子, 反过来, 我们有如下的事实:

定理 2.6.2　设微分流形 M 有一个图册 $\{(\varphi_\alpha, U_\alpha)\}$, 在每个区域 $\Omega_\alpha = \varphi_\alpha(U_\alpha)$ 上各有拟微分算子 $P_\alpha \in \Psi^m(\Omega_\alpha)$, 使得当 $U_\alpha \cap U_\beta \neq \varnothing$ 时, 在 $\Omega_{\alpha\beta} = \varphi_\alpha(U_\alpha \cap U_\beta)$ 上

$$P_\alpha = (\varphi_\beta \varphi_\alpha^{-1})^* P_\beta (\varphi_\alpha \varphi_\beta^{-1})^* (\mathrm{mod}\ \Psi^{-\infty}), \tag{2.6.10}$$

则必有拟微分算子 $A \in \Psi^m(M)$, 使对每个 α, 在 Ω_α 上,

$$P_\alpha = (\varphi_\alpha^{-1})^* A \varphi_\alpha^* \ (\mathrm{mod} \ \Psi^{-\infty}(\Omega_\alpha)), \tag{2.6.11}$$

而且 A 在 $\mathrm{mod} \, \Psi^{-\infty}(M)$ 的意义下是唯一的.

证明　我们不妨设每个 U_α 是相对紧的, 而且 $\{U_\alpha\}$ 是 M 的一个局部有限覆盖. 不然的话, 由 M 的仿紧性, 通过将 $\{U_\alpha\}$ 加细可做到这一点. 作从属于 $\{U_\alpha\}$ 的单位分解 $1 \equiv \sum_\alpha \rho_\alpha$, 使每个 $\rho_\alpha \in C_c^\infty(U_\alpha)$, 再作函数 $\mu_\alpha \in C_c^\infty(U_\alpha)$, 且使 μ_α 在 $\mathrm{supp} \, \rho_\alpha$ 上恒等于 1, 定义算子 A 如下:

$$Au = \sum_\alpha \mu_\alpha \varphi_\alpha^* P_\alpha (\varphi_\alpha^{-1})^* (\rho_\alpha u), \quad \forall u \in C_c^\infty(M). \tag{2.6.12}$$

由于对每个 $u \in C_c^\infty(M)$, 和式中仅有有限项非零, 故和式总有意义. A 是 $C_c^\infty(M) \to C^\infty(M)$ 的线性连续映射是显然的.

对于任一坐标区域 U 以及相应的坐标映射 χ, 记 $\Omega = \chi(U)$. 由 (2.6.12) 式知, 对任意 $v \in C_c^\infty(\Omega)$, 成立

$$(\chi^{-1})^* A \chi^* v = \sum_\alpha (\chi^{-1})^* \mu_\alpha \varphi_\alpha^* P_\alpha (\varphi_\alpha^{-1})^* \rho_\alpha \chi^* v$$

$$= \sum_\alpha ((\chi^{-1})^* \mu_\alpha)((\chi \varphi_\alpha^{-1})^{-1})^* P_\alpha ((\varphi_\alpha^{-1})^* \rho_\alpha)(\chi \varphi_\alpha^{-1})^* v. \tag{2.6.13}$$

对和式中每一项, 除去因子 $(\chi^{-1})^* \mu_\alpha$ 和 $(\varphi_\alpha^{-1})^* \rho_\alpha$ 外, 就是算子 P_α 在 Ω 中的表示. 由定理 2.6.1 知, 它为 $\Psi^m(\Omega)$ 拟微分算子, 从而整个和式也是如此. 因此 $A \in \Psi^m(M)$.

今验证条件 (2.6.11). 对固定的 α, 记 $\varphi_\alpha \varphi_\beta^{-1}$ 为 $\varphi_{\beta\alpha}$,

$$(\varphi_\alpha^{-1})^* A \varphi_\alpha^* v = \sum_\beta ((\varphi_\alpha^{-1})^* \mu_\beta)(\varphi_{\beta\alpha}^{-1})^* P_\beta \cdot (((\varphi_\beta^{-1})^* \rho_\beta) \varphi_{\beta\alpha}^* v)$$

$$= \sum_\beta ((\varphi_\alpha^{-1})^* (\mu_\beta - 1))(\varphi_{\beta\alpha}^{-1})^* P_\beta \cdot (((\varphi_\beta^{-1})^* \rho_\beta) \varphi_{\beta\alpha}^* v)$$

$$\quad + \sum_\beta (\varphi_{\beta\alpha}^{-1})^* P_\beta (\varphi_{\beta\alpha}^* (v(\varphi_\beta^{-1})^* \rho_\beta))$$

$$= A_{1\alpha} v + A_{2\alpha} v.$$

对 $A_{1\alpha}$, 由于 $(1 - \mu_\beta)$ 在 supp ρ_β 上为零, 所以它的象征渐近展开恒为零. 故 $A_{1\alpha} \in \Psi^{-\infty}(\Omega_\alpha)$, 对 $A_{2\alpha}$, 利用 (2.6.10) 式又可写成

$$A_{2\alpha}v = \sum_\beta P_\alpha(v(\varphi_\alpha^{-1})^* \rho_\beta) + Rv,$$

其中 R 为具 C^∞ 核的正则算子, 再利用 $\sum \rho_\beta \equiv 1$, 即有

$$A_{2\alpha}v = P_\alpha v + Rv.$$

所以 (2.6.11) 成立. 定理中所要求的唯一性是明显的. 定理证毕. ∎

　　定理 2.6.2 的证明过程也告诉我们, 如何将符合一定条件的而定义在一个微分流形各个开子集上的一族拟微分算子粘成一个整体地定义在该微分流形上的拟微分算子.

　　作为上述定理的应用, 可以证明以下的延拓定理:

　　定理 2.6.3　设 M 为微分流形, 开集 $U \subset M$, $\chi : U \to \Omega \subset \mathbb{R}^n$ 是 U 的坐标映射. $P \in \Psi^m(\Omega)$, 则对任意 $U_1 \subset\subset U$, 存在 M 上的拟微分算子 A, 使在 $\Omega_1 = \chi(U_1)$ 上

$$A|_{\Omega_1} = P \bmod (\Psi^{-\infty}(\Omega_1)). \tag{2.6.14}$$

本定理的证明留作习题.

　　给定了一个拟微分算子 $A \in \Psi^m(M)$, 它在各个坐标映射下的表示也随之确定. 若 $\Omega_1 \subset M$, $\Omega_2 \subset M$, $\Omega_1 \cap \Omega_2 \neq \varnothing$, 则在 $\Omega_1 \cap \Omega_2$ 上, A 按不同坐标映射所诱导出的拟微分算子满足定理 2.6.1 中所示的变换关系. 特别地, 它们的主象征满足 (2.6.9) 式, 注意到 (2.6.9) 正是定义在余切丛 T^*M 上的函数在不同坐标区域中的表示之间的关系. 所以, 流形 M 上的拟微分算子的主象征可以合理地定义在余切丛 $T^*(M)$ 上, 这是一个十分重要的事实, 对于拟微分算子, 弄清在余切丛上还有哪些具有不依赖于坐标的不变量, 是很有意义的问题.

3. 微分流形上的拟微分算子的运算

　　对于微分流形 M, 我们赋予一个正的测度, 于是, 在 M 上的任一 C^∞ 函数都可以作为积分核而定义一个正则化算子, 如上节那样, 也

可以引入恰当支拟微分算子的概念, 并对恰当支拟微分算子定义其转置、共轭以及两个算子之间的复合. 这些运算都可以与 §4, §5 中所做的平行地进行, 故这里不加详述. 我们只写出其相应的主象征运算规则.

定理 2.6.4 对于微分流形 M 上的恰当支拟微分算子 $A \in \Psi^m(M)$, $B \in \Psi^{m'}(M)$, 可以定义转置算子 ${}^tA \in \Psi^m(M)$, 共轭算子 $A^* \in \Psi^m(M)$, 以及 B 与 A 的复合 $B \circ A \in \Psi^{m+m'}(M)$, 它们的主象征满足

$$\sigma_m({}^tA)(x, \xi) = \sigma_m(x, -\xi),$$

$$\sigma_m(A^*)(x, \xi) = \overline{\sigma_m(A)(x, \xi)}, \tag{2.6.15}$$

$$\sigma_{m+m'}(B \circ A) = \sigma_{m'}(B) \cdot \sigma_m(A).$$

特别地, 当 M 为紧流形时, A 为恰当支拟微分算子的条件自动成立, 故此时关于主象征的关系式 (2.6.15) 总是成立的.

第三章
拟微分算子的微局部性质

　　拟微分算子的一个重要作用就是应用它发展了偏微分方程的微局部分析理论. 因此, 我们在本章中较详细地讨论拟微分算子的微局部性质. 自然, 为此先得介绍微局部分析中最基本的概念——分布的波前集, 此外, 我们在介绍拟微分算子的微局部性质时对其有关的一些局部性质作进一步的阐述. 在本章提及的拟微分算子, 若无特别说明, 都认为是定义在局部区域上的拟微分算子.

§1. 分布的波前集

1. 波前集的概念

　　当我们从 C^∞ 的观点来考虑开集 $\Omega \subset \mathbb{R}^n$ 上的分布 u 的正则性时, 可以把 Ω 中的点分成两类, 一类是 u 的正则点, 即在该点的某邻域中 u 为 C^∞ 的, 另一类即 u 的奇支集中的点. 进一步的分析告诉我们, 在一点附近同为非正则的函数, 其性质可以相差很大. 例如, 我们以 $\mathbb{R}^2$ 上的阶梯函数 $\theta(x_1)$ 与 Dirac 函数 $\delta(x)$ 为例进行讨论. $\theta(x_1)$ 定义为

$$\theta(x_1) = \begin{cases} 1, & x_1 > 0, \\ 0, & x_1 \leqslant 0. \end{cases} \tag{3.1.1}$$

它在坐标轴 $x_1 = 0$ 上有一个台阶, 而 $\delta(x)$ 是一个分布, 它是各向同性的, 若将它看成

$$\delta_n(x) = \begin{cases} \dfrac{n^2}{\pi}, & |x| < \dfrac{1}{n}, \\[2mm] 0, & |x| \geqslant \dfrac{1}{n} \end{cases} \tag{3.1.2}$$

的弱极限, 恰似在原点有一个高度为无限大的山峰, 在其余点为零.

　　将上述两个函数取为波动方程的初值, 所得到的波动方程的解的奇性集将截然不同. 例如, 考察 Cauchy 问题

$$\begin{cases} u_{tt} = u_{x_1 x_1} + u_{x_2 x_2}, \\ u|_{t=0} = \varphi(x), \quad u_t|_{t=0} = 0. \end{cases} \tag{3.1.3}$$

当 $\varphi(x)$ 取为 $\theta(x_1)$ 时, 它的解为

$$u_\theta(t, x) = \begin{cases} 1, & x_1 > t, \\ \dfrac{1}{2}, & -t < x_1 < t, \\ 0, & x_1 < -t; \end{cases} \tag{3.1.4}$$

而当 $\varphi(x)$ 取为 $\delta(x)$ 时, 它的解是

$$u_\delta(t, x) = \begin{cases} \dfrac{1}{2\pi} \dfrac{\partial}{\partial t} \dfrac{1}{\sqrt{t^2 - x^2}}, & |x| < t, \\ 0, & |x| > t. \end{cases} \tag{3.1.5}$$

由解的表达式可见, $u_\theta(t, x)$ 的奇性沿着平面 $x_1 = \pm t$ 往两边传播, 而 $u_\delta(t, x)$ 的奇性从原点出发沿特征锥往各个方向传播.

　　怎样来刻画 $\theta(x)$ 与 $\delta(x)$ 在原点的奇性的不同特点呢? 一个很好的工具就是 Fourier 变换, Fourier 变换将分布的正则性与变换后的像在无穷远处的增长性联系起来, 若 $P_1 \notin \mathrm{singsupp}\, u$, 取支集在 P_1 点充分小邻域中的 C^∞ 函数 $\varphi(x)$, 可有 $\varphi u \in C_c^\infty$, 于是, 根据 Paley-Wiener 定理, 对任意正整数 N, 存在常数 C_N, 使得

$$|\widehat{\varphi u}(\xi)| \leqslant C_N (1 + |\xi|)^{-N}. \tag{3.1.6}$$

反之, 若 $P_2 \in \operatorname{singsupp} u$, 则不管 $\varphi(x)$ 的支集多么靠近 P_2, 只要 $\varphi(P_2) \neq 0$, (3.1.6) 就不可能成立. 也就是说, 当 $|\xi| \to \infty$ 时, 该 Fourier 变换 $\widehat{\varphi u}(\xi)$ 不可能在每个方向上都是快速下降的.

但是, 在 (3.1.6) 不成立的情形下, 当 ξ 沿着某些方向趋于无穷时, $\widehat{\varphi u}(\xi)$ 仍有可能快速下降. 这当然是因分布不同而异的. 例如, $\delta(x)$ 的奇支集是 $\{0\}$, $\varphi(x)\delta(x)$ 的 Fourier 变换是 $\varphi(0)$, 因此, 只要 $\varphi(0) \neq 0$, $\widehat{\varphi\delta}$ 在任意方向上都不会随 $|\xi| \to \infty$ 而趋于零. 但对 Heaviside 函数 $\theta(x_1)$ 的情形就不同了, 若取 $\varphi(x) = \varphi_1(x_1)\varphi_2(x_2)$, 其中 φ_1, φ_2 分别为在原点不等于零的 C_c^∞ 函数, 那么

$$\iint e^{-i\langle x, \xi\rangle} \varphi(x)\theta(x_1)dx = \hat{\varphi}_2(\xi_2) \int_0^\infty e^{-ix_1\xi_1}\varphi_1(x_1)dx_1.$$

由于当 $|\xi_2| \to \infty$ 时, $\hat{\varphi}_2(\xi_2)$ 为速降的, 而

$$\left| \int_0^\infty e^{-ix_1\xi_1}\varphi_1(x_1)dx_1 \right| \leqslant \int_0^\infty |\varphi_1(x_1)|dx_1$$

是有界量, 所以若记 $(\xi_1, \xi_2) = |\xi|(\tau_1, \tau_2)$, 只要 $\tau_2 \neq 0$, 就有 $|\xi| \leqslant C|\xi_2|$, 从而当 $|\xi| \to \infty$ 时仍有

$$|\widehat{\theta\varphi}(\xi)| \leqslant C'|\xi_2|^{-N} \leqslant C''|\xi|^{-N}.$$

所以, 仅在 $(\pm 1, 0)$ 方向上, $\widehat{\theta\varphi}(\xi)$ 才不是速降的.

根据以上的分析, 我们引入如下的定义.

定义 3.1.1   对给定的分布 $u \in \mathscr{D}'(\Omega)$, **波前集** $WF(u)$ 为 $\Omega_x \times (\mathbb{R}^n_\xi \setminus \{0\})$ 中这样的闭子集, 若 $(x_0, \xi_0) \notin WF(u)$, 则存在 x_0 的邻域 ω, ξ_0 的锥邻域 V, 以及满足 $\varphi(x_0) \neq 0$ 的一个函数 $\varphi(x) \in C_c^\infty(\omega)$, 使

$$|\widehat{\varphi u}(\xi)| \leqslant C_N(1 + |\xi|)^{-N}, \quad \forall N, \forall \xi \in V \tag{3.1.7}$$

成立.

关于波前集的最简单性质有

定理 3.1.1   若 u, v 均为定义于 Ω 上的分布, $a \in C^\infty(\Omega)$, 则以下事实成立:

(1) $WF(u + v) \subset WF(u) \cup WF(v)$,

(2) $WF(au) \subset WF(u)$, (3.1.8)

(3) $WF(D^\alpha u) \subset WF(u)$.

证明 (1) 是显然的事实.

为证 (2), 对 $(x_0, \xi_0) \notin WF(u)$, 选出定义 3.1.1 中的邻域 ω, V 以及函数 $\varphi(x) \in C_c^\infty(\omega)$. 考察 φau 的 Fourier 变换. 以下我们不妨设 a 是具有紧支集的, 否则可以找一个在 ω 上恒等于 1 的 $C_c^\infty(\Omega)$ 函数 ζ, 以 ζa 代替 a, 并不改变 φau 之值. 根据乘积的 Fourier 变换公式知

$$\widehat{\varphi au}(\xi) = \int \hat{a}(\xi - \eta)\widehat{\varphi u}(\eta)d\eta. \tag{3.1.9}$$

取 V_1 为 ξ_0 的另一锥邻域, V_1 在 $\mathbb{R}^n \setminus \{0\}$ 中的闭包含于 V 中, 考察 $\xi \in V_1$, 且当 $|\xi| \to \infty$ 时, $\widehat{\varphi au}(\xi)$ 的性态. 将 (3.1.9) 写成

$$\widehat{\varphi au}(\xi) = \int_V \hat{a}(\xi - \eta)\widehat{\varphi u}(\eta)d\eta + \int_{\mathbb{R}^n \setminus V} \hat{a}(\xi - \eta)\widehat{\varphi u}(\eta)d\eta.$$

对右边第一项, 由于

$$|\hat{a}(\xi - \eta)| \leqslant C_{-N}(1 + |\xi - \eta|)^{-N}, \quad \forall N,$$

$$|\widehat{\varphi u}(\eta)| \leqslant C_{-N}(1 + |\eta|)^{-N}, \quad \forall N, \ \forall \eta \in V,$$

所以对任意 N_1, 取 $N = N_1 + n + 1$, 有

$$(1 + |\xi|)^{N_1}\left|\int_V \hat{a}(\xi - \eta)\widehat{\varphi u}(\eta)d\eta\right|$$

$$\leqslant \int_V (1 + |\xi - \eta|)^{N_1}(1 + |\eta|)^{N_1}|\hat{a}(\xi - \eta)||\widehat{\varphi u}(\eta)|d\eta$$

$$\leqslant C\int_V (1 + |\eta|)^{-n-1}d\eta \leqslant C'.$$

而对第二项, 由于 $\xi \in V_1$, $\eta \notin V$, 故存在常数 C, 使 $|\xi - \eta| \geqslant C(|\xi| + |\eta|)$. 又由于 φu 为具紧支集的分布, 故有 N_0 使

$$|\widehat{\varphi u}(\eta)| \leqslant C(1 + |\eta|)^{N_0},$$

于是, 对任意 N_1, 取 $N = N_1 + N_0 + n + 1$, 有

$$(1 + |\xi|)^{N_1} \left| \int_{\mathbb{R}^n \setminus V} \hat{a}(\xi - \eta) \widehat{\varphi u}(\eta) d\eta \right|$$

$$\leqslant C(1 + |\xi|)^{N_1} \int_{\mathbb{R}^n \setminus V} (1 + |\xi| + |\eta|)^{-N} (1 + |\eta|)^{N_0} d\eta$$

$$\leqslant C \int_{\mathbb{R}^n \setminus V} (1 + |\eta|)^{-n-1} d\eta \leqslant C'.$$

所以, 当 $\xi \in V_1$ 时, $(1 + |\xi|)^{-N_1} |\widehat{\varphi a u}(\xi)|$ 对一切 N_1 有界, 从而 $(x_0, \xi_0) \notin WF(au)$.

为证 (3), 也先对 $(x_0, \xi_0) \notin WF(u)$ 选出定义 3.1.1 所要求的 ω, V 及函数 $\varphi(x) \in C_c^\infty(\omega)$, 由于 $\varphi(x_0) \neq 0$, 则必存在 $\omega_1 \subset\subset \omega$, 使 $x_0 \in \omega_1$, 且 $\varphi(x)$ 在 ω_1 中恒不为零. 于是, 对任意 $\psi(x) \in C_c^\infty(\omega_1)$, 将 ψu 写成 $\dfrac{\psi}{\varphi} \cdot \varphi u$, 由于 $\dfrac{\psi}{\varphi} \in C_c^\infty(\Omega)$, 故可如上面证明的方法得到

$$|\widehat{\psi u}(\xi)| \leqslant C_N (1 + |\xi|)^{-N}, \quad \forall N, \ \forall \xi \in V_1 \subset\subset V. \tag{3.1.10}$$

现在考察 $WF(D^\alpha u)$, 利用上面已给出的 ω_1, V_1. 取 $\varphi_1(x) \in C_c^\infty(\omega_1)$, 使 $\varphi_1(x_0) \neq 0$, 则由 Leibniz 公式可知, 能将 $\varphi_1 D^\alpha u$ 写成如下的形式

$$\varphi_1 D^\alpha u = \sum_{|\beta| \leqslant |\alpha|} D^\beta (\psi_\beta u),$$

这里 ψ_β 都是 $C_c^\infty(\omega_1)$ 函数. 于是由 (3.1.10) 可得, 对任意 N, 当 $\xi \in V_1$ 时

$$|\varphi_1 \widehat{D^\alpha u}(\xi)| \leqslant |\sum \widehat{D^\beta (\psi_\beta u)}(\xi)|$$

$$\leqslant \sum |\xi|^{|\beta|} |\widehat{\psi_\beta u}(\xi)|$$

$$\leqslant C_N (1 + |\xi|)^{-N},$$

故 $(x_0, \xi_0) \notin WF(D^\alpha u)$, 定理证毕. ∎

注　在 (3) 的证明中我们实际上也已证明了这样的事实, 若 $(x_0, \xi_0) \notin WF(u)$, 则存在 x_0 的邻域 ω 与 ξ_0 的邻域 V, 使得对任一 $\varphi(x) \in C_c^\infty(\omega)$, 都有 (3.1.7) 式成立.

关于分布 u 的波前集与奇支集的关系有如下两个定理:

定理 3.1.2 若对任一 $\xi \in \mathbb{R}^n \setminus \{0\}$, $(x_0, \xi) \notin WF(u)$, 则 $x_0 \notin$ singsupp u.

证明 按定理 3.1.1 的注, 对每个 ξ 可以找到 x_0 的邻域 ω_ξ 与 ξ 的锥邻域 V_ξ, 使得对一切 $C_c^\infty(\omega_\xi)$ 函数 φ_ξ, (3.1.7) 式成立. 由于 $\mathbb{R}_\xi^n$ 空间中的单位球面是紧集, 故可以从所有的 V_ξ 中找出有限个 V_j, 使 $\bigcup_j V_j = \mathbb{R}_\xi^n \setminus \{0\}$. 于是作 $\omega = \bigcap \omega_j$, 并取函数 $\varphi \in C_c^\infty(\omega)$, 当 $|\xi| \to \infty$ 时, $\widehat{\varphi u}(\xi)$ 在每个 V_j 上都速降, 从而对一切 N, 有 C_N 使

$$|\widehat{\varphi u}(\xi)| \leqslant C_N (1 + |\xi|)^{-N}, \quad \forall \xi \in \mathbb{R}^n$$

成立. 于是由 Paley-Wiener 定理知 $\varphi u \in C_c^\infty(\omega)$, 从而在 x_0 的邻域中 $u \in C^\infty$. 定理证毕. ∎

定理 3.1.3 以 Π_x 记 $(x, \xi) \mapsto x$ 的投影映射, 有

$$\Pi_x WF(u) = \text{singsupp } u. \tag{3.1.11}$$

证明 若 $x_0 \notin$ singsupp u, 则 x_0 的邻域 ω 中 u 为 C^∞ 的. 故对 $\varphi \in C_c^\infty(\omega)$, $\widehat{\varphi u}$ 在一切方向速降, 从而对一切 ξ, $(x_0, \xi) \notin WF(u)$, 这说明 $x_0 \notin \Pi_x WF(u)$.

反之, 若 $x_0 \notin \Pi_x WF(u)$, 则对一切 ξ, $(x_0, \xi) \notin WF(u)$, 由定理 3.1.2 知 $x_0 \notin$ singsupp u. 定理证毕. ∎

以上两个定理说明, 波前集的概念是在奇支集处对分布的性质作更细致的刻画. $WF(u)$ 表示在 singsupp u 上点的 "坏" 方向.

2. 波前集的计算

下面我们给出一些波前集的计算方法.

例 1 $\delta(x)$ 的波前集.

由于 singsupp $\delta = \{0\}$, 故当 $x \neq 0$ 时, 对任意 ξ, $(x, \xi) \notin WF(\delta)$, 而对于原点的邻域 ω, 若 $\varphi \in C_c^\infty(\omega)$, $\varphi(0) \neq 0$, 则

$$\varphi(x)\delta(x) = \varphi(0)\delta(x), \quad \widehat{\varphi\delta}(\xi) = \varphi(0) \neq 0,$$

于是

$$WF(\delta) = \{(0,\xi), \forall \xi \in \mathbb{R}^n\}. \tag{3.1.12}$$

例 2　在 $\mathbb{R}^2$ 上 $\theta(x_1)$ 的波前集.

当 $x_1 \neq 0$ 时, $\theta(x_1) \in C^\infty$, 当 $x_1 = 0$ 时, $\theta(x_1)$ 有间断, 以原点 $(0,0)$ 为代表考察 $\theta(x_1)$ 的波前集, 由本节初的讨论知对于任一方向 (τ_1, τ_2), 只要 $\tau_2 \neq 0$, 就有 $(0,0;\tau_1,\tau_2) \notin WF(\theta)$. 当 $\tau_2 = 0$ 时, 不妨考虑 $\tau_1 = 1$ 的情形, 仍取 $\varphi(x) = \varphi_1(x_1)\varphi_2(x_2)$, 其中 φ_1, φ_2 分别为在原点不等于零的 C_c^∞ 函数, 那么由 $(\xi_1, \xi_2) = (\xi_1, 0)$ 知

$$\iint e^{-i\langle x,\xi\rangle} \varphi(x)\theta(x_1)dx$$

$$= \iint e^{-ix_1\xi_1} \varphi_1(x_1)\varphi_2(x_2)\theta(x_1)dx_1 dx_2$$

$$= \hat{\varphi}_2(0) \int_0^\infty e^{-ix_1\xi_1} \varphi_1(x_1)dx_1$$

$$= \hat{\varphi}_2(0) \left[\frac{1}{i\xi_1}\varphi_1(0) + \frac{1}{(i\xi_1)^2}\left(\varphi_1'(0) + \int_0^\infty e^{-ix_1\xi_1}\varphi_1''(x_1)dx_1\right)\right].$$

若选取 $\varphi_2(x_2)$ 使得 $\hat{\varphi}_2(0) \neq 0$, 则 $\iint e^{-i\langle x,\xi\rangle}\varphi(x)\theta(x_1)dx$ 当 $|\xi| \to \infty$ 时仅为 $|\xi|^{-1}$, 从而不是速降的, 所以 $(0,0;1,0) \in WF(\theta)$. 同理 $(0,0;-1,0) \in WF(\theta)$, 并由对 $x_1 = 0$ 轴上其他点相同的分析可知

$$WF(\theta) = (0, x_2; \xi_1, 0). \tag{3.1.13}$$

分布直积的波前集　设 $u \in \mathscr{D}'(\Omega_x)$, $v \in \mathscr{D}'(\Omega_y)$, 则 u 和 v 的直积 $u(x) \otimes v(y) \in \mathscr{D}'(\Omega_x \times \Omega_y)$ 由下式确定:

$$\langle u \otimes v, g(x,y)\rangle = \langle u, \langle v, g(x,y)\rangle_y \rangle_x, \quad \forall g \in C_c^\infty(\Omega_x \times \Omega_y). \tag{3.1.14}$$

定理 3.1.4　$u \otimes v$ 的波前集 $WF(u \otimes v)$ 满足

$$WF(u \otimes v) \subset (WF(u) \times WF(v))$$

$$\cup (WF(u) \times \mathrm{supp}_0\, v) \cup (\mathrm{supp}_0\, u \times WF(V)), \tag{3.1.15}$$

其中 $\mathrm{supp}_0\, u = \{(x,0); x \in \mathrm{supp}\, u\}$, $\mathrm{supp}_0\, v = \{(y,0); y \in \mathrm{supp}\, v\}$.

证明 设 $(x, y; \xi, \eta) \notin$ (3.1.15) 右边的集合, $(\xi, \eta) \neq (0, 0)$, 现分三种情形讨论.

若 $\xi = 0$, 因当 $x \notin \operatorname{supp} u$ 时显然有 $(x, y; \xi, \eta) \notin WF(u \otimes v)$. 所以可设 $(y, \eta) \notin WFv$, 从而存在 $\varphi_2(y) \in C_c^\infty(\Omega_y)$ 使在 η 的锥邻域内 $(\widehat{\varphi_2 v})(\eta) = O((1 + |\eta|)^{-N})$ 对任意 N 成立. 由于 $\varphi_1 u \in \mathscr{E}'(\Omega_x)$, 故对某个 l 有 $(\widehat{\varphi_1 u})(\xi) = O((1 + |\xi|)^l)$. 另外, 总存在 $(0, \eta)$ 的锥邻域, 使在其中 $(|\xi|^2 + |\eta|^2)^{\frac{1}{2}} \leqslant 2|\eta|$ 成立, 故在此锥邻域中有

$$\widehat{(\varphi_1 \varphi_2)(u \otimes v)}(\xi, \eta) = (\widehat{\varphi_1 u})(\xi) \cdot (\widehat{\varphi_2 v})(\eta)$$
$$= O((1 + (|\xi|^2 + |\eta|^2)^{\frac{1}{2}})^{-N}),$$

从而 $(x, y; 0, \eta) \notin WF(u \otimes v)$.

若 $\eta = 0$, 当 $y \notin \operatorname{supp} v$ 时显然有 $(x, y; \xi, \eta) \notin WF(u \otimes v)$, 故可设 $(x, \xi) \notin WFu$. 仿上面讨论可知 $(x, y; \xi, 0) \notin WF(u \otimes v)$.

若 $\xi \neq 0$, $\eta \neq 0$, 则或者 $(x, \xi) \notin WF(u)$, 或者 $(y, \eta) \notin WF(v)$, 此时在 (ξ, η) 的某锥邻域中有

$$C_1 |\xi| \leqslant |\eta| \leqslant C_2 |\xi|,$$

于是, 类似于上面的讨论, 仍有 $(x, y; \xi, \eta) \notin WF(u \otimes v)$. 定理证毕. ∎

分布乘积的波前集 一般地说, 两个分布不能进行乘积运算, 但利用波前集的概念, 可以得到两个分布的乘积能合理地定义的一个充分条件, 我们有

定理 3.1.5 若 $u, v \in \mathscr{D}'(\Omega_x)$, 在条件 $(WF(u) + WF(v)) \cap O_x = \varnothing$ 下, 乘积 $u(x)v(x)$ 可定义, 且

$$WF(uv) \subset (WF(u) + WF(v)) \cup WF(u) \cup WF(v), \qquad (3.1.16)$$

其中 $WF(u) + WF(v)$ 表示 $\{(x, \xi); \xi = \xi_1 + \xi_2, (x, \xi_1) \in WF(u), (x, \xi_2) \in WF(v)\}$, O_x 表示 $\{(x, 0)\}$.

证明 我们的基本想法是先作出 u 与 v 的 Fourier 变换之卷积, 再将此卷积之 Fourier 逆变换定义为 u 与 v 的乘积, 以下在对被积函数

之估计中同时就给出了卷积存在性的证明.

我们在点 $x \in \Omega$ 的邻域中进行讨论. 对于固定的 x, 作 $WF(u)$ 在 $\mathbb{R}^n_\xi \setminus \{0\}$ 中的锥邻域 V_1, 作 $WF(v)$ 的锥邻域 V_2, 由

$$(WF(u) + WF(v)) \cap O_x = \varnothing$$

知 $WF(u) + WF(v)$ 也是一个不含原点邻域的闭锥, 从而作其锥邻域 V_3, 并对于 $V_i(i=1,2,3)$, 作其锥邻域 V_i', 在此我们还设 V_i 与 V_i' 均充分靠近其所含的相应闭锥 $WF(u), WF(v)$ 以及 $WF(u) + WF(v)$, 且 $V_1 + V_2 \subset V_3 \subset V_3'$ 成立.

取 φ 是在 x 点不等于零的 C_c^∞ 函数, 我们设 $\varphi(x)$ 的支集充分小, 而使 $\widehat{\varphi u}$ 在 V_1 外、$\widehat{\varphi v}$ 在 V_2 外分别为速降的. 今对任意的 $\xi \notin \cup V_i'$ 与给定的正整数 N,

$$|(1 + |\xi|)^N \cdot F(\varphi^2 uv)(\xi)|$$
$$= \left| \int (1 + |\xi|)^N \widehat{\varphi u}(\xi - \eta) \widehat{\varphi v}(\eta) d\eta \right|$$
$$= \left| \left(\int_{|\xi - \eta| \leqslant \frac{|\xi|}{2}} + \int_{|\xi - \eta| > \frac{|\xi|}{2}} \right) (1 + |\xi|)^N \widehat{\varphi u}(\xi - \eta) \widehat{\varphi v}(\eta) d\eta \right|$$
$$\leqslant \left(\int_{\substack{|\xi - \eta| \leqslant \frac{|\xi|}{2} \\ \eta \notin V_2}} + \int_{\substack{|\xi - \eta| \leqslant \frac{|\xi|}{2} \\ \eta \in V_2}} + \int_{\substack{|\xi - \eta| > \frac{|\xi|}{2} \\ \xi - \eta \notin V_1}} + \int_{\substack{|\xi - \eta| > \frac{|\xi|}{2} \\ \xi - \eta \in V_1}} \right) \cdot$$
$$(1 + |\xi|)^N |\widehat{\varphi u}(\xi - \eta)| |\widehat{\varphi v}(\eta)| d\eta.$$

现在分别估计各项积分. 注意到 φ 具有紧支集, 故存在 N_0, 使

$$|\widehat{\varphi u}(\xi - \eta)| \leqslant C(1 + |\xi - \eta|)^{N_0},$$
$$|\widehat{\varphi v}(\eta)| \leqslant C(1 + |\eta|)^{N_0}.$$

以下设 M 为任意大的正整数, 则在第一项积分中

$$|\eta| > \frac{|\xi|}{2},$$
$$|\widehat{\varphi v}(\eta)| \leqslant C_M(1 + |\eta|)^{-M} \leqslant C_M'(1 + |\xi|)^{-M},$$
$$|\widehat{\varphi u}(\xi - \eta)| \leqslant C(1 + |\xi|)^{N_0}(1 + |\eta|)^{N_0}.$$

在第二项积分中必有 $\xi - \eta \notin V_1$, 否则 $\xi = \xi - \eta + \eta \subset V_1 + V_2 \subset V_3'$ 导致矛盾. 于是由 $\widehat{\varphi u}$ 在 V_1 外的速降性以及 ξ, η 分属两个分离的闭锥的事实可知 $|\xi - \eta| > C(|\xi| + |\eta|)$ 以及

$$|\widehat{\varphi u}(\xi - \eta)| \leqslant C_M (1 + |\xi - \eta|)^{-M}$$
$$\leqslant C_M' (1 + |\xi|)^{-M} (1 + |\eta|)^{-M}.$$

在第三项积分中

$$|\widehat{\varphi u}(\xi - \eta)| \leqslant C_M (1 + |\xi - \eta|)^{-M}$$
$$\leqslant C_M (1 + |\xi - \eta|)^{-M + N_0 + n + 1} (1 + |\xi - \eta|)^{-(N_0 + n + 1)}$$
$$\leqslant C_M' (1 + |\xi|)^{-M + N_0 + n + 1} (1 + |\xi - \eta|)^{-(N_0 + n + 1)},$$
$$|\widehat{\varphi v}(\eta)| \leqslant C (1 + |\eta|)^{N_0} \leqslant C (1 + |\xi|)^{N_0} (1 + |\xi - \eta|)^{N_0}.$$

在第四项积分中必有 $\eta \notin V_2$, 否则由 $\xi = (\xi - \eta) + \eta \in V_1 + V_2 \subset V_3$, 又将导致 $\xi \in V_3'$ 的矛盾. 再次利用 ξ 与 $\xi - \eta$ 分属两个分离的闭锥的事实可知

$$|\eta| \geqslant C(|\xi| + |\xi - \eta|),$$

从而有

$$|\widehat{\varphi v}(\eta)| \leqslant C_M (1 + |\eta|)^{-M}$$
$$\leqslant C_M' (1 + |\xi|)^{-M} (1 + |\xi - \eta|)^{-M}.$$

于是取 M 充分大, 以上各项积分关于 ξ 均一致有界.

综合以上讨论知, 当 $\xi \notin V_1' \cup V_2' \cup V_3'$ 时

$$F(\varphi^2 uv)(\xi) = O((1 + |\xi|)^{-N}), \quad \forall N,$$

但 V_1', V_2', V_3' 可任意地靠近 $WF(u), WF(v), WF(u) + WF(v)$, 所以得 (3.1.16) 式. 定理证毕. ∎

算子作用下波前集的变化 设 $u \in \mathscr{E}'(\Omega)$, 算子 K 对 u 的作用通过 K 的分布核 $k(x, y)$ 来表示, 即 $Ku = \langle k(x, y), u(y) \rangle$, 以下考察在已知 $u(y)$ 与 $k(x, y)$ 的波前集时, $\langle k(x, y), u(y) \rangle$ 是否有意义, 且后者的波

前集如何通过 $WF(u)$ 与 $WF(k)$ 来确定.

为了以下表达的方便, 引入集合运算 "$\circ$". 若集合 $F \subset \Omega_x \times \Omega_y$, $G \subset \Omega_y$, 则定义 $F \circ G$ 为

$$\{x|\ 存在\ y,\ 使\ (x,y) \in F, y \in G\}.$$

同样地, 若 $\mathscr{F} \subset (\Omega_x \times \mathbb{R}^n_\xi \setminus \{0\}) \times (\Omega_y \times \mathbb{R}^n_\eta \setminus \{0\})$, $\mathscr{G} \subset \Omega_y \times \mathbb{R}^n_\eta \setminus \{0\}$, 则

$$\mathscr{F} \circ \mathscr{G} = \{(x,\xi)|\ 存在\ (y,\eta),\ 使\ (x,y;\xi,\eta) \in \mathscr{F}, (y,\eta) \in \mathscr{G}\}. \quad (3.1.17)$$

定理 3.1.6　若 $u(y) \in \mathscr{E}'(\Omega_y)$, $k(x,y) \in \mathscr{D}'(\Omega_x \times \Omega_y)$, 当 $(WF'(k) \circ WF(u)) \cap O_x = \varnothing$ 时, $w(x) = \langle k(x,y), u(y) \rangle_y$ 有意义, 且

$$WF(w) \subset WF'(k) \circ WF(u) \cup WF_x(k), \quad (3.1.18)$$

其中

$$WF_x(k) = \{(x,\xi)|\ 存在\ y,\ 使\ (x,y;\xi,0) \in WF(k)\},$$

$$WF'(k) = \{(x,y;\xi,\eta)|(x,y;\xi,-\eta) \in WF(k)\}.$$

证明　$\langle k(x,y), u(y) \rangle$ 可写为 $\int k(x,y) \cdot 1(x) \otimes u(y) dy$, 其中 $1(x)$ 表示在 Ω_x 中恒等于 1 的函数, 而 $WF\left(\int f(x,y) dy\right) = WF_x(f)$ (读者试自行证明这一点).

于是, 为证明 (3.1.18), 我们利用定理 3.1.4 与 3.1.5 来计算 $WF(k(x, y)u(y))$, 为计算波前集的方便, 以下将视为 x, y 的函数的 $u(y)$ 记成 $\tilde{u}(y) = 1(x) \otimes u(y)$, 则我们有

$$WF(w) = \{(x,\xi)|\ 存在\ y,\ 使\ (x,y;\xi,0) \in WF(k\tilde{u})\}. \quad (3.1.19)$$

利用定理 3.1.4 知 $WF(\tilde{u}) \subset \{(x,y;0,\eta); (y,\eta) \in WF(u)\}$. 由假设 $(WF'(k) \circ WF(u)) \cap O_x = \varnothing$ 可推出 $(WF(k) + WF(\tilde{u})) \cap O_{x,y} = \varnothing$, 所以由定理 3.1.5 知 $k\tilde{u}$ 确有意义, 且

$$WF(k\tilde{u}) \subset WF(k) \cup WF(\tilde{u}) \cup (WF(k) + WF(\tilde{u}))$$

$$= WF(k) \cup \{(x,y;0,\eta); (y,\eta) \in WF(u)\}$$

$$\cup\{(x,y;\xi,\eta);\eta = \eta_1 + \eta_2, (x,y;\xi,\eta_1) \in WF(k), (y,\eta_2) \in WF(u)\}.$$

将上式代入 (3.1.19) 得 $WF(w)$ 由三部分组成:

Ⅰ: $\{(x,\xi)|$ 存在 y, 使 $(x,y;\xi,0) \in WF(k)\} = WF_x(k)$;

Ⅱ: $\{(x,\xi)|$ 存在 y, 使 $(x,y;\xi,0) \in WF(\tilde{u})\}$, 但因为在 $WF(\tilde{u})$ 中 $\eta \neq 0$, 所以这个集为空集;

Ⅲ: $\{(x,\xi)|$ 存在 (y,η), 使 $(x,y;\xi,-\eta) \in WF(k), (y,\eta) \in WF(u)\} = WF'(k) \circ WF(u)$.

于是得 (3.1.18) 式, 定理证毕. ∎

3. 微分流形上分布的波前集

为了讨论定义在微分流形上的分布的波前集, 我们先考察在自变量变换下分布的波前集的变化规律.

定理 3.1.7 设 Ω 与 G 是 $\mathbb{R}_x^n$ 与 $\mathbb{R}_y^n$ 中的两个区域, $\psi: \Omega \to G$ 是一个可逆的 C^∞ 变换, 给定 $u \in \mathscr{D}'(G)$, $\psi^* u \in \mathscr{D}'(\Omega)$, 则有

$$WF(\psi^* u) = \{(x,\xi)|(\psi(x), ({}^t\psi')^{-1}\xi) \in WF(u)\}. \tag{3.1.20}$$

证明 我们考察下式当 $|\xi| \to \infty$ 时的速降性.

$$\int e^{-i\langle x,\xi\rangle}(\psi^* u)\varphi(x)dx$$
$$= \int e^{-i\langle \psi^{-1}(y),\xi\rangle} u(y)\varphi(\psi^{-1}(y))(\psi^{-1})'dy,$$

记 $\varphi_1(y) = \varphi(\psi^{-1}(y))(\psi^{-1}(y))'$, 若作 $\varphi_2(y) \in C_c^\infty(G)$, 并使它在 φ_1 的支集上恒为 1, 则利用 Fourier 变换的性质知, 上式可写成

$$\int e^{-i\langle \psi^{-1}(y),\xi\rangle}\varphi_1\varphi_2 u dy$$
$$= \iint e^{-i(\langle \psi^{-1}(y),\xi\rangle - \langle y,\eta\rangle)}\varphi_1(y)dy\widehat{\varphi_2 u}(\eta)đ\eta. \tag{3.1.21}$$

若 (x,ξ) 满足 $(\psi(x), ({}^t\psi')^{-1}\xi) \notin WF(u)$, 作 $\psi(x)$ 的邻域 ω, $({}^t\psi')^{-1}\xi$ 的邻域 V, 使当 $y \in \omega$ 时有 $({}^t\psi')^{-1}\xi \in V' \subset\subset V$, 而且当 $\operatorname{supp}\zeta \subset \omega$ 时

$$|\widehat{\zeta u}(\eta)| \leqslant C_N(1+|\eta|)^{-N}, \quad \forall \eta \in V. \tag{3.1.22}$$

由于 ψ 是 $\Omega \to G$ 的 C^∞ 可逆变换, 故当 $\varphi(x)$ 的支集充分小, 使 $\operatorname{supp} \varphi \subset \psi^{-1}(\omega)$ 时, 可使 $\operatorname{supp} \varphi_1 \subset \omega$, 从而也可使 φ_2 满足 $\operatorname{supp} \varphi_2 \subset \omega$, 于是将 (3.1.22) 中 ζ 换成 φ_2 时, 该估计式仍成立.

今将 (3.1.21) 写成

$$\left(\int_V + \int_{\mathbb{R}^n_\eta \setminus V}\right)\left(\int_{\mathbb{R}^n_y} e^{-i(\langle \psi^{-1}(y),\xi\rangle - \langle y,\eta\rangle)}\varphi_1(y)dy\right)\widehat{\varphi_2 u}(\eta)đ\eta.$$

对于 V 上的积分, 作算子 L_1 如下:

$${}^t L_1 = \sum_j \frac{i\partial_{y_j}\langle \psi^{-1}(y),\xi\rangle}{|\nabla_y\langle \psi^{-1}(y),\xi\rangle|^2}\partial_{y_j},$$

由于 $(\psi^{-1})'$ 为满秩阵, 故上式的分母当 $\xi \neq 0$ 时不为 0. 于是, 对任意 M, 取 $N = M + n + 1$, 由于 $\widehat{\varphi_2 u}$ 在 V 中速降, 故当 $\eta \in V$ 时 $|\widehat{\varphi_2 u}(\eta)| \leqslant C_N(1+|\eta|)^{-N}$. 由此知

$$\left|\int_V \int_{\mathbb{R}^n_y} e^{-i(\langle \psi^{-1}(y),\xi\rangle - \langle y,\eta\rangle)}\varphi_1(y)dy\widehat{\varphi_2 u}(\eta)đ\eta\right|$$

$$= \int_V \left|\int_{\mathbb{R}^n_y} e^{-i\langle \psi^{-1}(y),\xi\rangle} L_1^M(e^{-i\langle y,\eta\rangle}\varphi_1(y))dy\right| \cdot |\widehat{\varphi_2 u}(\eta)|đ\eta$$

$$\leqslant \int_V (1+|\xi|)^{-M}(1+|\eta|)^M|\widehat{\varphi_2 u}(\eta)|đ\eta$$

$$\leqslant C(1+|\xi|)^{-M}.$$

所以这一项当 $|\xi| \to \infty$ 时是速降的.

考察 $\mathbb{R}^n_\xi \setminus V$ 上的积分, 位相函数 $\langle \psi^{-1}(y),\xi\rangle - \langle y,\eta\rangle$ 当 $\eta \notin V$ 时无临界点. 事实上, 将位相关于 y 求导可得 $({}^t\psi^{-1})'\xi - \eta$. 由于 $({}^t\psi^{-1})'\xi \in V' \subset V$, 故当 $\eta \notin V$ 时它不可能为零. 而且, 由于 $V' \subset\subset V$, 还可以有

$$|\nabla_y(\langle \psi^{-1}(y),\xi\rangle - \langle y,\eta\rangle)| \geqslant C(|\xi| + |\eta|),$$

从而可作算子 L_2, 使

$${}^t L_2 = \sum_j \frac{i\partial_{y_j}(\langle \psi^{-1}(y),\xi\rangle - \langle y,\eta\rangle)}{|\nabla_y(\langle \psi^{-1}(y),\xi\rangle - \langle y,\eta\rangle)|^2}\partial_{y_j}.$$

由于 $\widehat{\varphi_2 u}(\eta)$ 当 $|\eta| \to \infty$ 时缓增, 故对某个 N_0,

$$|\widehat{\varphi_2 u}(\eta)| \leqslant C(1+|\eta|)^{N_0}$$

成立, 从而取 $N = M + N_0 + n + 1$, 当 $|\xi| \to \infty$ 时有

$$\left| \int_{\mathbb{R}^n_\eta \setminus V} \int_{\mathbb{R}^n_y} e^{-i(\langle \psi^{-1}(y), \xi \rangle - \langle y, \eta \rangle)} (L_2)^N \varphi_1 dy \widehat{\varphi_2 u}(\eta) \dbar\eta \right|$$

$$\leqslant \int_{\mathbb{R}^n_\eta \setminus V} (1+|\xi|+|\eta|)^{-M-N_0-n-1} (1+|\eta|)^{N_0} \dbar\eta$$

$$\leqslant C(1+|\xi|)^{-M}.$$

所以第二项当 $|\xi| \to \infty$ 时也速降, 于是得知

$$(x, \xi) \notin WF(\psi^* u).$$

已证得的事实说明

$$WF(\psi^* u) \subset \{(x, \xi) | (\psi(x), ({}^t\psi')^{-1}\xi) \in WF(u)\}. \qquad (3.1.23)$$

自然, 由于 ψ 为 C^∞ 可逆映射, 故与 (3.1.23) 相反的包含关系也成立, 从而得 (3.1.20) 式. 定理证毕. ∎

由定理 3.1.7 知, 在进行自变量变换时, 定义在开集上的分布的波前集相应地按余切丛的坐标变换规律变化. 所以, 对于定义在微分流形上的分布, 它的波前集可以在该微分流形的余切丛上定义. 当微分流形局部地被坐标化为 Euclid 空间时, 波前集按该坐标变换所诱导的余切丛坐标变换对应于 $\Omega_x \times \mathbb{R}^n_\xi$ 上的子集, 并符合定义 3.1.1 的要求.

§2. 拟微分算子的微拟局部性

以下讨论一个分布在拟微分算子作用下波前集的变化, 我们从较一般的角度考虑问题, 先给出按 (2.3.4) 式定义的 Fourier 分布的波前集, 然后再回到拟微分算子的情形进行讨论.

定理 3.2.1 设分布 A 按

$$u \mapsto I_\varphi(au) = \iint e^{i\varphi(x, \theta)} a(x, \theta) u(x) dx d\theta \qquad (3.2.1)$$

定义, 其中 φ, a 满足第二章 §3 中给出的条件, 则

$$WF(A) \subset \{(x, \varphi_x(x,\theta)) | \varphi_\theta(x,\theta) = 0\}. \tag{3.2.2}$$

证明　记 $\Lambda_\varphi = \{(x, \varphi_x(x,\theta)) | \varphi_\theta(x,\theta) = 0\}$, $C_\varphi = \{(x,\theta) | \varphi_\theta(x,\theta) = 0\}$, 又记 T 为 $(x,\theta) \mapsto (x, \varphi_x(x,\theta))$ 的映射, 则 $\Lambda_\varphi = TC_\varphi$ (见图 3.1). 今对于任意 $(x_0, \xi_0) \notin \Lambda_\varphi$, 我们来证明 $(x_0, \xi_0) \notin WF(A)$.

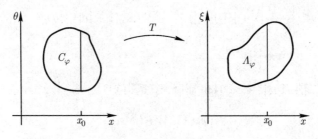

图 3.1

对 $\mathbb{R}^n_x$ 中任一集合 Γ, 以 $\Pi^{-1}\Gamma$ 记 $\mathbb{R}^n_x \times \mathbb{R}^N_\theta$ 中满足 $x \in \Gamma$ 的所有 (x,θ) 的全体, 记 $F = \{\xi | (x_0, \xi) \in \Lambda_\varphi\}$, 则有 $F = \Pi_\xi T(C_\varphi \cap \Pi^{-1}(x_0))$, 因 F 为闭锥, 且 $\xi_0 \notin F$, 故存在 $\mathbb{R}^n_\xi$ 中的开锥 W, 使 $F \subset W$, 且 $\xi_0 \notin W$, 又可找到 x_0 的邻域 U, C_φ 的锥邻域 O_2 与 ξ_0 的锥邻域 V, 使

$$\Pi_\xi T(O_2 \cap \Pi^{-1}U) \subset W, \quad V \cap W = \varnothing. \tag{3.2.3}$$

此外由于 $\varphi(x,\theta)$ 为位相函数, 故当 $\theta \neq 0$ 时, $|\varphi_x|^2 + |\varphi_\theta|^2 \neq 0$, 从而在 C_φ 上

$$|\varphi_x(x,\theta)| > C_0|\theta|, \tag{3.2.4}$$

其中 $C_0 > 0$, 今不妨设 O_2 充分接近 C_φ, 使在 O_2 上 (3.2.4) 总成立.

取 $\chi(x) \in C_c^\infty(U)$, 则 $\chi A \in \mathscr{E}'(\Omega_x)$, 从而可作 χA 的 Fourier 变换:

$$\widehat{\chi A}(\xi) = \langle \chi A, e^{-i\langle x,\xi\rangle}\rangle = I_\varphi(\chi e^{-i\langle x,\xi\rangle}a)$$
$$= \iint e^{i(\varphi(x,\theta) - \langle x,\xi\rangle)}a(x,\theta)\chi(x)dxd\theta. \tag{3.2.5}$$

以下考察 $\widehat{\chi A}(\xi)$ 当 $|\xi| \to \infty$ 时的速降性. 作 C_φ 的锥邻域 O_1, 使 $O_1 \subset\subset O_2$, 并作 $\rho(x,\theta)$ 使它当 $|\theta| \geqslant 2$ 时是 θ 的正齐零次函数, 且在 O_1 中为 1, 在 O_2 外为零; 又当 $|\theta| < 1$ 时也为零. 这样的 $\rho(x,\theta)$ 可按下面的

方法作出: 记 S_2 为球面 $|\theta| = 2$, U_1 和 U_2 分别是 $\Omega_x \times S_2$ 与 O_1 和 O_2 的交集, 则可在 $\Omega_x \times S_2$ 上作 C^∞ 函数 $g(x, \theta)$ 使得在 U_1 中 $g = 1$, 在 U_2 外 $g = 0$, 然后将 $g(x, \theta)$ 在关于 θ 的射线方向作常值延拓. 这样, 除 $\theta = 0$ 处 g 值不定外, 其余处 g 均为 C^∞ 函数, 并且当 $\theta \neq 0$ 时为 θ 的正齐零次函数. 再作 $h(t) \in C^\infty(0, \infty)$, 使当 $t < 1$ 时, $h < 0$, 而当 $t \geqslant 2$ 时, $h \equiv 1$, 取 $\rho(x, \theta) = h(|\theta|)g(x, \theta)$, 这个 $\rho(x, \theta)$ 就是所要求的.

将 $(\widehat{\chi A})(\xi)$ 分为两部分之和:

$$(\widehat{\chi A})(\xi) = \iint e^{i(\varphi(x,\theta) - \langle x, \xi \rangle)} a(x, \theta) \chi(x) \rho(x, \theta) dx d\theta +$$
$$\iint e^{i(\varphi(x,\theta) - \langle x, \xi \rangle)} a(x, \theta) \chi(x)(1 - \rho(x, \theta)) dx d\theta$$
$$= I_1 + I_2. \tag{3.2.6}$$

对于 I_2, 由于当被积函数非零时, $\varphi_\theta(x, \theta) \neq 0$, 因此

$$\int e^{i\varphi(x,\theta)} a(x, \theta) \chi(x)(1 - \rho(x, \theta)) d\theta$$

可视为依赖于参数的振荡积分, 由定理 2.3.3 知, 它是 C^∞ 函数. 由于 $\chi(x)$ 具紧支集, 故此积分也具紧支集. 从而 I_2 可视为一个 C_c^∞ 函数的 Fourier 变换. 它自然是速降的.

再分析 I_1, 由 $\rho(x, \theta)$ 的支集性质知该积分将局限在 O_2 上进行. 且因 supp $\chi \subset U$, 故由 (3.2.3) 知 $\varphi_x(x, \theta) \in W$. 由于 $\xi \in V$, 所以

$$(\varphi(x, \theta) - \langle x, \xi \rangle)_x = \varphi_x(x, \theta) - \xi \geqslant C(|\varphi_x(x, \theta)| + |\xi|).$$

利用 (3.2.4) 即知 $(\varphi(x, \theta) - \langle x, \xi \rangle)_x \geqslant C(1 + |\theta| + |\xi|)$, 今构造算子 L, 使

$${}^t L = -i \frac{\sum(\varphi_{x_j}(x, \theta) - \xi_j)\partial_{x_j}}{|\nabla_x(\varphi(x, \theta) - \langle x, \xi \rangle)|^2}.$$

于是, 对任意 M, 取 $k > M + N + 1$, 则

$$I_1 = \iint e^{i(\varphi(x,\theta) - \langle x, \xi \rangle)} L^k(a(x, \theta)\chi(x)\rho(x, \theta)) dx d\theta$$
$$\leqslant C(1 + |\xi|)^{-M} \int (1 + |\theta|)^{-N-1} d\theta$$
$$\leqslant C(1 + |\xi|)^{-M}.$$

代入 (3.2.6) 式知 $\widehat{\chi A}(\xi)$ 速降, 这就说明了 $(x_0, \xi_0) \notin WF(A)$, 从而有 (3.2.2) 式. 定理证毕. ∎

注 1　当 $\nabla_\theta \varphi(x, \theta)$ 对一切 θ 不为零时, A_φ 为空集, 从而 $WF(A)$ 也是空集, 这正说明 A 为 C^∞ 函数, 这一事实与以前所知的结论相符.

注 2　对于任意紧集 $K \subset \mathbb{R}_x^n \times \mathbb{R}_\theta^N$, 记

$$K^c = \{(x, t\theta) | (x, \theta) \in K, t \geqslant 1\},$$

则定理 3.2.1 显然还可以改进为

$$WF(A) \subset \{(x, \varphi_x(x, \theta)) | (x, \theta) \in (\operatorname{supp} a)^c, \varphi_\theta(x, \theta) = 0\}. \tag{3.2.7}$$

将定理 3.2.1 应用于拟微分算子的情形, 可得

定理 3.2.2　设 A 为拟微分算子, K_A 为 A 的分布核, 则

$$WF(K_A) \subset \{(x, x; \xi, -\xi)\}. \tag{3.2.8}$$

证明　取拟微分算子 A 的表达式为

$$(Au)(x) = \iint e^{i\langle x-y, \xi \rangle} a(x, y, \xi) u(y) dy d\!\!\!/\xi,$$

则 K_A 的表达式为

$$w(x, y) \mapsto \iiint e^{i\langle x-y, \xi \rangle} a(x, y, \xi) w(x, y) dx dy d\!\!\!/\xi. \tag{3.2.9}$$

此时位相函数 $\varphi(x, y, \xi) = \langle x - y, \xi \rangle$, 故

$$\Lambda_\varphi = \{(x, y; \xi, -\xi) | x - y = 0\} = \{(x, x; \xi, -\xi)\}. \tag{3.2.10}$$

再应用定理 3.2.1 即得 (3.2.8) 式. 定理证毕. ∎

定理 3.2.3　若 A 是拟微分算子, 则

$$WF(Au) \subset WF(u) \tag{3.2.11}$$

成立.

证明　将 $(Au)(x)$ 写成 $\langle K_A(x, y), u(y) \rangle$, 并利用定理 3.1.6 来导出 (3.2.11) 式. 事实上, 由 (3.1.18) 式可知

$$WF(Au) \subset WF'(K_A) \circ WF(u) \cup WF_x(K_A). \qquad (3.2.12)$$

由 (3.2.8) 知 $WF(K_A) \subset \{(x,x;\xi,-\xi)\}$. 所以 $WF_x(K_A) = \varnothing$. 又 $WF'(K_A) = \{(x,x;\xi,\xi)\}$, 所以 $WF'(K_A) \circ WF(u) = WF(u)$, 代入 (3.2.12) 即得 (3.2.11) 式. 定理证毕. ∎

注 对 (3.2.11) 式作到 $\mathbb{R}^n_x$ 的投影, 可得

$$\mathrm{singsupp}(Au) \subset \mathrm{singsupp}\, u.$$

它就是拟微分算子的拟局部性 (见定理 2.5.3), 所以 (3.2.11) 式是拟微分算子的拟局部性的更精确的描述, 通常称它为**微拟局部性**.

出于微局部性质讨论的需要, 我们有时要求一个拟微分算子的象征在 $\Omega_x \times \mathbb{R}^n_\xi$ 的某个锥集中有更好的性质. 设 $\Gamma = \omega \times V$ 为 $\Omega_x \times \mathbb{R}^n_\xi$ 中的开锥集, 函数 $a(x,\xi) \in C^\infty(\Gamma)$, 且满足: 对任意紧集 $K \subset \Gamma$, 任意重指标 α, β

$$|\partial_\xi^\alpha \partial_x^\beta a(x,\xi)| \leqslant C_{\alpha\beta K}(1+|\xi|)^{m-|\alpha|}, \quad (x,\xi) \in K^c \qquad (3.2.13)$$

成立, 则称 $a(x,\xi) \in S^m(\Gamma)$, 相仿地可定义 $S^\infty(\Gamma)$, $S^{-\infty}(\Gamma)$ 等.

定理 3.2.4 设 Γ 为 $\Omega_x \times \mathbb{R}^n_\xi$ 中的开锥, 拟微分算子 A 的象征 $a(x,\xi) \in S^\infty(\Omega_x \times \mathbb{R}^n_\xi) \cap S^{-\infty}(\Gamma)$, 则对 $u \in \mathscr{E}'(\Omega)$

$$WF(Au) \cap \Gamma = \varnothing \qquad (3.2.14)$$

成立.

证明 我们只需证明对任意 $(x_0, \xi_0) \in \Gamma$ 必有 $(x_0, \xi_0) \notin WF(Au)$.

取 (x_0, ξ_0) 的锥邻域 Γ_1, 使 $\Gamma_1 \subset \Gamma$, 作 $\rho(x,\xi) \in C^\infty(\Omega_x \times \mathbb{R}^n)$, 使当 $|\xi| < 1$ 时 $\rho = 0$, 而当 $|\xi| > 2$ 时 ρ 是 ξ 的正齐零次函数, 且在 Γ_1 中为零, 在 Γ 外为 1 (ρ 的构造方法参见定理 3.2.1 证明).

$$Au(x) = (2\pi)^{-n} \iint e^{i\langle x-y, \xi\rangle} a(x,\xi) u(y) dy d\xi$$

$$= (2\pi)^{-n} \iint e^{i\langle x-y, \xi\rangle} a\rho u\, dy d\xi + (2\pi)^{-n} \iint e^{i\langle x-y, \xi\rangle} a(1-\rho) u\, dy d\xi$$

$$= A_1 u(x) + A_2 u(x),$$

其中 A_1 和 A_2 分别是以 $a\rho$ 和 $a(1-\rho)$ 为象征的拟微分算子. 由 ρ 的作法, 有 $(\operatorname{supp}(a\rho))^c \cap \Gamma_1 = \varnothing$ 且 $a(1-\rho) \in S_{\rho,\delta}^{-\infty}$, 这就意味着对 A_1 有 $WF(A_1) \subset \{(x,x;\xi,-\xi);(x,\xi) \notin \Gamma_1\}$, 再由 (3.2.6) 有 $WF(A_1u) \cap \Gamma_1 = \varnothing$, 从而 $(x_0,\xi_0) \notin WF(A_1u)$. 另外, 因为 A_2 是一个光滑算子, 自然有 $(x_0,\xi_0) \notin WF(A_2u)$. 总之, $(x_0,\xi_0) \notin WF(Au)$. 定理证毕. ■

由此定理立即可推知, 若拟微分算子 A 的象征 $a(x,\xi)$ 在 (x_0,ξ_0) 的某邻域 Γ 中关于 $|\xi|$ 速降, 则对 $u \in \mathscr{E}'(\Omega_x)$, 必有 $(x_0,\xi_0) \notin WF(Au)$.

在讨论偏微分方程的边值问题时, 常会遇到 $a(x,D_x)$ 作用于变量 t,x 的函数 $u(t,x)$ 的情形. 不妨设 $x \in \mathbb{R}^n$, $t \in \mathbb{R}$, 在 $\mathbb{R}_t \times \mathbb{R}_x^n$ 空间中来看, $a(x,D_x)$ 的象征 $a(x,\xi)$ 一般不属于 S^m 类, 但我们仍有

定理 3.2.5 设 $u(t,x) \in C^\infty((\alpha,\beta), \mathscr{E}'(\Omega_x))$, $a(x,D_x) \in \Psi^\infty(\Omega_x)$. 若 $(t_0,x_0;\tau_0,\xi_0) \notin WF(u)$, 则 $(t_0,x_0;\tau_0,\xi_0) \notin WF(Au)$.

证明 将 $A = a(x,D)$ 视为 $\mathscr{E}'(\Omega_y) \to \mathscr{D}'(\Omega_x)$ 的线性连续映射时, 积分核记为 $k(x,y)$. 今将 A 作用于 $u(t,x)$, 有

$$Au(t,x) = \iint e^{i\langle x-y,\xi\rangle} a(x,\xi) u(t,y) dy \,d\hspace{-0.3em}\bar{}\hspace{0.1em}\xi$$
$$= \langle k(x,y), u(t,y)\rangle_y$$
$$= \langle \delta(t-s) \otimes k(x,y), u(s,y)\rangle_{s,y}.$$

故将 A 视为 $C^\infty((\alpha,\beta), \mathscr{E}'(\Omega_y)) \to \mathscr{D}'((\alpha,\beta) \times \Omega_x)$ 的映射时, 它的积分核为 $T = \delta(t-s) \otimes k(x,y)$, 故由定理 3.1.4 知

$$WF(T) = \{(t,t;\tau,-\tau) \times (x,x;\xi,-\xi)\}$$
$$\cup \{(t,t;\tau,-\tau) \times (x,y;0,0)\}$$
$$\cup \{(t,s;0,0) \times (x,x;\xi,-\xi)\}. \tag{3.2.15}$$

但由于当 $t \neq s$ 时, $T \equiv 0$, 所以 (3.2.15) 右边第三项可归入第一项, 于是由定理 3.1.6

$$WF(Au) \subset WF'(T) \circ WF(u) \cup WF_{t,x}(T).$$

显然, $WF_{t,x}(T) = \varnothing$, 此外, 由于 $u(t,x)$ 是关于 t 为 C^∞ 的函数, 所以 $WF(u)$ 必为 $(t,x;0,\xi)$ 的形式. 所以

$$\{(t,t;\tau,\tau) \times (x,y;0,0)\} \circ WF(u) = \varnothing,$$

从而有

$$WF'(T) \circ WF(u) = WF(u).$$

这样, 我们仍得到了 $WF(Au) \subset WF(u)$ 的结论. 定理证毕. ■

注 1 定理条件中关于 $u(t,x)$ 为 t 的 C^∞ 函数的要求不能省略, 例如, 若 $u = \delta(t)\varphi(x)$, 这里 $\varphi \in C_c^\infty$, 且在原点的一个邻域中 $\varphi \equiv 0$, 则对任何 (τ_0, ξ_0), 有 $(0,0;\tau_0,\xi_0) \notin WF(u)$, 然而, 由于拟微分算子一般不是局部算子, 所以若在 $x = 0$ 处 $a(x,D_x)\varphi \neq 0$, 则由于 $Au = \delta(t)(a(x,D_x)\varphi)$, 将有 $(0,0;\tau_0,\xi_0) \in WF(Au)$.

注 2 当 $u(t,x)$ 是变量 $t \in \mathbb{R}^k$ 的 C^∞ 函数时, 也有同样结论成立, 又若算子 $A = a(t,x,D_x)$ 也是 C^∞ 地依赖于 t 时, 也有相仿的结论.

在本节最后我们指出, 由于微分流形在每一点的邻域都可同胚于 Euclid 空间的一个局部区域, 故本节中关于拟微分算子微局部性质的结果, 都可以应用于定义在微分流形上的拟微分算子, 例如, 类似于定理 3.2.4, 我们有

定理 3.2.4′ 设 M 为微分流形, Γ 为 T^*M 中的开锥, 若 $A \in \Psi^\infty(M)$, A 的主象征在 Γ 上为 $-\infty$ 阶的, 则对 $u \in \mathscr{E}'(M)$,

$$WF(Au) \cap \Gamma = \varnothing \tag{3.2.16}$$

成立.

§3. 拟逆算子

本节讨论拟微分算子的求逆问题, 这个问题与偏微分方程的求解密切相关, 因而甚为重要.

1. 椭圆算子与拟基本解

定义 3.3.1　若 A 为 $\Psi^m(\Omega)$ 拟微分算子, 如果 A 的象征 $\sigma(A)(x,\xi)$ 适合下列条件: 对任一紧集 $K \subset \Omega$, 有常数 C_K 与 R, 使

$$|\sigma(A)(x,\xi)| \geqslant C_K(1+|\xi|)^m, \quad x \in K, |\xi| \geqslant R \qquad (3.3.1)$$

成立, 则称 A 为**椭圆型拟微分算子**.

易见, 条件 (3.3.1) 也可以用关于主象征 $\sigma_m(A)(x,\xi)$ 的条件

$$|\sigma_m(A)(x,\xi)| \geqslant C_K(1+|\xi|)^m, \quad x \in K, \; |\xi| \geqslant R \qquad (3.3.2)$$

来代替. 事实上, 对任意 $S^{m'}(m' < m)$ 类象征 $b(x,\xi)$, 有

$$|b(x,\xi)| \leqslant C(1+|\xi|)^{m'},$$

从而对任意 $\varepsilon > 0$, 只要 R 充分大, 都有

$$|b(x,\xi)| \leqslant \varepsilon(1+|\xi|)^m.$$

故对 $\sigma(A)$ 增加一项低阶象征 $\sigma_m(A) - \sigma(A)$, 不影响 (3.3.1) 的估计.

定义 3.3.1 与椭圆型微分算子的定义是一致的, 设 $P = p(x,D)$ 是椭圆型微分算子, 则根据椭圆型微分算子的定义, $p(x,D)$ 的最高阶项 $p_m(x,D)$ 应当满足

$$p_m(x,\xi) \neq 0, \quad \forall \xi \neq 0. \qquad (3.3.3)$$

由于 p_m 为 m 次齐次多项式, 当 x 属于紧集 K 且 $\xi \in S^{n-1}$ 时, p_m 的最小值大于 0, 故

$$|p_m(x,\xi)| \geqslant C_K(1+|\xi|)^m, \quad x \in K, \; |\xi| \geqslant 1,$$

从而 P 为椭圆型拟微分算子.

椭圆型拟微分算子最重要的特点就是它有拟逆算子, 我们先引入下面的定义.

定义 3.3.2　若对于拟微分算子 $A \in \Psi^m(\Omega)$, 存在拟微分算子 B_1, B_2, 使

$$B_1 A = I + R_1, \quad R_1 \in \Psi^{-\infty}, \tag{3.3.4}$$

$$AB_2 = I + R_2, \quad R_2 \in \Psi^{-\infty}, \tag{3.3.5}$$

则称 B_1 为 A 的**左拟逆 (左拟基本解)**, 称 B_2 为 A 的**右拟逆 (右拟基本解)**.

易见, 任一与 B_1 相差一个 $\Psi^{-\infty}$ 的算子也是 A 的左拟逆, 任一与 B_2 相差一个 $\Psi^{-\infty}$ 的算子也是 A 的右拟逆, 而且当左右拟逆算子 B_1, B_2 存在时, 还有

$$B_1 = B_2 (\mathrm{mod}\, \Psi^{-\infty}), \tag{3.3.6}$$

这是因为

$$B_1 - B_2 = R_1 B_2 - B_1 R_2 \in \Psi^{-\infty}. \tag{3.3.7}$$

于是, 这时我们可以简单地称 B_1 和 B_2 为 A 的**拟逆 (拟基本解)**, 称为拟逆的原因是仅在 $\mathrm{mod}\, \Psi^{-\infty}$ 的意义下 B_1 或 B_2 才为 A 的逆算子.

定理 3.3.1 若 A 为椭圆型拟微分算子 $\Psi^m(\Omega)$, 则必存在一个恰当支椭圆型拟微分算子 $B \in \Psi^{-m}(\Omega)$ 为其拟逆.

证明 A 的象征 $a(x, \xi)$ 满足条件 (3.3.1), 作 $h(\xi)$ 是当 $|\xi| \leqslant R$ 时等于零、当 $|\xi| \geqslant 2R$ 时等于 1 的 C^∞ 函数, 并令

$$b_1(x, \xi) = h(\xi) a(x, \xi)^{-1}, \tag{3.3.8}$$

则 $b_1(x, \xi) \in S^{-m}$. 事实上, 当 $|\xi| \geqslant 2R$ 时, $b(x, \xi) = a(x, \xi)^{-1}$, 故那时有

$$\partial_\xi^\alpha \partial_x^\beta b_1(x, \xi)$$

$$= \sum_k \sum_{\substack{\sum \alpha_j = \alpha \\ \sum \beta_j = \beta}} C_{\alpha_1 \cdots \alpha_k, \beta_1 \cdots \beta_k} [a(x, \xi)]^{k+1} \cdot (\partial_\xi^{\alpha_1} \partial_x^{\beta_1} a) \cdots (\partial_\xi^{\alpha_k} \partial_x^{\beta_k} a),$$

从而由 (3.3.1) 及 $a \in S^m$ 的性质知

$$|\partial_\xi^\alpha \partial_x^\beta b_1(x, \xi)| \leqslant C(1 + |\xi|)^{-m(k+1)} (1 + |\xi|)^{m - |\alpha_1|} \cdots (1 + |\xi|)^{m - |\alpha_k|}$$

$$\leqslant C(1 + |\xi|)^{-m - |\alpha|}. \tag{3.3.9}$$

利用象征 $b_1(x,\xi)$, 作一个恰当支拟微分算子 B_1, 则

$$AB_1 = I - D_1 + R_1,$$

其中 D_1 为 $\Psi^{-1}(\Omega)$ 类恰当支拟微分算子, R_1 为 $\Psi^{-\infty}$ 类拟微分算子.

再令 $B_{k+1} = B_1 D_1^k$, 它的象征 $b_{k+1}(x,\xi) \in S^{-m-k}$. 利用定理 2.2.2, 构造象征 $b(x,\xi) \sim \sum_{k=1}^{\infty} b_k(x,\xi)$, 并以 $b(x,\xi)$ 为象征作恰当支拟微分算子 B, 则

$$AB \sim A\sum_{k=0}^{\infty} B_1 D_1^k \sim \sum_{k=0}^{\infty}(I - D_1 + R_1)D_1^k \sim I,$$

所以有

$$AB = I + R,$$

其中 $R \in \Psi^{-\infty}(\Omega)$. 同理可得 A 的左拟逆 B_1 存在, 且由定理 3.3.1 前面的说明知, B 与 B_1 仅相差 $\Psi^{-\infty}(\Omega)$ 类算子, 所以知 B 为 A 的拟逆. 定理证毕. ∎

注　当 A 为经典拟微分算子时, B 也可以构造为经典拟微分算子. 事实上, 我们将 A 的象征 $a(x,\xi)$ 写成

$$a(x,\xi) \sim \sum_{j \leqslant m} a_j(x,\xi), \tag{3.3.10}$$

每个 $a_j(x,\xi)$ 为 j 次齐次函数, 则 $a_m(x,\xi)$ 满足

$$|a_m(x,\xi)| \geqslant C(1 + |\xi|)^m, \quad x \in K, \ |\xi| > R.$$

今设法构造 $b(x,\xi) \sim \sum_{j \leqslant -m} b_j(x,\xi)$, 使

$$a(x,\xi)\#b(x,\xi) = 1 \bmod(S^{-\infty}). \tag{3.3.11}$$

根据定理 2.4.3 知此时应有

$$a_m(x,\xi)b_{-m}(x,\xi) = 1,$$

$$a_{m-1}b_{-m} + a_m b_{-m-1} + \sum_{|\alpha|=1} \partial_\xi^\alpha a_m(x,\xi)D_x^\alpha b_{-m}(x,\xi) = 0,$$

$$\cdots\cdots$$

$$a_m(x,\xi)b_{-m-j}(x,\xi) + \sum_{\substack{k+l+|\alpha|=j \\ l<j}} \frac{1}{\alpha!}\partial_\xi^\alpha a_{m-k}(x,\xi)D_x^\alpha b_{-m-l}(x,\xi) = 0.$$

由于 $a_m(x,\xi)$ 当 $|\xi| > R$ 时不等于零, 故可以由上列等式逐个地确定 $b_{-m}(x,\xi)$, $b_{-m-1}(x,\xi)$, $\cdots$. 显然, 每个 $b_j(x,\xi)$ 都是 j 次齐次函数, 然后构造象征 $b(x,\xi)$ 以 $\sum b_j(x,\xi)$ 为渐近展开, 则 $b(x,\xi)$ 为经典象征, 并可相应地得到经典拟微分算子 B, 它是 A 的拟逆.

定理 3.3.2 设 $A \in \Psi^m(\Omega)$ 为椭圆型拟微分算子, 则

$$\text{singsupp } Au = \text{singsupp } u, \quad u \in \mathscr{E}'(\Omega). \tag{3.3.12}$$

若 A 是恰当支的, 则上式对 $u \in \mathscr{D}'(\Omega)$ 也成立.

证明 我们仅就 $u \in \mathscr{E}'(\Omega)$ 的情形来证明, 由拟微分算子的拟局部性知

$$\text{singsupp } Au \subset \text{singsupp } u,$$

又由于 A 为椭圆型的, 故由定理 3.3.1, 存在拟逆算子 B, 使 $BA = I+R$, $R \in \Psi^{-\infty}(\Omega)$, 于是

$$u = BAu - Ru.$$

但 $Ru \in C^\infty$, 从而 $\text{singsupp } Ru = \varnothing$, 故

$$\text{singsupp } u \subset \text{singsupp } B(Au) \subset \text{singsupp } Au.$$

定理证毕. ■

将定理 3.3.2 应用到椭圆型方程, 立刻可以得到椭圆型方程解的正则性定理: 若 u 为椭圆型方程

$$Au = 0$$

的解, 由于等式右边为 C^∞ 函数, 由 (3.3.12) 知 u 也必定是 C^∞ 函数.

注 上面的讨论同样可以应用于定义在微分流形 M 上的拟微分算子.

2. 微局部椭圆性

现在从微局部的观点更精确地描述上一段的结果. 在上面关于拟逆算子的讨论中, 条件

$$|\sigma_m(A)(x,\xi)| \geqslant C_K(1+|\xi|)^m, \quad x \in K, \ |\xi| \geqslant R$$

起了决定性的作用. 如果拟微分算子 A 在 x 点为椭圆型的, 则上式对充分大的 ξ 都成立. 更精细地, 可以将 ξ 方向进行区分, 我们引入如下的定义:

定义 3.3.3　设 A 为给定的 $\Psi^m(M)$ 拟微分算子, $(x_0,\xi_0) \in T^*M$, 若存在 x_0 的邻域 ω, ξ_0 的锥邻域 V, 使

$$|\sigma_m(A)(x,\xi)| \geqslant C(1+|\xi|)^m, \quad x \in K, \ \xi \in V, \ |\xi| \geqslant R \qquad (3.3.13)$$

成立, 则称 (x_0,ξ_0) 为算子 A 的**微局部椭圆点**或**非特征点**, 算子 A 的非特征点集的余集称为 A 的**特征集**, 记为 Char A.

当 A 是给定在开集上的拟微分算子时, (3.3.13) 也可以用全象征所满足的条件表示, 对于经典的拟微分算子 (自然包括偏微分算子), 条件 (3.3.13) 就是

$$\sigma_m(A)(x_0,\xi_0) \neq 0. \qquad (3.3.14)$$

所以 Char A 就是 $\sigma_m(A)$ 零点集, 因此定义 3.3.3 与经典的特征概念是一致的.

定义 3.3.4　设 A 为微分流形 M 上的拟微分算子, $(x_0,\xi_0) \in T^*M$, 若存在 (x_0,ξ_0) 的锥邻域 Γ 以及拟微分算子 $B_1 \in \Psi^\infty(M)$, 使 $B_1A - I$ 在 Γ 中为 $-\infty$ 阶的, 则称 B_1 为 A 在 (x_0,ξ_0) 的**左微局部拟逆 (左微局部拟基本解)**, 若有拟微分算子 $B_2 \in \Psi^\infty(M)$, 使 $AB_2 - I$ 在 Γ 中为 $-\infty$ 阶的, 则称 B_2 为 A 在 (x_0,ξ_0) 的**右微局部拟逆 (右微局部拟基本解)**. 若左、右微局部拟逆相等, 则称它为**微局部拟逆 (微局部拟基本解)**.

定理 3.3.3　设 $A \in \Psi^m(M)$, $(x_0,\xi_0) \notin$ Char A, 则存在 A 在 (x_0,ξ_0) 点的微局部拟逆.

证明 由定义 3.3.3 知存在 x_0 的邻域 ω 与 ξ_0 的锥邻域 V, 使在 $\omega \times V$ 上

$$|\sigma_m(A)(x,\xi)| \geqslant C(1+|\xi|)^m, \quad |\xi| \geqslant R \tag{3.3.15}$$

成立. 以下为记号简单起见, 将流形 M 的局部区域 ω 在坐标映射下的像仍记为 ω. 相应地, A 在此开集上的诱导算子也仍记为 A, 于是与定理 3.3.1 的证明相仿, 可以在 $\omega \times V$ 上构造象征 $b_1(x,\xi)$, 使

$$b_1(x,\xi)\sigma_m(A)(x,\xi) = 1 \bmod(S^{-1}),$$

并作 $g(x) \in C_c^\infty(\omega)$, 使 $g(x)$ 在 x_0 的邻域 $\omega_1 \subset\subset \omega$ 中为 1, 作 $h(\xi) \in C_c^\infty(V)$, 使 $h(\xi)$ 在 ξ_0 的锥邻域 $V_1 \subset\subset V$ 中为 1, 又 $h(\xi)$ 当 $|\xi| \leqslant R$ 时为零, 当 $|\xi| \geqslant 2R$ 时为 1. 以 $h(\xi)g(x)b_1(x,\xi)$ 为象征可以构造在 ω 上的拟微分算子, 并由于 $\operatorname{supp} g \subset \omega$, 该算子可以延拓到 M 上, 记为 B_1, 则算子 $D_1 = I - AB_1$ 在 $\omega_1 \times V_1$ 中的象征 $d_1(x,\xi) \in S^{-1}$.

再作 $g_1(x) \in C_c^\infty(\omega_1)$, 使 $g_1(x)$ 在 x_0 的邻域 $\omega_2 \subset\subset \omega_1$ 中为 1, 作 $h_1(\xi) \in C_c^\infty(V_1)$, 使 $h_1(\xi)$ 在 ξ_0 的锥邻域 $V_2 \subset\subset V_1$ 中为 1, 又 $h_1(\xi)$ 当 $|\xi| \leqslant \frac{4}{3}R$ 时为零, 当 $|\xi| \geqslant \frac{5}{3}R$ 时为 1, 则 $h_1(\xi)g_1(x)d_1(x,\xi) \in S^{-1}$. 作以此为象征的拟微分算子 $D \in \Psi^{-1}(M)$, 并利用 Borel 技巧 (见第二章 §2) 构造 $B \sim \sum\limits_{k=1}^{\infty} B_1 D^k$, 则在 (x_0, ξ_0) 的锥邻域 $\omega_2 \times V_2$ 中

$$\sigma(AB)(x,\xi) \sim \sum \sigma(AB_1 D^k) \sim \sum \sigma((1-D)D^k) \sim 1.$$

所以 $AB - I$ 在 (x_0, ξ_0) 的邻域中为 $-\infty$ 阶的. 同样, $BA - I$ 也是如此, 故算子 B 为 A 在 (x_0, ξ_0) 点的微局部拟逆. 定理证毕. ■

利用上述定理 3.3.3 及定理 3.2.4, 就可得如下定理.

定理 3.3.4 设 A 是 $\Psi^m(M)$ 拟微分算子, 则对 $u \in \mathscr{E}'(M)$, 有

$$WF(u) \subset WF(Au) \cup \operatorname{Char} A. \tag{3.3.16}$$

证明 若 $(x_0, \xi_0) \notin \operatorname{Char} A$, 由定理 3.3.3, 存在 A 在 (x_0, ξ_0) 的微局部拟逆 E, 使得

$$EA = I + R, \tag{3.3.17}$$

其中 R 在 (x_0, ξ_0) 的某锥邻域内为 $-\infty$ 阶的, 由定理 3.2.4 知, 对任意 $u \in \mathscr{E}'(M)$, 有 $(x_0, \xi_0) \notin WF(Ru)$, 另一方面

$$WF(u) \subset WF(EAu) \cup WF(Ru) \subset WF(Au) \cup WF(Ru).$$

现在 $(x_0, \xi_0) \notin WF(Ru)$, 故若又有 $(x_0, \xi_0) \notin WF(Au)$, 则必定有 $(x_0, \xi_0) \notin WF(u)$. 定理证毕. ∎

注 当 A 是恰当支拟微分算子时, 定理中 u 具紧支集的条件可略去.

定理 3.3.4 表明, 当 $Au \in C^\infty(M)$ 时, $WF(u) \subset \mathrm{Char}\, A$, 进一步可得如下波前集与特征集之间的更精确的关系式.

定理 3.3.5 设 $u \in \mathscr{D}'(M)$, 则

$$WF(u) = \bigcap_{Au \in C^\infty} \mathrm{Char}\, A, \tag{3.3.18}$$

式中 A 是零阶的恰当支拟微分算子.

证明 由定理 3.3.4 及其注知, 若 $Au \in C^\infty(M)$, 则有 $WF(u) \subset \mathrm{Char}\, A$, 所以 $WF(u) \subset \bigcap\limits_{Au \in C^\infty} \mathrm{Char}\, A$.

反之, 若 $(x_0, \xi_0) \notin WF(u)$, 则存在 (x_0, ξ_0) 的锥邻域 Γ 使得 $\Gamma \cap WF(u) = \varnothing$, 这样, 可以选取一个 C^∞ 的正齐零次函数 $a(x, \xi)$, 使它的支集在 Γ 中, 且 $a(x_0, \xi_0) \neq 0$. 记 A 是具象征 $a(x, \xi)$ 的零阶恰当支拟微分算子, 有

$$WF(Au) \subset WF'(A) \circ WF(u)$$
$$\subset \{(x, x; \xi, \xi) | (x, \xi) \in \Gamma\} \circ WF(u) = \varnothing.$$

因此, $Au \in C^\infty$. 此外易见对这个特定的 A, $(x_0, \xi_0) \notin \mathrm{Char}\, A$, 从而更有

$$(x_0, \xi_0) \notin \bigcap_{Au \in C^\infty} \mathrm{Char}\, A.$$

这就证明了 $WF(u) \supset \bigcap\limits_{Au \in C^\infty} \text{Char } A.$ 定理证毕.   ■

注   定理 3.3.5 将波前集通过有关拟微分算子的特征集来表达, 由于 (3.3.18) 右边完全摆脱了坐标的选取, 因此, 也可以将它作为波前集的定义, 这在有些场合是很方便的.

第四章
拟微分算子的有界性

本章讨论拟微分算子在各类空间中的有界性, 主要是在 L^2, L^p 以及 Hölder 空间 C^α 中的有界性. 对于线性算子来说, 有界性即相当于算子的连续性, 再考虑到各类先验估计的方法在偏微分方程理论研究中的重要地位, 就使拟微分算子有界性的研究成为一个突出的问题, 所以我们在这一章中较详细地讨论.

§1. L^2 有界性

本节讨论拟微分算子的 L^2 有界性. 这里所说的 L^2 有界, 是指拟微分算子可以扩张为 L^2 到它自身的线性有界算子. 由它还可以推出 H^s 有界性. 为简单起见, 以下的证明只对 $\Psi_{1,0}^m$ 类拟微分算子写出, 这里的证明对 $\Psi_{\rho,\delta}^m, 0 \leqslant \delta < \rho \leqslant 1$ 类拟微分算子也是适用的.

先证明如下的 Schur 引理:

引理 4.1.1　若 $K(x,y)$ 是 $\mathbb{R}^n \times \mathbb{R}^n$ 上的连续函数且有

$$\sup_y \int |K(x,y)|dx \leqslant M, \quad \sup_x \int |K(x,y)|dy \leqslant M, \tag{4.1.1}$$

则以 $K(x,y)$ 为核的积分算子 L^2 有界且范数小于或等于 M.

证明 由 Schwarz 不等式, 有

$$|Ku(x)|^2 \leqslant \int |K(x,y)||u(y)|^2 dy \int |K(x,y)| dy$$

$$\leqslant M \int |K(x,y)||u(y)|^2 dy.$$

两端对 x 积分, 便得

$$\|Ku\|_0^2 \leqslant M \int\int |K(x,y)||u(y)|^2 dy dx \leqslant M^2 \|u\|_0^2.$$

证毕. ■

定理 4.1.1 若 $a(x,\xi) \in S^0$, 则相应的拟微分算子 $a(x,D)$ 是 L^2 有界的.

证明 先设 $a(x,\xi) \in S^{-n-1}$, 这时由 (2.3.20) 式知算子 $a(x,D)$ 之核 $K_A(x,y)$ 连续且有

$$|K_A(x,y)| \leqslant \int |a(x,\xi)| d\xi \leqslant C. \tag{4.1.2}$$

对任意重指标 α, 分部积分有

$$(x-y)^\alpha K_A(x,y) = (x-y)^\alpha \int e^{i(x-y)\xi} a(x,\xi) đ\xi$$

$$= i^{|\alpha|} \int e^{i(x-y)\xi} \partial_\xi^\alpha a(x,\xi) đ\xi.$$

因 $\partial_\xi^\alpha a(x,\xi) \in S^{-n-1-|\alpha|}$, 故又有

$$|(x-y)^\alpha K_A(x,y)| \leqslant C. \tag{4.1.3}$$

由 (4.1.2) 和 (4.1.3) 得到

$$(1+|x-y|)^{n+1} |K_A(x,y)| \leqslant C.$$

由此可见, 核 $K_A(x,y)$ 满足引理 4.1.1 的条件, 故知 $a(x,D)$ 是 L^2 有界的.

下面我们用归纳法来证明: 若 $a \in S^k$, $k \leqslant -1$, 则算子 $a(x,D)$ 是 L^2 有界的. 为此, 注意

$$\|a(x,D)u\|_0^2 = (a(x,D)u, a(x,D)u) = (b(x,D)u, u),$$

其中 $b(x,D) = a^*(x,D)a(x,D) \in \Psi^{2k}$. 易见, 若算子 $b(x,D)$ 为 L^2 有界的, 则有

$$\|a(x,D)u\|_0^2 \leqslant \|b(x,D)u\|_0 \|u\|_0 \leqslant C\|u\|_0^2.$$

这就说明, 从 Ψ^{2k} 算子的 L^2 有界性可推知 Ψ^k 算子的 L^2 有界性. 据此由前段证明便知, 当 $k \leqslant -(n+1)/2, k \leqslant -(n+1)/4, \cdots$ 时, $a(x,D)$ 为 L^2 有界的, 从而可推知, 当 $k \leqslant -1$ 时 $a(x,D)$ 为 L^2 有界的.

最后, 设 $a(x,\xi) \in S^0$, 取 $M > 2\sup|a(x,\xi)|^2$, 于是 $M - |a(x,\xi)|^2 \geqslant M/2$, 故知

$$c(x,\xi) = (M - |a(x,\xi)|^2)^{\frac{1}{2}} \in S^0,$$

且 $c(x,\xi) > 0$, 从而由定理 2.4.3,

$$c^*(x,D)c(x,D) = M - a^*(x,D)a(x,D) + r(x,D),$$

其中 $r(x,\xi) \in S^{-1}$. 因而对所有 $u \in \mathscr{S}$, 均有

$$\|a(x,D)u\|_0^2 \leqslant M\|u\|_0^2 + (r(x,D)u, u) \leqslant C\|u\|_0^2. \tag{4.1.4}$$

因为 $\mathscr{S}$ 在 $L^2(\mathbb{R}^n)$ 中稠密, 故拟微分算子 $a(x,D)$ 可扩张为 $L^2(\mathbb{R}^n)$ 上的有界线性算子, 即 $a(x,D)$ 为 L^2 有界的. 证毕. ■

由定理 4.1.1 容易得到如下 Ψ^m 类拟微分算子的 H^s 有界性定理.

定理 4.1.2 若 $a(x,\xi) \in S^m$, 则对于每个实数 s, 相应的算子 $a(x,D)$ 都是由 H^s 到 H^{s-m} 连续的.

证明 对任意 $u \in H^s$, 若记以 $\langle\xi\rangle^s$ (这里 $\langle\xi\rangle^s = (1+|\xi|^2)^{s/2}$) 为象征的拟微分算子为 $\Lambda^s(D)$, 则 $v = \Lambda^s(D)u \in L^2$. 由于

$$\Lambda^{s-m}(D)a(x,D)\Lambda^{-s}(D) \in \Psi^0,$$

故由定理 4.1.1 知

$$
\begin{aligned}
\|a(x,D)u\|_{s-m} &= \|\Lambda^{s-m}(D)a(x,D)u\|_0 \\
&= \|\Lambda^{s-m}(D)a(x,D)\Lambda^{-s}(D)v\|_0 \\
&\leqslant C\|v\|_0 = C\|u\|_s. \tag{4.1.5}
\end{aligned}
$$

证毕. ■

注 同样可证, 对按定义 2.1.3 由 $S^m(\mathbb{R}_x^n \times \mathbb{R}_y^n \times \mathbb{R}_\xi^n)$ 类振幅 $a(x,y,\xi)$ 所定义的拟微分算子 A, 也有与定理 4.1.2 相同的结论. 即对每个实数 s, 算子 A 是由 H^s 到 H^{s-m} 的线性连续映射.

在考察定义在局部区域上的拟微分算子的连续性时, 常用到如下的空间:

$$H^s_{\mathrm{comp}}(\Omega) = \{u|\; u \in H^s(\Omega), u \text{ 具有紧支集 }\},$$
$$H^s_{\mathrm{loc}}(\Omega) = \{u|\; \varphi u \in H^s(\Omega), \forall \varphi \in C_c^\infty(\Omega)\}.$$

定理 4.1.3 如果算子 A 是按 (2.5.4) 式定义的开集 Ω 上的拟微分算子, 其中 $a(x,y,\xi)$ 是 $S^m(\Omega_x \times \Omega_y \times \mathbb{R}_\xi^n)$ 类振幅, 那么 A 是 $H^s_{\mathrm{comp}}(\Omega) \to H^{s-m}_{\mathrm{loc}}(\Omega)$ 的线性连续算子. 又若 A 是恰当支的, 则它是 $H^s_{\mathrm{comp}}(\Omega) \to H^{s-m}_{\mathrm{comp}}(\Omega)$ 或 $H^s_{\mathrm{loc}}(\Omega) \to H^{s-m}_{\mathrm{loc}}(\Omega)$ 的线性连续算子.

证明 对于任意 $u \in H^s_{\mathrm{comp}}(\Omega_y)$, 令 $\psi(y)$ 是在 $\mathrm{supp}\, u$ 上恒等于 1 的 C_c^∞ 函数, 则对任意 $\varphi(x) \in C_c^\infty(\Omega_x)$, 振幅 $a_1(x,y,\xi) = \varphi(x) a(x,y,\xi) \psi(y)$ 所定义的拟微分算子 A_1 是 $H^s \to H^{s-m}$ 的线性连续算子, 而

$$A_1 u = \varphi A u, \tag{4.1.6}$$

所以 $Au \in H^{s-m}_{\mathrm{loc}}(\Omega)$.

当 A 是恰当支拟微分算子时, 若 $u \in H^s_{\mathrm{comp}}(\Omega)$, 则 Au 也有紧支集, 又在上面已证明 $Au \in H^{s-m}_{\mathrm{loc}}(\Omega_x)$, 所以 $Au \in H^{s-m}_{\mathrm{comp}}(\Omega_x)$. 此外, 若 $u \in H^s_{\mathrm{loc}}(\Omega_y)$, 则对任意的 $\varphi(x) \in C_c^\infty(\Omega_x)$, 由 A 为恰当支拟微分算子知, 存在 Ω 的紧集 Σ, 使

$$(\mathrm{supp}\, K_A) \circ \mathrm{supp}\, \varphi \subset \Sigma. \tag{4.1.7}$$

于是, 取函数 $\psi(y)$ 为在 Σ 上恒等于 1 的 C_c^∞ 函数, 则

$$\varphi A(\psi u) \in H^s(\Omega_x). \tag{4.1.8}$$

由于在 $\mathrm{supp}\, \varphi$ 上, $A(\psi u)$ 之值就是 Au 之值 (参见定理 2.5.1), 所以 $\varphi A u \in H^s(\Omega)$. 由 φ 的任意性知 $Au \in H^s_{\mathrm{loc}}(\Omega)$. 定理证毕. ■

§2. Gårding 不等式

对于椭圆型拟微分算子还可以建立另一种单边估计, 即 **Gårding 不等式**. 它是偏微分方程理论中的重要工具之一, 可用于建立许多重要的先验估计, 还可用于导出双曲型方程的能量估计. 最初, L. Gårding 对微分算子建立了这个不等式, 现在在拟微分算子的框架中可以用更简单的方法加以证明, 而且其结论适用的范围更为广泛.

为了证明 Gårding 不等式, 我们先证

引理 4.2.1　若 $a(x,\xi) \in S^0$, 且 Re $a(x,\xi) \geqslant C > 0$, 则存在一个算子 $B \in \Psi^0$, 使得

$$\text{Re } a(x,D) - B^*B \in \Psi^{-\infty}, \tag{4.2.1}$$

其中 Re $a(x,D) = \dfrac{1}{2}(a(x,D) + a^*(x,D))$.

证明　我们以渐近展开的形式来构造象征

$$b(x,\xi) \sim \sum b_j(x,\xi),$$

即归纳地确定 $b_j(x,\xi) \in S^{-j}$. 首先, 令

$$b_0(x,\xi) = (\text{Re } a(x,\xi))^{1/2}, \tag{4.2.2}$$

由于 Re $a(x,\xi) \geqslant C > 0$, 故 $b_0(x,\xi)$ 为正 C^∞ 函数. 易知 $b_0 \in S^0$. 按定理 2.4.2 和 2.4.3 知

$$\text{Re } a(x,D) - b_0^*(x,D)b_0(x,D) = r_1 \in \Psi^{-1}.$$

其次, 用归纳法来确定 b_j. 假设渐近展开式中的前 $k+1$ 项 $b_0, b_1, \cdots,$ b_k 已经得到且有

$$\text{Re } a(x,D) - (b_0 + \cdots + b_k)^*(b_0 + \cdots + b_k) = r_{k+1} \in \Psi^{-k-1}. \tag{4.2.3}$$

让我们来求 $b_{k+1} \in S^{-k-1}$, 使

$$\text{Re } a(x,D) = (b_0 + \cdots + b_k + b_{k+1})^*(b_0 + \cdots + b_k + b_{k+1}) + r_{k+2},$$
$$\tag{4.2.4}$$

其中 $r_{k+2} \in \Psi^{-k-2}$. 按归纳假设 (4.2.3), 我们有

$$(b_0 + \cdots + b_k)^*(b_0 + \cdots + b_k) + r_{k+1}$$

$$= (b_0 + \cdots + b_k)^*(b_0 + \cdots + b_k) + (b_0 + \cdots + b_{k+1})^* b_{k+1} +$$

$$b_{k+1}^*(b_0 + \cdots + b_k) + r_{k+2}. \tag{4.2.5}$$

将 (4.2.5) 中凡是阶数低于 $k+1$ 的项与 r_{k+2} 合并, 我们得到

$$b_0^*(x, D)b_{k+1}(x, D) + b_{k+1}^*(x, D)b_0(x, D) = r_{k+1} - r_{k+2}', \tag{4.2.6}$$

其中 $r_{k+2}' \in \Psi^{-k-2}$. 由 (4.2.3) 可见 $r_{k+1}^* = r_{k+1}$, 所以 r_{k+1} 的主象征是实的. 注意到 $b_0(x, \xi)$ 为实数, 故当仅考虑主象征时, (4.2.6) 化为

$$b_0 b_{k+1} + \bar{b}_{k+1} b_0 = r_{k+1}.$$

可见, 取 $b_{k+1} = r_{k+1}/2b_0$ 即满足要求. 引理证毕. ∎

定理 4.2.1 设 $a(x, \xi) \in S^m$, 且存在常数 $M > 0$ 与 $A > 0$, 使

$$\operatorname{Re} a(x, \xi) \geqslant A|\xi|^m, \ \text{当} \ |\xi| \geqslant M \ \text{时}, \tag{4.2.7}$$

则对任何 $\varepsilon > 0$ 与 $s \in \mathbb{R}$, 都有常数 C_0 存在, 使对一切 $u \in \mathscr{S}$ 成立

$$\operatorname{Re}(a(x, D)u, u) \geqslant (A - \varepsilon)\|u\|_{m/2}^2 - C_0\|u\|_s^2. \tag{4.2.8}$$

证明 只要令

$$a_1(x, D) = \Lambda^{-\frac{m}{2}}(D)a(x, D)\Lambda^{-\frac{m}{2}}(D), \tag{4.2.9}$$

便可将问题化成 $m = 0$ 的情形, 故以下只对 $m = 0$ 的情形进行证明, 这时问题的假设是 $a(x, \xi) \in S^0$, 且

$$\operatorname{Re} a(x, \xi) \geqslant A > 0, \ \text{当} \ |\xi| \geqslant M \ \text{时}.$$

因 $a(x, \xi) \in S^0$, 所以存在常数 $\tilde{C}$, 使得对所有的 $(x, \xi) \in \mathbb{R}^n \times \mathbb{R}^n$, 均有

$$|a(x, \xi)| \leqslant \tilde{C}.$$

取非负函数 $\varphi(\xi) \in C_c^\infty(B_{2M})$, 使得 $\varphi(\xi) \geqslant 0$, 且在 B_M 上有 $\varphi(\xi) \equiv A + \tilde{C}$. 于是 $\varphi(\xi) \in S^{-\infty}$ 且

$$\operatorname{Re} a(x,\xi) + \varphi(\xi) \geqslant A, \text{ 对所有的 } \xi \in \mathbb{R}^n.$$

而若对算子 $a(x,D)+\varphi(D)$ 证明了所要求的不等式, 立即便得对 $a(x,D)$ 的同样不等式, 故不妨设

$$\operatorname{Re} a(x,\xi) \geqslant A > 0, \text{ 对所有的 } \xi \in \mathbb{R}^n.$$

令

$$a'(x,\xi) = a(x,\xi) - A + \varepsilon,$$

则 $\operatorname{Re} a'(x,\xi) \geqslant \varepsilon > 0$. 将引理 4.2.1 应用于象征 $a'(x,\xi)$ 知, 存在算子 $B \in \Psi^0$, 使得

$$\operatorname{Re} a'(x,D) - B^*B = S \in \Psi^{-\infty}.$$

因而有

$$\operatorname{Re}(a(x,D)u,u) - ((A-\varepsilon)u,u) = (Bu,Bu) + \operatorname{Re}(Su,u),$$

从而立即得到

$$\operatorname{Re}(a(x,D)u,u) \geqslant ((A-\varepsilon)u,u) + \operatorname{Re}(Su,u)$$
$$\geqslant (A-\varepsilon)\|u\|_0^2 - C_0\|u\|_s^2.$$

定理证毕. ∎

定理 4.2.2 若 $a(x,\xi) \in S^m$, 又存在开集 $\Omega \subset \mathbb{R}_x^n \times \mathbb{R}_\xi^n$ 与常数 $A > 0$, 使

$$\operatorname{Re} a(x,\xi) \geqslant A|\xi|^m, \quad (x,\xi) \in \Omega \tag{4.2.10}$$

成立, 则对任意支集在 Ω 中的 S^0 象征 $\varphi(x,\xi)$ 与 $u \in \mathscr{S}$, 以 $v = \varphi(x,D)u$ 代替 (4.2.8) 中的 u, 该不等式仍成立.

证明 作函数 $\psi(x,\xi), \psi_1(x,\xi) \in S^0$, 且使 $0 \leqslant \psi, \psi_1 \leqslant 1$, $\operatorname{supp} \varphi \subset\subset \operatorname{supp} \psi \subset\subset \operatorname{supp} \psi_1 \subset\subset \Omega$, ψ 在 $\operatorname{supp} \varphi$ 上为 1, ψ_1 在 $\operatorname{supp} \psi$ 上为 1. 又令

$$a_1(x,\xi) = \psi_1(x,\xi)a(x,\xi) + A(1 - \psi_1(x,\xi))(1 + |\xi|^2)^{m/2}.$$

则 $a_1(x,\xi)$ 在全空间满足条件 (4.2.7). 于是对任意 $u \in \mathscr{S}$, 函数 $v = \varphi(x,D)u \in \mathscr{S}$, 故

$$\mathrm{Re}(a_1(x,D)v,v) \geqslant (A - \varepsilon)\|v\|_{m/2}^2 - C_0\|v\|^2. \tag{4.2.11}$$

注意到 $a_1(x,\xi), a(x,\xi)$ 与 $\psi(x,\xi)$ 支集的特性, 拟微分算子 $(a_1(x,D) - a(x,D))\psi(x,D)$ 的象征渐近展开式为零. 即它是一个 $\Psi^{-\infty}$ 类的拟微分算子. 于是

$$|((a_1(x,D) - a(x,D))v,v)| \leqslant C_0'\|v\|_s^2$$

对任意 s 成立, 将它代入 (4.2.11) 式, 即得所需之结论. 证毕. ■

我们把不等式 (4.2.8) 称为 **Gårding 不等式**. 定理 4.2.1 说明, 当 $a(x,D)$ 为强椭圆算子时, 对任意 $s \in \mathbb{R}$, 取 C_0 适当大, $\mathrm{Re}(a(x,D)u,u) + C_0\|u\|_s^2$ 可以控制 $\|u\|_{m/2}^2$. 但将象征所满足的不等式 (4.2.7) 与算子所满足的估计式 (4.2.8) 相比较, (4.2.8) 右边 $\|u\|_{m/2}^2$ 的系数中有一个任意小的正数 ε, 能否将这个 ε 去掉? 这特别在象征 $a(x,\xi)$ 仅满足 $\mathrm{Re}\, a(x,\xi) \geqslant 0$ (即 (4.2.7) 中 $A = 0$) 的情形更令人关心. 事实上成立以下的**强 Gårding 不等式**.

定理 4.2.3 设 $a(x,\xi) \in S^m$, 且 $\mathrm{Re}\, a(x,\xi) \geqslant 0$, 则存在常数 C, 使得对所有 $u \in \mathscr{S}$, 都有

$$\mathrm{Re}(a(x,D)u,u) \geqslant -C\|u\|_{(m-1)/2}^2. \tag{4.2.12}$$

为证明这一定理, 我们引入**波包变换** (参见 [CF]),

$$Wu(z,\xi) = c_n \langle\xi\rangle^{n/4} \int e^{i(z-y)\xi - \langle\xi\rangle|z-y|^2} u(y)dy, \tag{4.2.13}$$

它的共轭算子是

$$W^*F(x) = c_n \iint \langle\xi\rangle^{n/4} e^{i(x-z)\xi - \langle\xi\rangle|x-z|^2} F(z,\xi)dzd\xi, \tag{4.2.14}$$

其中常数 $c_n = 2^{-n/4}\pi^{-3n/4}$, $\langle\xi\rangle = (1 + |\xi|^2)^{1/2}$.

引理 4.2.2 由 (4.2.13) 给出的波包变换 W 是由 $L^2(\mathbb{R}^n)$ 到 $L^2(\mathbb{R}^n \times \mathbb{R}^n)$ 的有界线性算子.

证明　因为 (4.2.13) 右端的积分可以视为函数 $e^{ix\xi - \langle\xi\rangle|z|^2}$ 与 $u(z)$ 的卷积, 所以在 (4.2.13) 两端关于 z 取 Fourier 变换, 可得

$$F_{z\to\eta}(Wu) = c_n (2\pi)^{n/2} \langle\xi\rangle^{-n/4} e^{-\frac{1}{4}\langle\xi\rangle^{-1}|\xi-\eta|^2} \hat{u}(\eta),$$

其中 $F_{z\to\eta}$ 表示关于 z 的 Fourier 变换. 于是有

$$\begin{aligned}
\|Wu\|_0^2 &= \|F_{z\to\eta}(Wu)\|_0^2 \cdot (2\pi)^{-n} \\
&= c_n^2 \iint \langle\xi\rangle^{-n/2} e^{-\frac{1}{2}\langle\xi\rangle^{-1}|\xi-\eta|^2} |\hat{u}(\eta)|^2 d\xi d\eta \\
&= c_n^2 (I_1 + I_2 + I_3),
\end{aligned} \tag{4.2.15}$$

其中

$$I_1 = \iint\limits_{|\xi-\eta| > \langle\xi\rangle/4} \langle\xi\rangle^{-n/2} e^{-\frac{1}{2}\langle\xi\rangle^{-1}|\xi-\eta|^2} |\hat{u}(\eta)|^2 d\xi d\eta,$$

$$I_2 = \iint\limits_{|\xi-\eta| \leqslant \langle\xi\rangle/4, \langle\xi\rangle \leqslant 2} \cdots d\xi d\eta,$$

$$I_3 = \iint\limits_{|\xi-\eta| \leqslant \langle\xi\rangle/4, \langle\xi\rangle > 2} \cdots d\xi d\eta,$$

I_2, I_3 的被积函数与 I_1 的被积函数相同. 下面分别进行估计.

$$I_1 \leqslant \iint \langle\xi\rangle^{-n/2} e^{-\frac{1}{32}\langle\xi\rangle} |\hat{u}(\eta)|^2 d\xi d\eta \leqslant C_1 \|u\|_0^2. \tag{4.2.16}$$

而对于 I_2, 因关于 ξ 的积分又在有限范围上进行, 故有

$$I_2 \leqslant \iint\limits_{\langle\xi\rangle \leqslant 2} \langle\xi\rangle^{-n/2} |\hat{u}(\eta)|^2 d\xi d\eta \leqslant C_2 \|u\|_0^2. \tag{4.2.17}$$

为估计 I_3, 注意此时有 $\langle\xi\rangle/4 \leqslant |\eta| \leqslant 5\langle\xi\rangle/4$, 故有

$$\begin{aligned}
I_3 &\leqslant C \iint |\eta|^{-n/2} e^{-\frac{1}{8}|\eta|^{-1}|\xi-\eta|^2} |\hat{u}(\eta)|^2 d\xi d\eta \\
&= C \int |\hat{u}(\eta)|^2 d\eta \int |\eta|^{-n/2} e^{-\frac{1}{8}|\eta|^{-1}|\xi-\eta|^2} d\xi \\
&\leqslant C_3 \|u\|_0^2.
\end{aligned} \tag{4.2.18}$$

将 (4.2.16)—(4.2.18) 代入 (4.2.15), 即得所需之结果. 引理 4.2.2 证毕.∎

定理 4.2.3 的证明 我们先指出条件 Re $a \geqslant 0$ 可以用 $a \geqslant 0$ 替换. 事实上, 若算子 $a(x, D)$ 满足条件 Re $a(x, \xi) \geqslant 0$, 则 $b(x, D) = (a(x, D) + a^*(x, D))/2$ 的主象征满足 $b_0(x, \xi) \geqslant 0$. 从而对适当大的常数 C_0, 算子 $C_0 \Lambda^{m-1} + b(x, D)$ 的全象征为非负的. 由于 $C_0 \Lambda^{m-1} + b(x, D) - (\text{Re } a)(x, D) \in \Psi^{m-1}$, 故利用定理 4.1.2 知, 它是 $H^{m-1} \to L^2$ 的线性有界算子, 从而

$$((C_0 \Lambda^{m-1} + b(x, D) - (\text{Re } a)(x, D))u, u) \leqslant C \|u\|^2_{(m-1)/2}.$$

所以, 如果我们能证明

$$((C_0 \Lambda^{m-1} + b(x, D))u, u) \geqslant -C \|u\|^2_{(m-1)/2},$$

那么也就立刻得到了 (4.2.12) 式.

于是以下设 $a(x, \xi) \geqslant 0$, 且又不妨设 $m = 1$, 从而只需证明

$$\text{Re}(a(x, D)u, u) \geqslant -C \|u\|^2_0, \quad u \in \mathscr{S}. \tag{4.2.19}$$

利用波包变换 (4.2.13) 与 (4.2.14), 我们有

$$\begin{aligned}
W^* a W u(x) &= W^*(a(z, \xi) \cdot (Wu))(x) \\
&= \iint e^{i(x-y)\xi} b(x, y, \xi) u(y) dy \, \bar{d}\xi,
\end{aligned} \tag{4.2.20}$$

其中

$$b(x, y, \xi) = c_n^2 (2\pi)^n \langle \xi \rangle^{n/2} \int e^{-\langle \xi \rangle (|x-z|^2 + |y-z|^2)} a(z, \xi) dz. \tag{4.2.21}$$

容易验证 $b(x, y, \xi) \in S^1_{1,1/2}$. 于是由定理 2.4.1 知 $W^* a W \in \Psi^1_{1,1/2}$, 且它的象征有渐近展开式

$$c(x, \xi) \sim \sum_\alpha \frac{1}{\alpha!} \partial_y^\alpha D_\xi^\alpha b(x, y, \xi) \Big|_{y=x}. \tag{4.2.22}$$

我们将上式改写成

$$c(x, \xi) = b(x, x, \xi) + \sum_{j=1}^n \partial_{y_j} D_{\xi_j} b(x, y, \xi) \Big|_{y=x} + r(x, \xi), \tag{4.2.23}$$

其中 $r(x, \xi) \in S^0_{1,1/2}$. 由定理 4.1.1 知, 算子 $r(x, D)$ 是 L^2 有界的.

记

$$e_j(x,\xi) = \partial_{y_j} D_{\xi_j} b(x,y,\xi)|_{y=x}.$$

由 (4.2.21) 知 $b(x,y,\xi)$ 为实的, 故 $e_j(x,\xi)$ 为纯虚的. 从而由拟微分算子的运算法则得

$$\operatorname{Re}(e_j(x,D)u,u) = \frac{1}{2}[(e_j(x,D)u,u) + (e_j^*(x,D)u,u)]$$
$$= \frac{1}{2}(r_j'(x,D)u,u).$$

其中 $r_j'(x,D)$ 的象征 $r_j'(x,\xi) \in S_{1,1/2}^0$. 故

$$\operatorname{Re}(e_j(x,D)u,u) \geqslant -C\|u\|_0^2. \tag{4.2.24}$$

再来处理 (4.2.23) 式右边的第一项. 由 (4.2.21) 有

$$b(x,x,\xi) = C_0\langle\xi\rangle^{n/2} \int e^{-2\langle\xi\rangle|w|^2} a(x-w,\xi)dw,$$

其中 $C_0 = c_n^2(2\pi)^n$. 因为

$$C_0 \int \langle\xi\rangle^{n/2} e^{-2\langle\xi\rangle|w|^2} dw = 1,$$

$$\int e^{-2\langle\xi\rangle|w|^2} w_j dw = 0, \quad j = 1,\cdots,n,$$

所以由 Taylor 公式可得

$$r''(x,\xi) \stackrel{\Delta}{=\!=} b(x,x,\xi) - a(x,\xi)$$

$$= C_0\langle\xi\rangle^{n/2} \int e^{-2\langle\xi\rangle|w|^2} [a(x-w,\xi) - a(x,\xi)]dw$$

$$= C_0\langle\xi\rangle^{n/2} \sum_{|\alpha|=2} \frac{1}{\alpha!} \int e^{-2\langle\xi\rangle|w|^2} w^\alpha \cdot \int_0^1 (1-t)\partial_x^\alpha a(x-tw,\xi)dtdw$$

$$= C_0 \sum_{|\alpha|=2} \frac{1}{\alpha!} \int e^{-2\langle\xi\rangle|w|^2} \langle\xi\rangle w^\alpha \cdot$$

$$\int_0^1 (1-t)\partial_x^\alpha a(x-tw,\xi)\langle\xi\rangle^{-1}dtd(\langle\xi\rangle^{1/2}w).$$

因为 $\partial_x^\alpha a(x,\xi) \in S^1$, 故知 $r''(x,\xi) \in S^0$. 由定理 4.1.1 知 $r''(x,D)$ 也是 L^2 有界的. 又由于

$$(W^*aWu, u) = (a(x, D)u, u) + (r''(x, D)u, u) +$$
$$(r(x, D)u, u) + \sum_{j=1}^{n}(e_j(x, D)u, u).$$

且

$$(W^*aWu, u) = (aWu, Wu) \geqslant 0,$$

故由 (4.2.24) 及 $r(x, D), r''(x, D)$ 的 L^2 有界性即得

$$\mathrm{Re}(a(x, D)u, u) \geqslant -C\|u\|_0^2.$$

这就是 (4.2.19) 式. 从而由本定理证明之初的说明可知, 对一般 m (4.2.12) 式成立. 定理 4.2.3 证毕. ∎

§3. 函数的环形分解

为了给出拟微分算子 L^2 有界性的更精细的结果, 并讨论拟微分算子在 L^p 空间和 Hölder 空间 C^α 中的有界性, 需要用到较多的调和分析工具, 特别是函数的环形分解, 所以我们在本节先就此加以讨论.

记 $B(0,1) \subset \mathbb{R}^n$ 为以原点为球心的单位球. 取常数 $\kappa > 1$, 作**二进环体**

$$C_j = \{\xi \in \mathbb{R}^n; \kappa^{-1}2^j \leqslant |\xi| \leqslant \kappa 2^{j+1}\}, \quad j \in \mathbb{N}, \qquad (4.3.1)$$

其中 $\xi = (\xi_1, \cdots, \xi_n)$, $|\xi| = \left(\sum_{j=1}^{n}\xi_j^2\right)^{\frac{1}{2}}$, 且 $\mathbb{N}$ 表示所有非负整数的集合. 显然, $B(0,1)$ 与 (4.3.1) 所定义的二进环体序列 $\{C_j\}_{j=1}^{\infty}$ 一起覆盖了整个 $\mathbb{R}^n$; 并且对于其中任一环体 C_j, 只有有限个环体与之相交, 而这些与之相交的环体的个数不超过某个与 j 无关的常数 N_0. 另外, 在环体 C_j 内, $|\xi| \sim 2^j$.

对应于上述覆盖, 有如下单位分解.

定理 4.3.1 存在函数 $\psi(\xi), \varphi(\xi) \in C_c^\infty(\mathbb{R}^n), 0 \leqslant \psi, \varphi \leqslant 1$, 使得

(1) supp $\psi \subset B(0,1)$, supp $\varphi \subset C_0$;

(2) $\psi(\xi) + \sum_{j=0}^{\infty}\varphi(2^{-j}\xi) = 1, \forall \xi \in \mathbb{R}^n;$ \qquad (4.3.2)

(3) 对任意的 $l \in \mathbb{N}$, 有

$$\psi(\xi) + \sum_{j=0}^{l-1} \varphi(2^{-j}\xi) = \psi(2^{-l}\xi), \quad \forall \xi \in \mathbb{R}^n.$$

证明　取 $\psi(\xi) \in C_c^{\infty}(\mathbb{R}^n)$, 使 $\mathrm{supp}\,\psi \subset B(0,1)$, 且在 $|\xi| \leqslant \kappa^{-1}$ 上有 $\psi(\xi) = 1$. 例如可取 $\psi(\xi) = g(|\xi|)$, 此处 $g(t) \in C^{\infty}[0,\infty), 0 \leqslant g(t) \leqslant 1$ 单调不增, 且当 $t \leqslant \kappa^{-1}$ 时, $g(t) = 1$; 当 $t \geqslant 1$ 时, $g(t) = 0$. 于是, 显然有

$$\sum_{j=0}^{\infty} \{\psi(2^{-(j+1)}\xi) - \psi(2^{-j}\xi)\} + \psi(\xi) = 1.$$

这样, 只需取 $\varphi(\xi) = \psi(2^{-1}\xi) - \psi(\xi)$, 便知定理的结论 (1) 及 (2) 成立.

又在结论 (2) 中用 $2^{-l}\xi$ 代替 ξ, 有

$$1 = \psi(2^{-l}\xi) + \sum_{j=0}^{\infty} \varphi(2^{-j-l}\xi) = \psi(2^{-l}\xi) + \sum_{j=l}^{\infty} \varphi(2^{-j}\xi),$$

所以

$$\psi(2^{-1}\xi) = 1 - \sum_{j=l}^{\infty} \varphi(2^{-j}\xi) = 1 - \left\{ 1 - \psi(\xi) - \sum_{j=0}^{l-1} \varphi(2^{-j}\xi) \right\}$$

$$= \sum_{j=0}^{l-1} \varphi(2^{-j}\xi) + \psi(\xi).$$

这就是结论 (3). 证毕. ∎

显然上述单位分解不是唯一的.

利用这个单位分解, 可定义一个分布的环形分解如下:

定义 4.3.1　设 $u \in \mathscr{S}(\mathbb{R}^n), \varphi(\xi), \psi(\xi)$ 为满足条件 (4.3.2) 的 C^{∞} 函数, 则下述分解称为 u 的**二进环形分解**, 简称**环形分解** (或 **Littlewood-Paley 分解**):

$$u = \sum_{j=-1}^{\infty} u_j(x), \tag{4.3.3}$$

其中 $u_j(x)$ 由

$$\hat{u}_{-1}(\xi) = \psi(\xi)\hat{u}(\xi),$$

$$\hat{u}_j(\xi) = \varphi(2^{-j}\xi)\hat{u}(\xi)$$

确定, 此处 $\hat{u}(\xi)$ 表示分布 u 的 Fourier 变换.

将函数 u 按 (4.3.3) 分解后, 每项的谱 (即该项 Fourier 变换的支集) 都是紧集, 因此每项均为整函数, 而且它的谱满足按 ξ 的幂次增长. 由于 u 的正则性与它的 Fourier 变换在无穷远处的增长性有密切联系, 所以 u 的正则性也常表现为分解式 (4.3.3) 中 $u_j(x)$ 的某种性质, 从而使我们能用这种分解去研究 u 的正则性.

以下就最常用的 H^s 与 C^ρ 空间进行讨论. 除非特别说明, u_{-1}, u_j 等均表示 u 在环形分解 (4.3.3) 中的相对应项, 且为记号简单起见, 常以 C_{-1} 记 $B(0,1)$.

定理 4.3.2 若 $u \in H^s(\mathbb{R}^n)$, $s \in \mathbb{R}$, 它有环形分解 (4.3.3), 则存在正常数 c_j 及 C, 使得

$$\|u_j\|_0 \leqslant c_j 2^{-js}, \quad j \geqslant -1, \tag{4.3.4}$$

且

$$\left(\sum_{j=-1}^{\infty} c_j^2\right)^{\frac{1}{2}} \leqslant C\|u\|_s. \tag{4.3.5}$$

又若函数 u 可以写成分解式 $u = \sum_{j=-1}^{\infty} u_j$, 其中 u_j 满足

$$\text{supp } \hat{u}_j \subset C_j \ (j \geqslant -1),$$

以及

$$\|u_j\|_0 \leqslant c_j 2^{-js} \text{ 且 } \sum_{j=-1}^{\infty} c_j^2 \leqslant M^2, \tag{4.3.6}$$

则 $u \in H^s(\mathbb{R}^n)$, 且存在与 u, M 无关的正常数 C, 使得

$$\|u\|_s \leqslant CM. \tag{4.3.7}$$

证明 先证结论的前一半. 设 $j \geqslant 0$, 则

$$2^{2js}\|u_j\|_0^2 = 2^{2js}\int |\varphi(2^{-j}\xi)|^2|\hat{u}(\xi)|^2\,d\xi$$
$$= \int [2^{2js}\langle\xi\rangle^{-2s}][\varphi(2^{-j}\xi)]^2\langle\xi\rangle^{2s}|\hat{u}(\xi)|^2\,d\xi,$$

其中 $\langle\xi\rangle = (1+|\xi|^2)^{1/2}$. 注意到上述积分在 C_j 上进行, 故存在仅与 s, κ 有关的常数 d, d', 使得

$$d \leqslant 2^{2js}\langle\xi\rangle^{-2s} \leqslant d'.$$

另外, 显然 $[\varphi(2^{-j}\xi)]^2 \leqslant \varphi(2^{-j}\xi)$, 所以

$$2^{2js}\|u_j\|_0^2 \leqslant d'\int \varphi(2^{-j}\xi)\langle\xi\rangle^{2s}|\hat{u}(\xi)|^2\,d\xi.$$

上式右边的积分是一个依赖于 j 的常数. 记

$$c_j^2 = d'\int \varphi(2^{-j}\xi)\langle\xi\rangle^{2s}|\hat{u}(\xi)|^2\,d\xi. \tag{4.3.8}$$

由 $\psi(\xi)$ 的性质知上述讨论对 $j = -1$ 也成立, 即

$$2^{-2s}\|u_{-1}\|_0^2 \leqslant d'\int \psi(\xi)\langle\xi\rangle^{2s}|\hat{u}(\xi)|^2\,d\xi \quad (\text{记为 } c_{-1}^2),$$

与 (4.3.8) 结合得

$$\sum_{j=-1}^{\infty} c_j^2 = d'\int \left[\sum_{j=0}^{\infty}\varphi(2^{-j}\xi) + \psi(\xi)\right]\langle\xi\rangle^{2s}|\hat{u}(\xi)|^2\,d\xi$$
$$\leqslant C^2\|u\|^2.$$

再证结论的后一半.

由 C_j 的定义知, 存在与 j, k 无关的正整数 N, 使得当 $|j-k| > N$ 时, $C_j \cap C_k = \varnothing$. 这就是说, 在二进环体序列 $\{C_j\}$ 中每个二进环体 C_j 至多与另外 $2N$ 个二进环体相交, 而 N 与 j 无关, 于是

$$\int_{\mathbb{R}^n}\langle\xi\rangle^{2s}\left|\sum_{j=-1}^{\infty}\hat{u}_j(\xi)\right|^2\,d\xi \leqslant \sum_{l=-1}^{\infty}\int_{C_l}\langle\xi\rangle^{2s}\left|\sum_{j=-1}^{\infty}\hat{u}_j(\xi)\right|^2\,d\xi$$
$$= \sum_{l=-1}^{\infty}\int_{C_l}\langle\xi\rangle^{2s}\left|\sum_{j=l-N}^{l+N}\hat{u}_j(\xi)\right|^2\,d\xi$$

$$\leqslant C_N \sum_{l=-1}^{\infty} \left[\sum_{j=l-N}^{l+N} \int_{C_j} \langle \xi \rangle^{2s} |\hat{u}_j(\xi)|^2 d\xi \right]$$

$$\leqslant C_N (2N+1) \sum_{l=-1}^{\infty} \int_{C_l} \langle \xi \rangle^{2s} |\hat{u}_l(\xi)|^2 d\xi.$$

又由前一段的证明知, 在 C_l 上, $\langle \xi \rangle^{2s} \leqslant d^{-1} 2^{2ls}$. 故由上式得

$$(2\pi)^n \|u\|_s^2 \leqslant N d^{-1} C_N \sum_{l=-1}^{\infty} \int_{C_l} |\hat{u}_l(\xi)|^2 d\xi \cdot 2^{2ls}$$

$$\leqslant N d^{-1} C_N \sum_{l=-1}^{\infty} 2^{2ls} \|u_l\|_0^2 \leqslant N d^{-1} C_N M^2.$$

取 $C = ((2\pi)^{-n} N d^{-1} C_N)^{\frac{1}{2}}$ 即得 (4.3.7) 式. 定理证毕. ∎

上述定理表明, $u \in H^s(\mathbb{R}^n)$ 的充要条件是它的环形分解满足 (4.3.6), 且此时 u 在 $H^s(\mathbb{R}^n)$ 中的模等价于

$$\left\{ \sum_{j=-1}^{\infty} 2^{2js} \|u_j\|_0^2 \right\}^{\frac{1}{2}}. \tag{4.3.9}$$

定理 4.3.3　设 $\rho \in \mathbb{R}^+ \backslash \mathbb{N}$, 若 $u \in C^\rho(\mathbb{R}^n)$, 则对它的环形分解 $u = \sum\limits_{j=-1}^{\infty} u_j$ 成立

$$\|u_j\|_{L^\infty} \leqslant C 2^{-j\rho} \|u\|_{C^\rho}, \quad j \geqslant -1. \tag{4.3.10}$$

反之, 若函数 u 可以写成分解式 $u = \sum\limits_{j=-1}^{\infty} u_j$, 其中 u_j 满足

$$\text{supp } \hat{u}_j \subset C_j \ (j \geqslant -1),$$

以及

$$\|u_j\|_{L^\infty} \leqslant M 2^{-j\rho}, \tag{4.3.11}$$

则 $u \in C^\rho$, 且存在与 u, M 无关的常数 C, 使得

$$\|u\|_{C^\rho} \leqslant CM. \tag{4.3.12}$$

证明　设 ψ, φ 如定理 4.3.1 所示, 于是

$$\hat{u}_{-1} = \psi\hat{u}, \quad \hat{u}_j = \varphi(2^{-j}\xi)\hat{u}(\xi), \quad j \geqslant 0.$$

将 ψ 与 φ 的 Fourier 逆变换分别记为 $\check{\psi}(x)$ 与 $\check{\varphi}(x)$. 因 $\psi \in C_c^\infty$, 故 $\check{\psi} \in \mathscr{S} \subset L^1$. 从而

$$\|u_{-1}\|_{L^\infty} = \|\check{\psi} * u\|_{L^\infty} \leqslant \|\check{\psi}\|_{L^1}\|u\|_{L^\infty} \leqslant C \cdot 2^\rho \|u\|_{C^\rho}.$$

当 $j \geqslant 0$ 时, $u_j(x) = \int u(x - 2^{-j}t)\check{\varphi}(t)dt$. 注意到 φ 的支集含于 C_0, 从而对任何重指标 λ, 都有

$$\int t^\lambda \check{\varphi}(t)dt = [D^\lambda\varphi(\xi)]_{\xi=0} = 0.$$

因此

$$u_j(x) = \int \left[u(x - 2^{-j}t) - \sum_{|\lambda|<[\rho]} (-1)^{|\lambda|}\frac{1}{\lambda!}2^{-j|\lambda|}t^\lambda\partial_x^\lambda u(x) \right]\check{\varphi}(t)dt$$

$$= \int \check{\varphi}(t)dt \int_0^1 [\rho]\sum_{|\lambda|=[\rho]}\frac{(-1)^{|\lambda|}}{\lambda!}(\partial_x^\lambda u(s(x - 2^{-j}t) + (1-s)x) -$$

$$\partial_x^\lambda u(x))2^{-j|\lambda|}t^\lambda ds.$$

从而得到

$$\|u_j\|_{L^\infty} \leqslant C\|u\|_{C^\rho}\int (2^{-j\rho}|t|^\rho|\check{\varphi}(t)|)dt \leqslant C2^{-j\rho}\|u\|_{C^\rho}.$$

再证明定理的第二部分. 即要证明对任意 $\lambda, |\lambda| \leqslant [\rho]$, 有 $D^\lambda u \in C^\alpha(\mathbb{R}^n)$, 其中 $\alpha = \rho - [\rho], 0 < \alpha < 1$. 首先, 作 $\theta(\xi) \in C_c^\infty(\mathbb{R}^n)$, 使之在球 $B(0, 2\kappa)$ 上为 1, 于是 θ 的 Fourier 逆变换 $\check{\theta} \in \mathscr{S}(\mathbb{R}^n)$. 其次, 由于对任意重指标 λ,

$$D^\lambda u_j(x) = 2^{j(n+|\lambda|)}(\check{\theta}^{(\lambda)}(2^j \cdot) * u_j)(x),$$

故得

$$\|D^\lambda u_j\|_{L^\infty} \leqslant \|u_j\|_{L^\infty}2^{j|\lambda|}\int 2^{jn}|\check{\theta}^{(\lambda)}(2^j x)|dx$$

$$= \|u_j\|_{L^\infty}2^{j|\lambda|}\int |\check{\theta}^{(\lambda)}(t)|dt$$

$$\leqslant CM2^{-j\rho+j|\lambda|}.$$

于是, 当 $|\lambda| \leqslant [\rho]$ 时

$$\|D^\lambda u\|_{L^\infty} \leqslant \sum_{j=-1}^{\infty} \|D^\lambda u_j\|_{L^\infty} \leqslant CM \sum_{j=-1}^{\infty} 2^{-j(\rho-|\lambda|)} \leqslant C'M, \quad (4.3.13)$$

所以 $D^\lambda u \in L^\infty(\mathbb{R}^n)$.

现证当 $|\lambda| = [\rho]$ 时, $|D^\lambda u(x) - D^\lambda u(y)| \leqslant CM|x-y|^\alpha$. 事实上, 不妨认为 $0 < |x-y| < 1$. 取 j_0 使得

$$2^{j_0} \leqslant \frac{1}{|x-y|} \leqslant 2^{j_0+1},$$

从而有

$$|D^\lambda u(x) - D^\lambda u(y)| \leqslant \sum_{j \leqslant j_0} |D^\lambda u_j(x) - D^\lambda u_j(y)| +$$

$$\sum_{j > j_0} (|D^\lambda u_j(x)| + |D^\lambda u_j(y)|). \qquad (4.3.14)$$

由 (4.3.12) 式知

$$\sum_{j \leqslant j_0} |D^\lambda u_j(x) - D^\lambda u_j(y)| \leqslant \sum_{j \leqslant j_0} \sum_{|\mu|=1} |x-y| \cdot \|D^{\lambda+\mu} u_j\|_{L^\infty}$$

$$\leqslant \sum_{j \leqslant j_0} CM2^{-j\rho+j|\lambda+\mu|} \cdot |x-y|$$

$$\leqslant CM|x-y| \sum_{j \leqslant j_0} 2^{j(1-\alpha)}$$

$$\leqslant CM|x-y| \cdot 2^{j_0(1-\alpha)}$$

$$\leqslant CM|x-y|^\alpha, \qquad (4.3.15)$$

另外

$$\sum_{j > j_0} (|D^\lambda u_j(x)| + |D^\lambda u_j(y)|) \leqslant \sum_{j > j_0} CM2^{-j\rho+j[\rho]} = \sum_{j > j_0} CM2^{-j\alpha}$$

$$\leqslant CM2^{-j_0\rho} \leqslant CM|x-y|^\alpha, \qquad (4.3.16)$$

联合估计式 (4.3.15) 与 (4.3.16), 即得

$$|D^\lambda u(x) - D^\lambda u(y)| \leqslant CM|x-y|^\alpha,$$

于是 $u \in C^\rho(\mathbb{R}^n)$, 且 (4.3.12) 式成立. 证毕.　　　　　　　■

利用定理 4.3.3 还可以证明下面的结论, 它将在以后证明较精细的 L^2 有界性定理时用到.

定理 4.3.4 设 $u \in C^{m_2}$, $m_2 > m_1 > 0$ 非整数, 则存在一个与 u 无关的常数 $C > 0$, 使得对任何 $R > 1$, 都可分解 $u = v + w$, 使 v 和 w 满足下列条件:

(1) supp $\hat{v}(\xi) \subset \bar{B}_R$;

(2) $\|v\|_{C^{m_2}} \leqslant C\|u\|_{C^{m_2}}$;

(3) $\|w\|_{C^{m_1}} \leqslant CR^{m_1-m_2}\|u\|_{C^{m_2}}$.

证明 不妨设 $R = \kappa 2^{N+1}$, 此处 κ 为二进环体定义 (4.3.1) 中所取的常数. 设 u 的环形分解为 $u = \sum\limits_{j=-1}^{\infty} u_j$. 令

$$v = \sum_{j=-1}^{N-1} u_j, \quad w = \sum_{j=N}^{\infty} u_j.$$

则 (1) 显然成立. 按定理 4.3.1, 我们有

$$v(x) = \int e^{ix\xi} \psi(2^{-N}\xi)\hat{u}(\xi) đ\xi$$

$$= 2^{Nn} \int \check{\psi}(2^N(x-y))u(y)dy.$$

由此可见, (2) 成立.

令

$$w_j = \begin{cases} 0, & j < N, \\ u_j, & j \geqslant N. \end{cases}$$

于是有

$$\|w_j\|_{L^\infty} \leqslant C2^{-jm_2}\|u\|_{C^{m_2}}$$

$$\leqslant C2^{-jm_1} \cdot 2^{j(m_1-m_2)}\|u\|_{C^{m_2}}$$

$$\leqslant C2^{-jm_1} \cdot R^{m_1-m_2} \|u\|_{C^{m_2}}, \quad j \geqslant N.$$

于是由定理 4.3.3 即知 (3) 成立. 定理证毕. ■

环形分解还可用于很多其他函数空间的表述. 例如, 若以 Λ 记以 $\langle \xi \rangle = (1+|\xi|^2)^{\frac{1}{2}}$ 为象征的拟微分算子, 则对于按

$$H_p^s = \{u \in \varphi'(\mathbb{R}^n); \|\Lambda^s u\|_{L^p} < \infty\} \tag{4.3.17}$$

定义的 Sobolev 空间, 有以下结论:

定理 4.3.5 设 $u \in \varphi'(\mathbb{R}^n)$, 它的环形分解是 $u = \sum\limits_{j=-1}^{\infty} u_j$, 则 $u \in H_p^s$ 的充要条件是

$$\left\{ \sum_{j=-1}^{\infty} 2^{2s_j} |u_j|^2 \right\}^{\frac{1}{2}} \in L^p, \tag{4.3.18}$$

且有

$$\|u\|_{H_p^s} = \left\| \left\{ \sum_{j=-1}^{\infty} 2^{2s_j} |u_j|^2 \right\}^{\frac{1}{2}} \right\|_{L^p}. \tag{4.3.19}$$

又若 $s > 0$ 为非整数, $1 \leqslant p, q < \infty$. 可定义 Besov 空间

$$B_{p,q}^s = \left\{ u \in L^p(\mathbb{R}^n), \|u\|_{B_{p,q}^s} = \|u\|_{L^p} + \right.$$
$$\left. \left[\int |t|^{-(m+sq)} \|u(x+t) - u(x)\|_{L^p}^q dt \right]^{\frac{1}{q}} < \infty \right\}, \tag{4.3.20}$$

并有:

定理 4.3.6 设 $s > 0$ 非整数, $1 \leqslant p, q < \infty$, $u \in \varphi(\mathbb{R}^n)$, 它的环形分解是 $u = \sum\limits_{j=-1}^{\infty} u_j$, 则 $u \in B_{p,q}^s$ 的充要条件是

$$\sum_{j=-1}^{m} 2^{sq_j} \|u_j\|_{L^p}^q < \infty, \tag{4.3.21}$$

且有

$$\|u\|_{B^s_{p,q}} = \left[\sum_{j=-1}^{\infty} 2^{sq_j}\|u_j\|_{L^p}^q\right]^{\frac{1}{q}}. \tag{4.3.22}$$

上述两个定理的证明从略. 关于环形分解更多的内容及应用可参见 [St,Tri] 等.

§4. L^p 有界性与 C^α 有界性

在拟微分算子各种 L^2 有界性定理的证明中, 常利用函数的 L^2 模可以用内积来表示这一性质. 当我们讨论 L^p 有界性与 C^α 有界性时就没有这样的性质可利用, 所以后者的讨论往往比 L^2 有界性的讨论更为复杂. 下面我们介绍 Calderón-Zygmund 覆盖引理, 它在拟微分算子 L^p 有界性的证明中起着关键的作用.

引理 4.4.1　设 $u \in L^1(\mathbb{R}^n)$, $s > 0$, 则可以将 u 分解成

$$u = v + \sum_1^{\infty} w_k, \tag{4.4.1}$$

其中每个函数都属于 L^1, 且满足

$$\|v\|_{L^1} + \sum_1^{\infty} \|w_k\|_{L^1} \leqslant 3\|u\|_{L^1}, \tag{4.4.2}$$

$$|v| \leqslant 2^n s, \text{ 几乎处处成立}, \tag{4.4.3}$$

并存在不相交的立方体 I_k (以下简称为方体), 使

$$\text{supp } w_k \subset \bar{I}_k, \quad \int w_k dx = 0, \tag{4.4.4}$$

$$s \sum_1^{\infty} \text{mes}(I_k) \leqslant \|u\|_{L^1}. \tag{4.4.5}$$

证明　先将全空间 $\mathbb{R}^n$ 划分成体积大于 $s^{-1}\|u\|_{L^1}$ 的方体集, 则在每个方体中 $|u|$ 的平均值 $\bar{u}$ 小于 s.

将每个方体分成 2^n 等份, 取出其中使 u 的平均值不小于 s 的方体, 记为 $I_{11}, I_{12}, \cdots$, 则

$$s \cdot \operatorname{mes}(I_{1k}) \leqslant \int_{I_{1k}} |u| dy < 2^n s \cdot \operatorname{mes}(I_{1k}). \tag{4.4.6}$$

于是取

$$v(x) = \int_{I_{1k}} u dy \Big/ \operatorname{mes}(I_{1k}), \quad x \in I_{1k},$$

$$w_{1k} = \begin{cases} u(x) - v(x), & x \in I_{1k}, \\ 0, & x \notin I_{1k}. \end{cases}$$

再将不在 $\{I_{1k}\}$ 中的方体作 2^n 等分, 并将使 u 的平均值不小于 s 的方体, 记为 $I_{21}, I_{22}, \cdots$, 并取

$$v(x) = \int_{I_{2k}} u dy \Big/ \operatorname{mes}(I_{2k}),$$

$$w_{2k} = \begin{cases} u(x) - v(x), & x \in I_{2k}, \\ 0, & x \notin I_{2k}. \end{cases}$$

如此无限继续这一个过程, 最后得到一串不相交的方体 $\{I_{jk}\}$ 与函数 $\{w_{jk}\}$. 将 $\{I_{jk}\}$ 重新编号为 $\{I_k\}$, 相应地, $\{w_{jk}\}$ 重新编号为 $\{w_k\}$, 则对于 $x \in \bigcup_k I_k$, $v(x)$ 已定义好, 对于 $x \notin \bigcup_k I_k$, 就令 $v = u$. 于是 (4.4.1) 显然成立. 而且

1) 在每个 I_k 上 $\int_{I_k} |v| dx \leqslant \int |u| dx$, 故

$$\int_{I_k} (|v| + |w_k|) dx \leqslant \int_{I_k} (2|v| + |u|) dx \leqslant 3 \int_{I_k} |u| dx.$$

又在 $\bigcup_k I_k$ 外 $v = u$, 所以 (4.4.2) 成立.

2) $\operatorname{supp} w_k \subset \bar{I}_k$ 是显然的, 且由于 I_k 上 v 为 u 在此方体上的平均值, 故 $\int_{I_k} w_k dx = \int_{I_k} (v - u) dx = 0$. 又 $x \notin \bigcup_k I_k$ 表示在含 x 的一串小方体中 $|u|$ 的平均值小于 s, 从而在 $\bigcup_k I_k$ 的余集 $C\left(\bigcup_k I_k\right)$ 的一切 Lebesgue 点中 $|u| \leqslant s$. 至于在 I_k 上 $|v| \leqslant 2^n s$ 是 (4.4.6) 的推论, 所以 (4.4.3) 成立.

3) 由于所有的 I_k 是两两分离的, 故由

$$s \cdot \operatorname{mes}(I_k) \leqslant \int_{I_k} |u| dy$$

可得

$$s \sum_1^\infty \operatorname{mes}(I_k) \leqslant \int_{\cup I_k} |u| dy \leqslant \|u\|_{L^1}.$$

这就是 (4.4.5) 式. 证毕.　　　　　　　　　　　　　　　　　　　　　■

当讨论拟微分算子 Ψ^0 的 L^p 连续性时, 我们先讨论象征不依赖于 x 的拟微分算子. 它就是我们在第二章最初所述及的 Fourier 乘子.

设 $g(\xi)$ 为给定的象征. 利用单位分解 (4.3.2) 可以将 $g(\xi)$ 写成

$$g(\xi) = \sum_{j=-1}^\infty g_j(\xi)$$

$$= g(\xi)\psi(\xi) + \sum_{j=0}^\infty g(\xi)\varphi(2^{-j}\xi). \tag{4.4.7}$$

引理 4.4.2　若 $g(\xi)$ 为 S^0 类象征, $g_j(\xi)$ 按 (4.4.7) 定义, $h_j(x)$ 为 $g_j(\xi)$ 的 Fourier 逆变换, 则存在与 j 无关的常数 K, 使

$$\int |h_j(x)| dx \leqslant K. \tag{4.4.8}$$

且每个 $g_j(D)$ 是 $L^p \to L^p$ 的线性连续算子, 算子模被常数 K 所控制.

证明　显然, 只需对 $j \geqslant 0$ 来证明 (4.4.8) 式, 仍记 $n_1 = \left[\dfrac{n}{2}\right] + 1$, 若 $|\alpha| = n_1$, 则

$$\int |(2^j x)^\alpha|^2 |h_j(x)|^2 dx = \int |(2^j x)^\alpha|^2 \left| \int e^{ix\xi} g(\xi)\varphi(2^{-j}\xi) đ\xi \right|^2 dx$$

$$= \int \left| \int x_1^\alpha e^{ix_1\xi_1} g(2^j\xi_1)\varphi(\xi_1) đ\xi_1 \right|^2 dx_1$$

$$= \int \left| \int (\partial_{\xi_1}^\alpha e^{ix_1\xi_1}) g(2^j\xi_1)\varphi(\xi_1) đ\xi_1 \right|^2 dx_1$$

$$= \int \left| \int e^{ix_1\xi_1} (\partial_{\xi_1}^\alpha (g(2^j\xi_1)\varphi(\xi_1))) đ\xi_1 \right|^2 dx_1$$

$$= \int \left| \partial_{\xi_1}^\alpha (g(2^j\xi_1)\varphi(\xi_1)) \right|^2 đ\xi_1.$$

由于 $g \in S^0$, 所以对任意 α, $\partial_\xi^\alpha(g(2^j\xi)\varphi(\xi))$ 关于 j, ξ 一致有界. 于是由 supp φ 的有界性得

$$\int |(2^jx)^\alpha|^2|h_j(x)|^2dx \leqslant K_1. \tag{4.4.9}$$

从而

$$\int |h_j(x)|dx \leqslant \int |h_j(x)|^2(1+2^j|x|)^{2n_1}dx \int (1+2^j|x|)^{-2n_1}dx \leqslant K.$$

由于 $g_j(D)u = h_j * u$, 所以当 $u \in L^p$ 时

$$\|g_j(D)u\|_{L^p} \leqslant \|h_j\|_{L^1} \cdot \|u\|_{L^p} \leqslant K\|u\|_{L^p}.$$

证毕. ∎

注 利用与引理 4.4.2 相同的方法可以证明, 存在与 j 无关的常数 K', 使

$$\int |Dh_j(x)|dx \leqslant K'2^j. \tag{4.4.10}$$

引理 4.4.3 若 $g(\xi) \in S^0$, $u \in L^2 \cap \mathscr{E}'$, 则对任意 $\tau > 0$, 成立

$$\tau\mathrm{mes}\{x; |g(D)u| > \tau\} \leqslant C\|u\|_{L^1}. \tag{4.4.11}$$

证明 利用引理 4.4.2 证明中得到的 (4.4.9) 式, 有

$$\int_{|x|>t} |h_j(x)|dx \leqslant \left[\iint_{|x|>t} h_j^2(1+2^j|x|)^{2n_1}dx \cdot \right.$$

$$\left. \int_{|x|>t} (1+2^j|x|)^{-2n_1}dx \right]^{\frac{1}{2}}$$

$$\leqslant C(2^jt)^{\frac{n}{2}-n_1}. \tag{4.4.12}$$

又利用 (4.4.10) 式可得

$$\int |h_j(x+y) - h_j(x)|dx \leqslant C2^j|y|. \tag{4.4.13}$$

现在对给定的 u, 作引理 4.4.1 中所示的分解

$$u = v + \sum_1^\infty w_k, \tag{4.4.14}$$

其中对每个 $w_k \in L^1$, supp $w_k \subset \bar{I}_k$, $\int w_k dx = 0$, 且

$$\|v\|_{L^1} + \sum_1^\infty \|w_k\|_{L^1} \leqslant 3\|u\|_{L^1},$$

$$|v| \leqslant 2^n \tau, \text{ 几乎处处成立},$$

$$\tau \sum_1^\infty \mathrm{mes}(I_k) \leqslant \|u\|_{L^1}.$$

记 I_k^* 为以 I_k 的中心为中心, 且具有双倍边长的方体, CI_k^* 为 I_k^* 的余集. 以下先证明

$$\int_{CI_k^*} |g(D)w_k| dx \leqslant C \int |w_k| dx \tag{4.4.15}$$

对每个 k 成立.

事实上, 记 I_k 的边长为 t, 并在以下的运算中略去下标 k, 则

$$\int_{CI^*} |g(D)w| dx = \sum_j \int_{CI^*} |g_j(D)w| dx$$

$$\leqslant \left(\sum_{2^j t \geqslant 1} + \sum_{2^j t < 1}\right) \int_{CI^*} |h_j * w| dx$$

$$\leqslant \sum_{2^j t \geqslant 1} \int_{CI^*} \left|\int h_j(x-y)w(y)dy\right| dx +$$

$$\sum_{2^j t < 1} \int_{CI^*} \left|\int (h_j(x-y) - h_j(x))w(y)dy\right| dx.$$

在前一部分和中, 由于 supp $w \subset I$, 且 $x \in CI^*$, 所以 $|x-y| \geqslant \dfrac{t}{2}$, 从而由 (4.4.12) 知

$$\int_{CI^*} \left|\int h_j(x-y)w(y)dy\right| dx$$

$$\leqslant \int |w| dx \int_{|x| > \frac{t}{2}} |h_j| dx$$

$$\leqslant C(2^j t)^{\frac{n}{2} - n_1} \int |w| dx.$$

在后一部分和中, 利用 (4.4.13) 得

$$\int_{CI^*} \left| \iint (h_j(x-y) - h_j(x))w(y)dy \right| dx$$

$$\leqslant C2^j \int |yw(y)|dy$$

$$\leqslant C2^j t \int |w|dx.$$

于是

$$\int_{CI^*} |g(D)w|dx$$

$$\leqslant \left(\sum_{2^j t \geqslant 1} C(2^j t)^{\frac{n}{2}-n_1} + \sum_{2^j t < 1} C2^j t \right) \int |w|dx$$

$$\leqslant C \int |w|dx.$$

此即 (4.4.15) 式.

记 $O = \cup I_k^*$, 利用 (4.4.15) 即可得

$$\text{mes} \left\{ x; x \notin O, \sum |g(D)w_k| > \frac{\tau}{2} \right\} \cdot \frac{\tau}{2}$$

$$\leqslant \int_{CO} \sum |g(D)w_k|dx$$

$$\leqslant C \int \sum |w_k|dx$$

$$\leqslant 3C\|u\|_{L^1}. \tag{4.4.16}$$

这里最后一个不等式利用了分解 (4.4.14) 所满足的条件, 又由于该分解中得到的 $v \in L^1$, 且几乎处处被一常数所控制, 故 $v \in L^2$. 从而根据拟微分算子的 L^2 连续性 (定理 4.1.1) 有

$$\tau^2 \text{mes} \left\{ x; g(D)v > \frac{\tau}{2} \right\}$$

$$\leqslant 4\|g(D)v\|_{L^2} \leqslant C\|v\|_{L^2} \leqslant C\tau\|v\|_{L^1}$$

$$\leqslant C\tau\|u\|_{L^1}. \tag{4.4.17}$$

此外, 再注意到

$$\tau \text{mes}(O) \leqslant \tau \sum_1^\infty \text{mes}(I_k^*) \leqslant 2^n \|u\|_{L^1}. \tag{4.4.18}$$

我们就可得到

$$\tau\mathrm{mes}\,\{x; |g(D)u| > \tau\} \leqslant \tau\mathrm{mes}\,\Big\{x; |g(D)v| > \frac{\tau}{2}\Big\} + \tau\mathrm{mes}(O) +$$

$$\tau\mathrm{mes}\,\Big\{x; x \in CO, \sum g(D)w_k > \frac{\tau}{2}\Big\}$$

$$\leqslant C\|u\|_{L^1}.$$

这就是 (4.4.11) 式, 引理 4.4.3 证毕.　　　　　　　　　　　　　■

定理 4.4.1　若 $g(\xi) \in S^0$, $1 < p < \infty$, 则 $g(D)$ 是 $L^p \to L^p$ 的线性连续算子.

证明　由于 C_c^∞ 函数在 $L^p(\mathbb{R}^n)$ 中稠密. 所以只需对 C_c^∞ 函数 u 证明

$$\|g(D)u\|_{L^p} \leqslant C_p\|u\|_{L^p} \tag{4.4.19}$$

成立, 其中 C_p 与 u 无关. 当 $p = 2$ 时 (4.4.19) 由定理 4.1.1 推得. 以下先讨论 $1 < p < 2$ 的情形.

对 $\tau > 0$, 将 u 写成 $u = u_\tau + v_\tau$, 其中

$$u_\tau = \begin{cases} u, & |u| < \tau, \\ 0, & |u| > \tau. \end{cases}$$

则 $u_\tau \in L^2 \cap \mathscr{E}'$. 故利用 $g(D)$ 的 L^2 连续性与引理 4.4.3 知

$$\mathrm{mes}\{x; |g(D)u| > \tau\}$$

$$\leqslant \mathrm{mes}\,\Big\{x; |g(D)u_\tau| > \frac{\tau}{2}\Big\} + \mathrm{mes}\,\Big\{x; |g(D)v_\tau| > \frac{\tau}{2}\Big\}$$

$$\leqslant C(\tau^{-2}\|u_\tau\|_{L^2}^2 + \tau^{-1}\|v_\tau\|_{L^1}).$$

所以

$$\|g(D)u\|_{L^p}^p = \int_0^\infty \mathrm{mes}\,\{x; |g(D)u| > \tau\}\,d\tau^p$$

$$= p\int_0^\infty \tau^{p-1}\mathrm{mes}\,\{x; |g(D)u| > \tau\}\,d\tau$$

$$\leqslant C\left(\int_0^\infty \tau^{p-3}\|u_\tau\|_{L^2}^2\,d\tau + \int_0^\infty \tau^{p-2}\|v_\tau\|_{L^1}^2\,d\tau\right)$$

$$\leqslant C\left(\iint_{|u(x)|<\tau}|u(x)|^2\tau^{p-3}dxd\tau+\iint_{|u(x)|>\tau}\tau^{p-2}|u(x)|dxd\tau\right).$$

利用 Fubini 定理, 先关于 τ 积分, 得

$$\|g(D)u\|_{L^p}^p\leqslant C((2-p)^{-1}+(p-1)^{-1})\int|u|^pdx\leqslant C\|u\|_{L^p}^p.$$

再讨论 $p>2$ 的情形. 取 p' 满足 $\dfrac{1}{p}+\dfrac{1}{p'}=1$, 则 $p'<2$. 于是对于 $v\in C_c^\infty$ 有

$$\begin{aligned}\|(g(D)u)v\|_{L^1}&=|g(D)u*v(0)|=|g(D)v*u(0)|\\&\leqslant\|g(D)v\|_{L^{p'}}\|u\|_{L^p}\\&\leqslant C\|v\|_{L^{p'}}\|u\|_{L^p},\end{aligned}\tag{4.4.20}$$

所以 $g(D)u\in(L^{p'})^*=L^p$, 而且有 (4.4.19) 式成立. 定理证毕. ∎

关于拟微分算子 $g(D)$ 的 C^α 连续性, 我们有

定理 4.4.2　若 $g(\xi)\in S^0$, $\alpha\in\mathbb{R}^+\backslash\mathbb{N}$, 则 $g(D)$ 是 $C^\alpha\to C^\alpha$ 的线性连续算子.

证明　对任意 $u\in C^\alpha$, 按定理 4.3.3 的方法作环形分解

$$u=\sum u_j=\psi(D)u+\sum\varphi(2^{-j}Du),$$

则 $\sum g(D)u_j$ 是 $g(D)u$ 的环形分解.

现估计 $\|g(D)u_j\|_{L^\infty}$. 作 $\chi(\xi)\in C_c^\infty(\mathbb{R}_\xi^n)$, 使它在 $\varphi(\xi)$ 的支集上为 1, 且对某个 κ_1,

$$\text{supp}\,\chi\subset\{\xi;\kappa_1^{-1}<|\xi|<2\kappa_1\},$$

则 $\chi(2^{-j}\xi)$ 在 $\varphi(2^{-j}\xi)$ 的支集上为 1, 从而有

$$g(D)u_j=g(D)\chi(2^{-j}D)u_j=g_j(D)u_j.$$

记 $g(\xi)\chi(2^{-j}\xi)$ 的 Fourier 逆变换为 $h_j(x)$, 由引理 4.4.2 知 $\|h_j\|_{L^1}\leqslant K$. 于是

$$\|g(D)u_j\|_{L^\infty} = \|g_j(D)u_j\|_{L^\infty}$$
$$= \|h_j * u_j\|_{L^\infty} \leqslant K\|u_j\|_{L^\infty}.$$

由定理 4.3.3 知 $\|u_j\|_{L^\infty} \leqslant C2^{-j\alpha}\|u\|_{C^\alpha}$, 因此

$$\|g(D)u_j\|_{L^\infty} \leqslant CK2^{-j\alpha}\|u\|_{C^\alpha}.$$

从而由定理 4.3.3 的第二部分知 $g(D)u \in C^\alpha$, 且

$$\|g(D)u\|_{C^\alpha} \leqslant CK\|u\|_{C^\alpha}. \tag{4.4.21}$$

这就是所需证明的. 定理证毕. ■

现在来讨论一般的拟微分算子 $a(x, D)$ 的 L^p 有界性与 C^α 有界性. 为简单起见, 我们只讨论局部区域上的拟微分算子. 下面考察象征关于 x 具有紧支集的情形.

定理 4.4.3　设 $a(x, \xi) \in S^0(\mathbb{R}^n_x \times \mathbb{R}^n_\xi)$ 当 $|x| > R$ 时等于零, 则相应的拟微分算子是 $L^p \to L^p$ $(1 < p < \infty)$ 与 $C^\alpha \to C^\alpha$ $(\alpha \in \mathbb{R}^+ \backslash \mathbb{N})$ 的线性有界算子.

证明　记 $\tilde{a}(\eta, \xi)$ 为 $a(x, \xi)$ 关于变量 x 的 Fourier 变换, 由于 $a(x, \xi)$ 有紧支集, 故 $\tilde{a}(\eta, \xi)$ 关于 η 是速降的, 而且对任意重指标 γ, β,

$$\eta^\gamma D_\xi^\beta \tilde{a}(\eta, \xi) = \int_{\mathbb{R}^n} D_\xi^\beta a(x, \xi)(-D)_x^\gamma e^{-ix\eta} dx$$
$$= \int_{\mathbb{R}^n} (D_x^\gamma D_\xi^\beta a(x, \xi)) e^{-ix\eta} dx.$$

$$|\eta^\gamma||D_\xi^\beta \tilde{a}(\eta, \xi)| \leqslant C_{\beta\gamma}(1 + |\xi|)^{-|\beta|}.$$

由此知对任意 N, 只要 $a(x, \xi)$ 是 N 次可微的, 则下式成立, 即有

$$|\xi|^{|\beta|}|D_\xi^\beta \tilde{a}(\eta, \xi)| \leqslant C(1 + |\eta|)^{-N}. \tag{4.4.22}$$

于是, 将 $\tilde{a}(\eta, \xi)$ 中的 η 视为参数, 算子 $\tilde{a}(\eta, D)$ 作为 $L^p \to L^p$ 或 $C^\alpha \to C^\alpha$ 的线性有界算子, 其算子模被 (4.4.22) 右端所控制.

今由于 $a(x, \xi) = \int e^{ix\eta} \tilde{a}(\eta, \xi) d\eta$, 故

$$a(x, D)u = \int e^{ix\xi} \int e^{ix\eta} \tilde{a}(\eta, \xi)\hat{u}(\xi) đ\eta đ\xi$$
$$= \int e^{ix\eta} \tilde{a}(\eta, D)u đ\eta.$$

以 $C(\eta)$ 记 $e^{ix\eta}$ 视为 $L^p \to L^p$ (相应地 $C^\alpha \to C^\alpha$) 算子的模, 则 $C(\eta) \leqslant 1$ (相应地 $C(\eta) \leqslant (1 + |\eta|)^\alpha$). 于是当 $u \in L^p$ 时, 只要 $N \geqslant n$,

$$\|a(x, D)u\|_{L^p} \leqslant C \int C(\eta)(1 + |\eta|)^{-N} d\eta \|u\|_{L^p}$$
$$\leqslant C\|u\|_{L^p}.$$

又当 $u \in C^\alpha$ 时, 若 $N \geqslant n + \alpha$, 则

$$\|a(x, D)u\|_{C^\alpha} \leqslant C \int C(\eta)(1 + |\eta|)^{-N} d\eta \|u\|_{C^\alpha}$$
$$\leqslant C \int (1 + |\eta|)^{-n} d\eta \|u\|_{C^\alpha}$$
$$\leqslant C\|u\|_{C^\alpha}.$$

从而 $a(x, D)$ 为满足定理要求的线性有界算子. 定理证毕. ■

注 当 $a(x, \xi)$ 关于 x 不具有紧支集时, 利用定理 4.1.3 的论证方法可知, 只要 $a(x, \xi) \in S^0$, 则它所对应的拟微分算子 $a(x, D)$ 为 $L^p_{\mathrm{comp}} \to L^p_{\mathrm{loc}}$ 或 $C^\alpha_{\mathrm{comp}} \to C^\alpha_{\mathrm{loc}}$ 的线性连续算子. 又当 $a(x, D)$ 为恰当支拟微分算子时, 它为 $L^p_{\mathrm{comp}} \to L^p_{\mathrm{comp}}$, $L^p_{\mathrm{loc}} \to L^p_{\mathrm{loc}}$, $C^\alpha_{\mathrm{comp}} \to C^\alpha_{\mathrm{comp}}$, $C^\alpha_{\mathrm{loc}} \to C^\alpha_{\mathrm{loc}}$ 的拟微分算子.

第五章

拟微分算子的各种拓广

在前面几章中我们讨论了按 (2.1.7) 或 (2.1.13) 定义的拟微分算子的基本性质. 由于应用上的需要, 可以在保留引入这类算子的基本思想的基础上对它作多种拓广. 注意到在拟微分算子的定义式中涉及的基本元素是它的象征与位相, 故各种拓广也是就此而进行的. 在引入一类新的拟微分算子时, 一般就得对其定义域、值域、算子的运算与象征运算的关系、有界性等重新进行验证. 我们在下面将只介绍各类拓广的算子类的特点以及它们的用途, 有时也简要地叙述它们的一些性质, 至于对各类算子的详细的讨论, 则介绍有兴趣的读者参考有关的文献.

§1. 具有限正则性象征的拟微分算子

在按 (2.1.7) 或 (2.1.13) 定义拟微分算子时, 均要求象征 $a(x,\xi)$ 或振幅函数 $a(x,y,\xi)$ 为 C^∞ 函数. 由于在偏微分方程各类问题应用中一般都只涉及函数的有限阶导数, 所以对 $a(x,\xi)$ 或 $a(x,y,\xi)$ 的无限次可导的条件往往未全部用到. 所以我们可以降低对它们的正则性要求, 而讨论仅具有限正则象征的拟微分算子. 在第一章中出现的以 $|\xi|$ 为乘子的 Fourier 乘子算子就是这类算子. 在 [Ch2] 中引入具 $S^m_{(l)}$ 类

象征的拟微分算子研究偏微分方程解的奇性传播, 只要求 $a(x,\xi)$ 关于其变元为 C^l 正则的. 在 [Ma1, Ma2] 中为研究高维激波解的存在性引入一类拟微分算子, 其振幅 $a(x,y,\xi)$ 关于变元属于某个 Sobolev 空间. 在 [BR1, BR2] 中为研究奇性传播引入拟微分算子 $a(x,D)$, 其相应的象征 $a(x,\xi)$ 也是某个 Sobolev 空间中的元素, 且在 $\mathbb{R}^n_x \times \mathbb{R}^n_\xi$ 的某子集上有特定的微局部正则性等.

以下给出两个具有限正则性象征的拟微分算子的有界性定理. 在下式中记 $n_1 = \left[\dfrac{n}{2}\right] + 1$, C_j 为按 (4.3.1) 式定义的环形体.

定理 5.1.1 设当 $|\xi| > R$ 时, $a(x,\xi) = 0$, 且对所有 $\xi \in \mathbb{R}^n$ 和所有 $|\alpha| \leqslant n_1$, $x \to \partial_\xi^\alpha a(x,\xi) \in C^m$ 且范数有界, 则对任何实数 $m_1, m > m_1 > 0$, 拟微分算子 $a(x,D)$ 是由 L^2 到 H^{m_1} 连续的.

证明 按定义 4.3.1 作 $a(x,\xi)$ 关于 x 的环形分解

$$a(x,\xi) = \sum_{j=-1}^{\infty} b_j(x,\xi).$$

取 m' 为满足条件 $m > m' > m_1$ 的非整数, 则有

(1) $b_j(x,\xi)$ 关于 x 的谱含在环 C_j 中;

(2) 存在与 $\alpha, j, \xi \in \mathbb{R}^n$ 无关的常数 C, 使得

$$|\partial_\xi^\alpha b_j(x,\xi)| \leqslant C2^{-m'j}, \quad j \geqslant -1, \ |\alpha| \leqslant n_1. \tag{5.1.1}$$

利用上述环形分解, 我们写

$$g(x) = \int e^{ix\xi} a(x,\xi)\hat{u}(\xi)\, \mathrm{d}\xi$$

$$= \sum_{j=-1}^{\infty} \int e^{ix\xi} b_j(x,\xi)\hat{u}(\xi)\, \mathrm{d}\xi \triangleq \sum_{j=-1}^{\infty} g_j(x). \tag{5.1.2}$$

对于每个 g_j, 我们有

$$\hat{g}_j(\eta) = \int e^{-ix\eta} g_j(x)\, dx$$

$$= \int \hat{b}_j(\eta - \xi, \xi)\hat{u}(\xi)\, \mathrm{d}\xi,$$

其中 $\hat{b}_j(\eta,\xi)$ 是 $b_j(x,\xi)$ 关于 x 的 Fourier 变换. 因为

$$\hat{b}_j(\eta - \xi, \xi) = 0, \text{ 当 } |\xi| > R \text{ 或 } \eta - \xi \notin C_j \text{ 时,}$$

故知

$$\operatorname{supp} \hat{g}_j(\eta) \subset \{\eta; \kappa^{-1}2^j - R \leqslant |\eta| \leqslant \kappa 2^{j+1} + R\}. \tag{5.1.3}$$

于是只要适当增大 κ, g_j 的谱支集就含于另一个环形区域序列的第 j 个环 C_j^* 中.

另外, 以 $\langle x - y \rangle$ 记 $(1 + |x-y|^2)^{\frac{1}{2}}$, 有

$$|g_j(x)|^2 = \left| \iint e^{i\langle x-y, \xi \rangle} b_j(x, \xi) u(y) dy \, \bar{d}\xi \right|^2$$

$$\leqslant \int \langle x-y \rangle^{-2n_1} |u(y)|^2 dy \cdot \int \langle x-y \rangle^{2n_1} \left| \int e^{i\langle x-y, \xi \rangle} b_j(x, \xi) \bar{d}\xi \right|^2 dy$$

$$\leqslant \int \langle x-y \rangle^{-2n_1} |u(y)|^2 dy \cdot$$

$$\int \left| \int e^{i\langle x-y, \xi \rangle} (1 + D_\xi^2)^{n_1} b_j(x, \xi) \bar{d}\xi \right|^2 \langle x-y \rangle^{-2n_1} dy.$$

因为 $b_j(x, \xi)$ 关于 ξ 的支集一致有界, 故由 (5.1.1) 可得

$$|g_j(x)|^2 \leqslant C 2^{-2m'j} \int \langle x-y \rangle^{-2n_1} |u(y)|^2 dy,$$

两边对 x 积分便得

$$\|g_j\|_0 \leqslant C 2^{-m'j} \|u\|_0.$$

于是由定理 4.3.2 知, 对实数 $m_1 < m$, 有

$$\|g\|_{m_1} \leqslant C \|u\|_0. \tag{5.1.4}$$

这就是所需证明的结论. 引理证毕. ■

定理 5.1.2　设 $a(x, \xi)$ 满足条件: 对所有 $|\alpha|, |\beta| \leqslant n_1$,

$$|\partial_\xi^\alpha \partial_x^\beta a(x, \xi)| \leqslant C, \tag{5.1.5}$$

则算子 $a(x, D)$ 是 L^2 有界的.

证明　取单位分解

$$\sum_{\nu \in \mathbb{Z}^n} \psi^2(\xi - \nu) = 1, \tag{5.1.6}$$

其中 $\mathbb{Z}^n$ 为 n 个整数集 $\mathbb{Z}$ 的乘积而 $\psi \in C_c^\infty(\mathbb{R}^n)$, $0 \leqslant \psi \leqslant 1$, 且当 $|\xi| \geqslant \sqrt{n}$ 时 $\psi(\xi) = 0$, 于是有

$$
\begin{aligned}
a(x, D)u(x) &= \sum_\nu \int e^{ix\xi} a(x, \xi) \psi^2(\xi - \nu) \hat{u}(\xi) đ\xi \\
&= \sum_\nu e^{ix\nu} \int e^{ix\xi} a(x, \xi + \nu) \cdot \psi(\xi) [\psi(\xi) \hat{u}(\xi + \nu)] đ\xi \\
&= \sum_\nu e^{ix\nu} g_\nu(x), \qquad\qquad (5.1.7)
\end{aligned}
$$

其中

$$
g_\nu(x) = \int e^{ix\xi} a_\nu(x, \xi) \hat{u}_\nu(\xi) đ\xi,
$$

$$
a_\nu(x, \xi) = a(x, \xi + \nu) \psi(\xi),
$$

$$
\hat{u}_\nu(\xi) = \psi(\xi) \hat{u}(\xi + \nu), \qquad\qquad (5.1.8)
$$

显然, $a_\nu(x, \xi)$ 满足定理 5.1.1 的条件, 故对 $n_1 > m > \dfrac{n}{2}$, 有

$$
\|g_\nu\|_m \leqslant C \|\hat{u}_\nu\|_0,
$$

其中常数 C 与 u, ν 无关. 于是

$$
\begin{aligned}
\|a(x, D)u\|_0^2 &= \int \left| \sum_\nu \hat{g}_\nu(\xi - \nu) \right|^2 đ\xi \\
&\leqslant \int \left(\sum_\nu |\hat{g}_\nu(\xi - \nu)|^2 \langle \xi - \nu \rangle^{2m} \right) \cdot \sum_\nu \langle \xi - \nu \rangle^{-2m} đ\xi \\
&\leqslant C \sum_\nu \|g_\nu\|_m^2 \leqslant C \sum_\nu \|\hat{u}_\nu\|_0^2 \\
&= C \sum_\nu \int \psi^2(\xi) |\hat{u}(\xi + \nu)|^2 đ\xi = C \|u\|_0^2.
\end{aligned}
$$

定理证毕. ■

由定理的证明过程可见, 若将定理的条件改为: 存在一实数 $m > \dfrac{n}{2}$, 使对所有 $|\alpha| \leqslant n_1$, 函数 $x \to \partial_{x,\xi}^\alpha a(x, \xi)$ 属于 C^m, 且其模有界, 则算子 $a(x, D)$ 仍是 L^2 有界的.

很明显, 定理 5.1.2 中所要求的条件要比条件 $a(x, \xi) \in S^0$ 弱得多,

因为这里仅要求 $a(x,\xi)$ 关于 x,ξ 为 n_1 阶可微的, 而且当 $\xi \to \infty$ 时, 仅要求 $\partial_\xi^\alpha \partial_x^\beta a(x,\xi)$ 有界, 而不要求它被 $C(1+|\xi|)^{-|\alpha|}$ 所控制.

§2. 具特定衰减性象征的拟微分算子

1. $\Psi_{\delta,\delta}^m$ 类拟微分算子

在第二章所定义的 $S_{\rho,\delta}^m$ 类象征中一般要求 $0 \leqslant \delta < \rho \leqslant 1$, 这时在该章中所引入的象征展开、象征运算等规则以及相应的 $\Psi_{\rho,\delta}^m$ 类拟微分算子构成代数的性质才成立. 当 $\rho = \delta$ 时, 有些定理就不成立, 例如在第二章 §4 中在象征运算时产生的诸级数就不是阶数无穷衰减的渐近级数, 因此, 尽管在引入具有 $S_{\delta,\delta}^m$ 类象征的 $\Psi_{\delta,\delta}^m$ 类拟微分算子时可直接按 (2.1.7) 式定义, 但在运算与应用时需要小心, 有些定理需重新证明.

回顾定理 4.1.1 的证明可知, $\Psi_{\rho,\delta}^0$ 类拟微分算子的 L^2 有界性当 $0 \leqslant \delta < \rho \leqslant 1$ 时可以仿照定理 4.1.1 的证明写出, 只需在相应的式子中添上指标 ρ,δ 即可. 但当 $\rho = \delta$ 时, L^2 有界性定理就需重新证明. 下面我们来证明, 当 $a(x,\xi) \in S_{\delta,\delta}^0$, 即满足条件

$$|\partial_\xi^\alpha \partial_x^\beta a(x,\xi)| \leqslant C(1+|\xi|)^{\delta(|\beta|-|\alpha|)} \tag{5.2.1}$$

时, 其中 $0 \leqslant \delta < 1$, 相应的拟微分算子 $a(x,D)$ 仍然是 L^2 有界的. Calderón 和 Vaillancourt 首先证明了 $\Psi_{\delta,\delta}^0$ 类拟微分算子是 L^2 有界的 (见 [CV]). 我们下面介绍 Coifman-Meyer 的证明方法, 他们对象征 $a(x,\xi)$ 的光滑性要求较低 (参见 [CM]).

引理 5.2.1 设拟微分算子 $a(x,D)$ 为 L^2 有界的, 又设 r 为任意正实数且 $b(x,\xi) = a(rx, r^{-1}\xi)$, 则 $b(x,D)$ 也是 L^2 有界的且 $\|b(x,D)\| = \|a(x,D)\|$.

证明 按定义有

$$b(x,D)u(x) = \int e^{ix\xi} b(x,\xi)\hat{u}(\xi)d\!\!\!{}^-\xi$$

$$= \int e^{ix\xi} a(rx, r^{-1}\xi)\hat{u}(\xi)d\!\!\!{}^-\xi$$

$$= \int e^{iy\eta} a(y, \eta) \hat{u}(r\eta) r^n \,đ\eta.$$

由此可得

$$\|b(x, D)u\|_0^2 = \int \left| \int e^{iy\eta} a(y, \eta) \hat{u}(r\eta) r^n \,đ\eta \right|^2 dy \cdot r^{-n}$$

$$\leqslant \|a(x, D)\|^2 \int |\hat{u}(r\eta) r^n|^2 \,đ\eta \cdot r^{-n}$$

$$= \|a(x, D)\|^2 \cdot \|u\|_0^2.$$

这意味着 $\|b(x, D)\| \leqslant \|a(x, D)\|$. 同理可证相反的不等式成立. 引理证毕. ∎

定理 5.2.1 设 $0 \leqslant \delta < 1$, 象征 $a(x, \xi)$ 对所有 $|\alpha|, |\beta| \leqslant n_1$ 满足条件 (5.2.1), 则相应的拟微分算子 $a(x, D)$ 是 L^2 有界的.

证明 首先, 利用单位分解 (4.3.2) 将 $a(x, \xi)$ 分解为

$$a(x, \xi) = \sum_{j=-1}^{\infty} a_j(x, \xi), \tag{5.2.2}$$

其中

$$a_{-1}(x, \xi) = a(x, \xi)\psi(\xi),$$

$$a_j(x, \xi) = a(x, \xi)\varphi(2^{-j}\xi), \quad j = 0, 1, \cdots.$$

由定理 5.1.2 知 $a_{-1}(x, D)$ 是 L^2 有界的. 对任意非负整数 j, 令

$$s_j(x, \xi) = a_j(2^{-\delta j}x, 2^{\delta j}\xi), \tag{5.2.3}$$

容易验证, 对所有 $|\alpha|, |\beta| \leqslant n_1$, 均有

$$|\partial_\xi^\alpha \partial_x^\beta s_j(x, \xi)| \leqslant C.$$

取 $R_j = \dfrac{1}{10} 2^{j(1-\delta)}$, 并应用定理 4.3.4 于 s_j, 可以取实数 m, 使 $n_1 > m > \dfrac{n}{2}$, 且使分解

$$s_j(x, \xi) = \tilde{s}_j(x, \xi) + r_j(x, \xi) \tag{5.2.4}$$

满足下列条件:

(1) 对所有 $|\alpha| \leqslant n_1$, $x \to \partial_\xi^\alpha \tilde{s}_j(x,\xi) \in C^{n_1}$ 且模不超过某个与 ξ, j 无关的常数 M_1;

(2) $x \to \tilde{s}_j(x,\xi)$ 的谱含在 $\{\eta; |\eta| \leqslant R_j\}$ 中;

(3) 对所有 $|\alpha| \leqslant n_1$, $x \to \partial_\xi^\alpha r_j(x,\xi) \in C^m$, 且模不超过 $M_2 2^{j(1-\delta)(m-n_1)}$, 此处 M_2 与 ξ, j 无关.

由定理 5.1.2 知, 算子 $\tilde{s}_j(x,D)$ 和 $r_j(x,D)$ 都是 L^2 有界的且算子模

$$\|\tilde{s}_j(x,D)\| \leqslant CM_1, \|r_j(x,D)\| \leqslant CM_2 2^{j(1-\delta)(m-n_1)}.$$

再令

$$\tilde{a}_j(x,\xi) = \tilde{s}_j(2^{\delta j}x, 2^{-\delta j}\xi), b_j(x,\xi) = r_j(2^{\delta j}x, 2^{-\delta j}\xi), \tag{5.2.5}$$

则由 (5.2.3)—(5.2.5) 得

$$a_j(x,\xi) = \tilde{a}_j(x,\xi) + b_j(x,\xi). \tag{5.2.6}$$

由引理 5.2.1 知

$$\|r_j(x,D)\| = \|b_j(x,D)\|, \|\tilde{a}_j(x,D)\| = \|\tilde{s}_j(x,D)\|.$$

从而有

$$\sum_{j=0}^{\infty} \|b_j(x,D)\| \leqslant \sum_{j=0}^{\infty} CM_2 2^{j(1-\delta)(m-n_1)} < \infty. \tag{5.2.7}$$

其次, 记

$$g_j(x) = \tilde{a}_j(x,D)u = \int e^{ix\xi}\tilde{a}_j(x,\xi)\hat{u}(\xi)\mathrm{d}\!\!\!^{-}\xi,$$

则 $\hat{g}_j(\eta)$ 的支集含在环

$$C_j^* = \left\{\eta; \left(\kappa^{-1} - \frac{1}{10}\right)2^j \leqslant |\eta| \leqslant \left(2\kappa + \frac{1}{10}\right)2^j\right\}$$

之中. 又记 $\chi_j(\xi)$ 为 C_j 的特征函数, u_j 为 $\hat{u}(\xi)\chi_j(\xi)$ 的 Fourier 逆变换, 则 $g_j(x) = \tilde{a}_j(x,D)u_j$, 于是

$$\|g_j\|_0 \leqslant \|\tilde{a}_j(x,D)\| \|u_j\|_0 = \|\tilde{s}_j(x,D)\| \|u_j\|_0 \leqslant c_j\|u\|_0,$$

其中 $\sum c_j^2 < \infty$. 于是, 由定理 4.3.2 知

$$\|\sum g_j\|_0 \leqslant C\|u\|_0,$$

亦即有

$$\left\|\sum_{j=0}^{\infty} \tilde{a}_j(x, D)\right\|_0 \leqslant C < +\infty. \tag{5.2.8}$$

由 (5.2.7) 与 (5.2.8) 即得

$$\|a(x, D)\| \leqslant \|a_{-1}(x, D)\| + \sum_{j=0}^{\infty} \|b_j(x, D)\| + \|\sum_{j=0}^{\infty} \tilde{a}_j(x, D)\| < +\infty.$$

定理证毕. ∎

上述定理中的条件 $\delta < 1$ 不能改成 $\delta \leqslant 1$. 即使将关于象征可微性的条件加强到无穷阶, 即要求 $a \in S_{1,1}^0$, 也仍然无济于事. 下面给出一个 $S_{1,1}^0$ 类象征 $p(x, \xi)$, 它所对应的算子 $p(x, D)$ 在 L^2 中是无界算子.

例 设

$$p(x, \xi) = \sum_{j=1}^{\infty} \frac{1}{\sqrt{j}} e^{-i\eta_j x} \chi(6^{-j}\xi), \tag{5.2.9}$$

其中 $\eta_j \in \mathbb{R}^n$, $|\eta_j| = 3 \cdot 6^j$ 而 $\chi(\xi) \in C_c^{\infty}(\mathbb{R}^n)$, 使得 $0 \leqslant \chi(\xi) \leqslant 1$ 且有

$$\chi(\xi) = \begin{cases} 1, & 2 \leqslant |\xi| \leqslant 4, \\ 0, & |\xi| \leqslant 1 \text{ 或 } |\xi| \geqslant 5. \end{cases}$$

注意到

$$E_j = \sup p\chi(6^{-j}\xi) \subset \{\xi; 6^j \leqslant |\xi| \leqslant 5 \cdot 6^j\}, \quad j = 1, 2, \cdots$$

两两不交且在 E_j 上有 $\eta_j \approx \langle \xi \rangle$, 便知 $p(x, \xi) \in S_{1,1}^0$.

现在用反证法证明 $p(x, D)$ 在 L^2 中无界. 事实上, 若算子 $p(x, D)$ L^2 有界, 则应存在常数 C, 使

$$\|p(x, D)u\|_0 \leqslant C\|u\|_0 \tag{5.2.10}$$

对所有 $u \in L^2(\mathbb{R}^n)$ 成立. 选取函数 φ, 使 $\hat{\varphi} \in C_c^{\infty}(B_1)$ 且 $\|\hat{\varphi}\|_0 = 1$, 然后令

$$\hat{u}_m(\xi) = \sum_{j=1}^{m} b_j \hat{\varphi}(\xi - \eta_j), \tag{5.2.11}$$

其中 $\{b_j\}_{j=1}^{\infty} \in l^2$. 显然, (5.2.11) 右端各项的支集互不相交, 所以

$$\|\hat{u}_m\|_0^2 = \sum_{j=1}^{m} |b_j|^2. \tag{5.2.12}$$

按定义

$$p(x, D)u_m(x) = \int e^{ix\xi} p(x, \xi) \hat{u}_m(\xi) d\xi$$

$$= \sum_{j=1}^{m} \frac{b_j}{\sqrt{j}} \int e^{ix(\xi - \eta_j)} \chi(6^{-j}\xi) \hat{\varphi}(\xi - \eta_j) d\xi.$$

因为在集合 $\{\xi; \hat{\varphi}(\xi - \eta_j) \neq 0\}$ 上有 $\chi(6^{-j}\xi) = 1$, 故得

$$p(x, D)u_m(x) = \sum_{j=1}^{m} \frac{b_j}{\sqrt{j}} \varphi(x).$$

因此

$$\|p(x, D)u_m\|_0^2 = \left| \sum_{j=1}^{m} \frac{b_j}{\sqrt{j}} \right|^2 \|\varphi\|_0^2 = \left| \sum_{j=1}^{m} \frac{b_j}{\sqrt{j}} \right|^2. \tag{5.2.13}$$

于是, 在 (5.2.10) 中取 u 为 u_m, 即得

$$\left| \sum_{j=1}^{m} \frac{b_j}{\sqrt{j}} \right|^2 \leqslant C \sum_{j=1}^{m} |b_j|^2. \tag{5.2.14}$$

取 $\{b_j\}$ 为

$$b_j = \begin{cases} \sqrt{j}, & j \leqslant m, \\ 0, & j > m, \end{cases}$$

则由 (5.2.14) 得

$$\sum_{j=1}^{m} \frac{1}{j} \leqslant C$$

对一切 m 成立, 显然这是不可能的, 这就说明了 $p(x, D)$ 不是 L^2 有界的.

$\Psi_{\delta,\delta}^m$ 类算子, 特别是 $\Psi_{\frac{1}{2},\frac{1}{2}}^m$ 类算子在偏微分算子的局部可解性的研究中起了很大的作用 (见 [BF1]). R. Beals 与 C. Fefferman 在证明偏微分算子局部可解性的充分条件时将一个主型算子作微局部分解后导出一串的 $\Psi_{\frac{1}{2},\frac{1}{2}}^0$ 类算子. 后者的 L^2 有界性对于导出局部可解性所要求的估计时起了重要的作用.

2. 空间性不均匀的拟微分算子

在第二章 $S_{\rho,\delta}^m$ 类象征的定义式中要求

$$|\partial_\xi^\alpha \partial_x^\beta a(x,\xi)| \leqslant C_{\alpha,\beta}(1+|\xi|)^{m-\rho|\alpha|+\delta|\beta|}, \qquad (5.2.15)$$

就是对 $a(x,\xi)$ 及其各阶导数当 ξ 趋于 ∞ 时的增长性 (或衰减性) 加上了一种限制. 这种限制也可以用其他方式来给出, R. Beals 与 C. Fefferman 就引进了在 (5.2.15) 基础上推广了的象征类 $S_{\Phi,\varphi}^{M,m}$ 以及相应的拟微分算子类 [BF2].

定义 5.2.1 若 $\Phi(x,\xi),\varphi(x,\xi)$ 是 $\mathbb{R}_x^n \times \mathbb{R}_\xi^n$ 空间中一对正连续函数, 满足下列条件

(1) 存在 $\varepsilon > 0$ 以及正常数 c,C 使

$$c \leqslant \Phi(x,\xi) \leqslant C(1+|\xi|), \quad C \geqslant \varphi(x,\xi) \geqslant c(1+|\xi|)^{\varepsilon-1};$$

(2) $\varphi(x,\xi) \cdot \Phi(x,\xi) \geqslant c$;

(3) 当 $|\xi| \sim |\eta|$ 时, $\dfrac{\Phi(x,\xi)}{\varphi(x,\xi)} \sim \dfrac{\Phi(y,\eta)^{①}}{\varphi(y,\eta)}$;

(4) 当 (y,η) 在 (x,ξ) 的邻域

$$U(x,\xi) = \{|y-x| < c\varphi(x,\xi), |\eta-\xi| < c\Phi(x,\xi)\}$$

中时, 有 $\Phi(y,\eta) \sim \Phi(x,\xi)$, $\varphi(y,\eta) \sim \varphi(x,\xi)$;

则称 Φ 与 φ 为**权函数对**.

定义 5.2.2 若 $a(x,\xi) \in C^\infty(\mathbb{R}_x^n \times \mathbb{R}_\xi^n)$, 且对一切重指标 α,β

$$|\partial_x^\alpha \partial_\xi^\beta a(x,\xi)| \leqslant C_{\alpha\beta}\Phi^{M-|\beta|}(x,\xi)\varphi^{m-|a|}(x,\xi) \qquad (5.2.16)$$

成立, 则称 $a(x,\xi)$ 为 $S_{\Phi,\varphi}^{M,m}$ **类象征**.

---

① $A \sim B$ 表示 $|A/B|$ 与 $|B/A|$ 都是有界的.

特别地, 当取 $\Phi(x,\xi) = (1+|\xi|)^\rho,\ \varphi(x,\xi) = (1+|\xi|)^{-\delta},\ 0 \leqslant \delta \leqslant \rho \leqslant 1,\ \delta \neq 1$ 时, $S_{\Phi,\varphi}^{M,m}$ 类象征就是第二章中定义的 $S_{\rho,\delta}^{M\rho-m\delta}$ 类象征.

可以证明, 当 $a(x,\xi) \in S_{\Phi,\varphi}^{M,m}$ 时, 按 (2.1.7) 定义的拟微分算子为 $\mathscr{S} \to \mathscr{S}$ 的连续映射. 又当 $M = m = 0$ 时, 它可以扩张为 L^2 上的有界算子.

R. Beals 与 C. Fefferman 利用这类算子给出了偏微分算子局部可解性的一个简化证明 (见 [BF2]).

§3. Weyl 运算

在第二章中已知, 对于给定的象征函数 $a(x,\xi)$, 我们可以定义算子 $a(x,D)$ 为

$$a(x,D)u(x) = \int e^{i\langle x,\xi\rangle} a(x,\xi)\hat{u}(\xi)\,\bar{d}\xi.$$

它也可以写成

$$a(x,D)u(x) = \iint e^{i\langle x-y,\xi\rangle} a(x,\xi)u(y)\,dy\,\bar{d}\xi. \tag{5.3.1}$$

当 $a(x,\xi) \in S^m$ 时, 算子 $a(x,D)$ 是 $\mathscr{S}$ 到 $\mathscr{S}$ 的线性连续映射, 又可以通过

$$\langle a(x,D)u, v\rangle = \iiint e^{i\langle x-y,\xi\rangle} a(x,\xi)u(y)v(x)\,dy\,dx\,\bar{d}\xi \tag{5.3.2}$$

将 $a(x,D)$ 扩张为 $\mathscr{S}'$ 到 $\mathscr{S}'$ 的线性连续映射. 由 (5.3.2) 知, 记 $\bar{a}(x,D)$ 的共轭算子为 $\tilde{a}(x,D)$, 则

$$\tilde{a}(x,D)u(x) = \iint e^{i\langle x-y,\xi\rangle} a(y,\xi)u(y)\,dy\,\bar{d}\xi. \tag{5.3.3}$$

现在我们用介乎 (5.3.1) 与 (5.3.3) 中间的形式定义算子 $a^w(x,D)$ 为

$$a^w(x,D)u(x) = \iint e^{i\langle x-y,\xi\rangle} a\left(\frac{x+y}{2},\xi\right) u(y)\,dy\,\bar{d}\xi. \tag{5.3.4}$$

由此式知, $a^w(x,D)$ 的共轭算子就是 $\bar{a}^w(x,D)$ (反之亦然). 于是, 当 $a(x,\xi)$ 取实值时, $a^w(x,D)$ 是一个自共轭算子. 形式为 (5.3.4) 的算子

称为 **Weyl 型算子** (或 **Weyl 运算**), 上述性质是 Weyl 运算的一个实质性的优点. 它是 Hermann Weyl 为研究量子力学而引入的.

由 (5.3.4) 知, 算子 $a^w(x, D)$ 的核函数 (参见 (2.3.1) 式) 为

$$K(x, y) = \int e^{-i\langle x-y, \xi\rangle} a\left(\frac{x+y}{2}, \xi\right) d\xi \qquad (5.3.5)$$

或者

$$K\left(x + \frac{t}{2}, x - \frac{t}{2}\right) = \int e^{i\langle t, \xi\rangle} a(x, \xi) d\xi. \qquad (5.3.6)$$

在 Weyl 运算中常允许出现在定义式 (5.3.4) 中的函数 $a(x, \xi)$ 属于比 $S^m_{\rho, \delta}$ 更广泛的函数类, 以适应于描写非齐性空间上的分析运算. 事实上, §2 中的象征类 $S^{M, m}_{\Phi, \varphi}$ 也是用于描写非齐性空间上的分析运算的. 但 Weyl 运算则适宜于从更一般 (从而也更抽象) 的角度讨论这一问题. 为描述这种新的函数类, 需引入一些概念. 以下将 $\mathbb{R}^n_x \times \mathbb{R}^n_\xi$ 简记为 $\mathbb{R}^{2n}$, 并将其中的点用 X, Y 等记之.

定义 5.3.1 设 $g_X(Y)$ 是在 $\mathbb{R}^{2n}$ 上依赖于 X 变化的正定二次形式. 若存在常数 c_0, 使得对任意的 $X, Y, T \in \mathbb{R}^{2n}$ 有

$$g_x(Y) \leqslant c_0^{-1} \Rightarrow g_{X+Y}(T) \leqslant c_0 g_X(T), \qquad (5.3.7)$$

则称 $g_X(Y)$ 为**缓变**的.

正定二次形式对应于一个度量. 故在定义 5.3.1 中给出的 $g_X(Y)$ 就对应于定义在 $\mathbb{R}^{2n}$ 上一个缓变的度量 (以 X 为参数).

例 在 $\mathbb{R}^{2n}$ 上引入度量

$$g^{\rho, \delta}_{(x, \xi)}(dx, d\xi) = (1 + |\xi|^2) dx^2 + (1 + |\xi|^2) d\xi^2, \qquad (5.3.8)$$

则当 $0 \leqslant \delta \leqslant \rho \leqslant 1$ 时, $g^{\rho, \delta}_{(x, \xi)}$ 对应于一个缓变的度量.

若以 $a^{(k)}(X)$ 表示 $a(X)$ 的 k 阶导数, 以 $g^{\rho, \delta}_X(X_j)^{1/2}$ 表示向量 X_j 在度量 $g^{\rho, \delta}_X$ 下的长度, 则当 $a(x) \in S^m_{\rho, \delta}$ 时, 下面的估计式

$$|\langle a^{(k)}(X), X_1 \otimes \cdots \otimes X_k\rangle| \leqslant c_k (1 + |\xi|)^m \prod_{j=1}^{k} g^{\rho, \delta}_X(X_j)^{1/2} \qquad (5.3.9)$$

成立, 式中不等式左边表示 $a(x)$ 的 k 阶导数与 $X_1, \cdots, X_k$ 的张量积.

定义 5.3.2　设 $g_X(Y)$ 是定义在 $\mathbb{R}^{2n}$ 上的一个以 X 为参数的缓变度量, 设 m 是 $\mathbb{R}^{2n}$ 上一个正的函数, 若满足

$$g_X(X - Y) \leqslant c_0^{-1} \Rightarrow c_0^{-1} \leqslant \frac{m(X)}{m(Y)} \leqslant c_0, \tag{5.3.10}$$

则称 m 为**权函数**.

定义 5.3.3　设 $a \in C^\infty(\mathbb{R}^{2n})$, $g_X(Y)$ 是 $\mathbb{R}^{2n}$ 上的一个缓变度量, 若对任意正整数 k, 存在 $c_k > 0$, 使得对于所有的 $X, T_1, \cdots, T_k \in \mathbb{R}^{2n}$, 下面的估计式

$$|\langle a^{(k)}(X), T_1 \otimes \cdots \otimes T_k \rangle| \leqslant c_k m(X) \prod_{j=1}^{k} g_X(T_j)^{\frac{1}{2}} \tag{5.3.11}$$

成立, 则称 a 属于 $S(m, g)$ 函数类.

由 (5.3.9) 可知, 若度量 g 按 (5.3.8) 给出, $m = (1 + |\xi|^2)^{\mu/2}$, 则有 $S(m, g) = S_{\rho, \delta}^\mu$.

在一般的 Weyl 运算中, 定义式 (5.3.4) 中的函数 a 通常取为 $S(m, g)$ 函数类中的元素, 适当的度量 g 与权函数 m 的选取可用于描写特定非齐性空间 $\mathbb{R}^{2n}$ 中的运算. 当然, 建立函数类 $S(m, g)$ 中的运算以及相对应的算子 $a^w(x, D)$ 的运算需要大量的工作, 读者可参见 [Ho6].

§4. Fourier 积分算子

在前几节中都是通过拓广象征函数类或振幅函数类来拓广拟微分算子概念的, 下面我们指出, 还可以通过拓广位相函数来拓广拟微分算子的概念.

在第二章中已指出, 拟微分算子可以通过振荡积分

$$I_\varphi(au) = \iiint e^{i\varphi(x, y, \theta)} a(x, y, \theta) u(x, y) dx dy d\theta \tag{5.4.1}$$

来定义, 其中 $\varphi(x, y, \theta)$ 取为 $\langle x - y, \theta \rangle$. 一般地, $\varphi(x, y, \theta)$ 可取为满足第二章 §3 中所给出的位相函数条件, 即

(1) $\varphi(x, y, \theta) \in C^\infty(\mathbb{R}_x^{n_1} \times \mathbb{R}_y^{n_2} \times \mathbb{R}_\theta^N \setminus \{0\})$, $\varphi(x, y, \theta)$ 取实值;

(2) $\varphi(x, y, \theta)$ 关于 θ 为正齐一次函数;

(3) $\varphi(x, y, \theta)$ 无临界点, 即

$$\nabla_{x,y,\theta} \varphi(x, y, \theta) \neq 0, \quad \forall (x, y, \theta) \in \mathbb{R}_x^{n_1} \times \mathbb{R}_y^{n_2} \times \mathbb{R}_\theta^N \setminus \{0\},$$

则当 $a \in S_{\rho,\delta}^m$ 时可以对 $u \in \mathscr{S}(\mathbb{R}_y^{n_2})$, $v \in \mathscr{S}(\mathbb{R}_x^{n_1})$ 定义

$$I_\varphi(auv) = \iiint e^{i\varphi(x,y,\theta)} a(x, y, \theta) u(y) v(x) dx dy d\theta. \tag{5.4.2}$$

定理 5.4.1 若对固定的 $u \in \mathscr{S}(\mathbb{R}_y^{n_2})$, 视 $v \to I_\varphi(auv)$ 为 $\mathscr{S}'(\mathbb{R}_x^{n_1})$ 广义函数, 则 (5.4.2) 就建立了一个从 $\mathscr{S}(\mathbb{R}_y^{n_2})$ 到 $\mathscr{S}'(\mathbb{R}_x^{n_1})$ 的线性连续映射.

证明 我们先说明对固定的 $u \in \mathscr{S}(\mathbb{R}_y^{n_2})$, $v \to I_\varphi(auv)$ 确实定义了一个 $\mathscr{S}'(\mathbb{R}_x^{n_1})$ 广义函数. 事实上, 由于 (5.4.2) 是一个振荡积分, 它的取值可由定理 2.3.1 给出, 即

$$I_\varphi(auv) = \iiint e^{i\varphi(x \cdot y \cdot \theta)} L^k(a(x, y, \theta) u(x) v(y)) dx dy d\theta, \tag{5.4.3}$$

其中 L 为按照引理 2.3.1 定义的一阶微分算子, 满足

$$^tL e^{i\varphi(x,y,\theta)} = e^{i\varphi(x,y,\theta)}. \tag{5.4.4}$$

根据定理 2.3.1 知, 当 k 充分大时, $L^k(a(x, y, \theta) u(x) v(y))$ 当 $\theta \to \infty$ 时比 $|\theta|^{-N}$ 衰减得快, 故 (5.4.3) 式右边的积分收敛. 而且, 当 $v_n \to 0$ ($\mathscr{S}(\mathbb{R}_x^{n_1})$) 时, $I_\varphi(auv_n) \to 0$. 所以 $v \to I_\varphi(auv)$ 是 $\mathscr{S}(\mathbb{R}_x^{n_1})$ 上的线性连续泛函, 即 $\mathscr{S}'(\mathbb{R}_x^{n_1})$ 广义函数.

记 (5.4.2) 所定义的映射 $u \mapsto (v \to I_\varphi(auv))$ 为 T. 当 $u_n \to 0$ ($\mathscr{S}(\mathbb{R}_y^{n_2})$) 时, 对任意 $v \in \mathscr{S}(\mathbb{R}_x^{n_1})$ 都有

$$I_\varphi(au_n v) = \iiint e^{i\varphi(x,y,\theta)} L^k(a(x, y, \theta) u_n(x) v(y)) dx dy d\theta \to 0,$$

即 $Tu_n \to 0(\mathscr{S}'(\mathbb{R}_x^{n_1}))$, 所以 T 是 $\mathscr{S}(\mathbb{R}_y^{n_2})$ 到 $\mathscr{S}'(\mathbb{R}_x^{n_1})$ 的线性连续映射. 定理证毕. ∎

由 (5.4.2) 所定义的从 $\mathscr{S}(\mathbb{R}_y^{n_2})$ 到 $\mathscr{S}'(\mathbb{R}_x^{n_1})$ 的线性连续映射称

为 **Fourier 积分算子**. 它可记为

$$(Fu)(x) = \iint e^{i\varphi(x,y,\theta)} a(x,y,\theta) u(y) dy d\theta. \tag{5.4.5}$$

由振荡积分的性质知, 当 $\varphi(x,y,\theta)$ 关于 y,θ 无临界点, 即 $\varphi(x,y,\theta)$ 满足

$$\nabla_{y,\theta}\varphi(x,y,\theta) \neq 0, \quad \forall (x,y,\theta) \in \mathbb{R}_x^{n_1} \times \mathbb{R}_y^{n_2} \times \mathbb{R}_\theta^N \setminus \{0\} \tag{5.4.6}$$

时, (5.4.5) 是一个 $\mathscr{S}(\mathbb{R}_y^{n_2})$ 到 $\mathscr{S}(\mathbb{R}_x^{n_1})$ 的线性连续映射.

在 Fourier 积分算子的定义式中, n_1, n_2, N 可以是不相同的正整数, Fourier 积分算子以拟微分算子为其特例. 这时 $n_1 = n_2 = N$, 且 $\varphi(x,y,\theta) = \langle x - y, \theta \rangle$. 由于 Fourier 积分算子的位相函数的形式更为一般, 在研究 Fourier 积分算子的运算学时, 我们得先考虑什么是定义式 (5.4.3) 中的不变量. 显然, 在 Fourier 积分算子进行运算 (例如复合运算) 时, 我们得同时考虑其位相与振幅的变化规律, 这里都有复杂与细致的运算.

利用 Fourier 积分算子便于对拟微分算子进行运算与化简. 在讨论双曲型算子以及相应定解问题解的构造 (特别是解的整体构造) 中, Fourier 积分算子有重要的应用. L. Hörmander 与 J. J. Duistermaat 等建立了 Fourier 积分算子的系统理论 (见 [Ho3, DH]).

应 用 篇

第六章
拟微分算子在 Cauchy 问题中的
应用

从本章起, 我们将陆续介绍拟微分算子理论在偏微分方程各类问题中的应用, 并涉及一些经典问题的解的存在性、唯一性、正则性等. 其中有些问题, 例如双曲型方程的 Cauchy 问题、椭圆型方程具 Lopatin-ski 型边界条件的边值问题等, 在拟微分算子理论出现以前已有系统的研究与较完整的结论, 但是用拟微分算子作为工具可以将证明过程大大简化, 并提供了从更深的层次来考察所讨论的问题的可能性. 另外有些问题, 例如具 C^∞ 系数的一般偏微分方程解的唯一性、双曲型方程的一般初边值问题, 关于亚椭圆性的讨论等, 只是在拟微分算子理论出现后才获得了系统、完整的成果. 这些成果的取得正是拟微分算子理论威力的最好的印证. 还有些问题, 如偏微分方程解的奇性传播与反射等, 从问题提法开始就是 "微局部" 型的, 它当然是在拟微分算子与微局部分析理论充分发展以后才能系统地进行研究的课题. 以上这几类问题在下面几章中都将涉及. 我们一方面向读者介绍偏微分方程理论中一些最重要的结果, 另一方面也将微局部分析的主要思想与方法作概要的介绍.

§1. 双曲型方程的 Cauchy 问题

1. 一阶严格双曲组的对称化

本节讨论一阶严格双曲组与单个高阶双曲型方程的 Cauchy 问题. 先讨论方程组的情形, 即

$$D_t U - A(t, x, D_x)U = F, \qquad (6.1.1)$$

这里 F 和 U 表示 N 维向量, A 为 $N \times N$ 矩阵, 而其元素为不超过一阶的关于 x 的拟微分算子, 它自然包含 A 为微分算子矩阵的情形. 这里我们之所以要考虑 A 为拟微分算子矩阵, 是因为今后在讨论单个高阶双曲型方程时会约化成这种情形. 对于方程组 (6.1.1), 给定初始条件

$$U(0, x) = G, \qquad (6.1.2)$$

其中 G 为已知的 N 维向量函数. 我们的问题就是对给定的 F, G, 寻求 (6.1.1), (6.1.2) 的解 U.

以下先给出所讨论问题的确切叙述. 设 A 是一阶拟微分算子矩阵, 它的全象征为 $a(t, x, \xi) \in S^1$, 并设其主象征 $a_1(t, x, \xi)$ 关于 ξ 是正齐一次的. 我们设 $P = D_t - A(t, x, D_x)$ 是一个严格双曲型算子, 即要求

(H_1)　矩阵 $a_1(t, x, \xi)$ 的特征值 $\lambda_j(t, x, \xi)$ $(j = 1, \cdots, N)$ 对 $t \in \mathbb{R}$, $x \in \mathbb{R}^n, \xi \in \mathbb{R}^n \setminus \{0\}$ 是两两相异的 C^∞ 实值函数.

由条件 (H_1) 可知, 对任一 (t, x), 存在常数 $\delta > 0$, 使对矩阵 $a_1(t, x, \xi)$ 的不同特征值成立

$$|\lambda_j(t, x, \xi) - \lambda_k(t, x, \xi)| \geqslant \delta|\xi|, \quad j \neq k. \qquad (6.1.3)$$

以下为讨论方便起见, 我们还要求

(H_2)　当 $|x|$ 大于某常数 ρ 时, $a_1(t, x, \xi)$ 与 (t, x) 无关. 于是, 当限制于 $0 \leqslant t \leqslant T$ 区域中讨论问题时, (6.1.3) 式右边的 δ 可以取成关于 t, x 一致. 在本节末我们将指出利用双曲型方程组具有有限传播速度的特性, 条件 (H_2) 可以去掉.

本节中将证明的结论是

定理 6.1.1 设 $P = D_t - A(t, x, D_x)$ 是满足条件 (H_1) 与 (H_2) 的严格双曲算子, $F \in L^2([0, T], H^s)$, $G \in H^s$, 则问题 (6.1 .1), (6.1.2) 存在唯一的解 $U \in C^0([0, T], H^s)$, 而且满足能量不等式

$$\|U(t, \cdot)\|_s^2 \leqslant C(\|G\|_s^2 + \int_0^T \|F(\tau, \cdot)\|_s^2 d\tau). \tag{6.1.4}$$

对于高维双曲型方程 (组) 研究的一个传统的方法是能量方法. 当一阶双曲型方程组为对称双曲的情形时, 容易通过分部积分法建立能量不等式. 于是, 一个自然的想法是通过适当的变换, 将算子 $D_t - A(t, x, D_x)$ 化成对称的情形. 一般来说, 仅仅利用对未知函数 U 的变换以及对 P 乘以某个矩阵的方法, 并不能将 P 对称化, 即使当 A 为一阶偏微分算子时也是如此. 所以下面我们必须利用拟微分算子来实现 P 的对称化.

定义 6.1.1 算子 $D_t - A$ 称为**可对称化的**, 是指存在一个关于 $(t, x, \xi) \in \mathbb{R}^{n+1} \times (\mathbb{R}^n \setminus \{0\})$ 为 C^∞ 的 $N \times N$ 矩阵函数 $r_0(t, x, \xi)$, 它满足

(1) $r_0(t, x, \xi)$ 为 Hermite 阵, 关于 ξ 为正齐零次的, 并当 $|\xi| = 1$ 且 t 有界时其各阶导数有界;

(2) $r_0(t, x, \xi) a_1(t, x, \xi)$ 为 Hermite 阵;

(3) $r_0(t, x, \xi) \geqslant cI$.

以上引入的矩阵 $r_0(t, x, \xi)$ 也称为算子 $D_t - A$ 的**对称化子**.

若 a_1 本身已经是 Hermite 阵, 则 $D_t - A$ 自然是可对称化的, 严格双曲算子是一类非平凡的可对称化算子. 我们有

定理 6.1.2 若算子 $P = D_t - A$ 满足条件 (H_1) 与 (H_2), 则 P 是可对称化的.

证明 今设法构造对称化子 $r_0(t, x, \xi)$. 首先, 作

$$p_j(t, x, \xi) = \frac{1}{2\pi i} \oint_{|\lambda - \lambda_j(t, x, \xi)| = \frac{\delta}{2}|\xi|} (a_1(t, x, \xi) - \lambda I)^{-1} d\lambda. \tag{6.1.5}$$

由于复 λ 平面上 $\lambda_k(t, x, \xi)$ $(k \neq j)$ 都落在圆 $|\lambda - \lambda_j| = \dfrac{\delta}{2}|\xi|$ 之外, 所以 $p_j(t, x, \xi)$ 是到与 $\lambda_j(t, x, \xi)$ 相应的特征向量子空间的投影算子. 显

然, $p_j(t,x,\xi)$ 为 $(t,x,\xi) \in \mathbb{R}_+ \times \mathbb{R}^n \times (\mathbb{R}^n \setminus \{0\})$ 的 C^∞ 矩阵函数, 关于 ξ 为正齐零次. 其次, 令

$$r_0(t,x,\xi) = \sum_{j=1}^{N} p_j^*(t,x,\xi)p_j(t,x,\xi),$$

则 r_0 满足条件 (1) 是显然的. 又由于 $p_j a_1 = \lambda_j p_j$, 所以

$$\begin{aligned}
r_0 a_1 - a_1^* r_0 &= \sum_{j=1}^{N}(p_j^* p_j a_1 - a_1^* p_j^* p_j) \\
&= \sum_{j=1}^{N}(p_j^* \lambda_j p_j - \lambda_j^* p_j^* p_j).
\end{aligned}$$

而由于 λ_j 为实特征值, 故上式为零. 这说明 $r_0 a_1$ 为 Hermite 阵. 最后, 对任意的 $v \in \mathbb{C}^N$ 有

$$(r_0 v, v) = \sum_{j=1}^{N} \|p_j v\|^2.$$

注意到 $\sum p_j = I$, 就可找到常数 $c > 0$, 使

$$(r_0 v, v) \geqslant c\|v\|^2. \tag{6.1.6}$$

于是 r_0 满足定义 6.1.1 中所列出的诸条件, 从而知 P 是可对称化算子. 定理 6.1.2 证毕. ∎

2. 能量不等式, 解的存在性

为证明解的存在性我们先建立能量不等式. 它可用如下的定理表达.

定理 6.1.3 设 $P = D_t - A$ 满足定理 6.1.1 的条件, 则对一切实数 $s, T > 0$, 必存在 $C > 0$, 使对一切函数 $U \in C^0([0,T], H^{s+1}) \cap C^1([0,T], H^s)$ 成立

$$\|U(t,\cdot)\|_s^2 \leqslant C\left(\|U(0,\cdot)\|_s^2 + \int_0^T \|PU(\tau,\cdot)\|_s^2 d\tau\right). \tag{6.1.7}$$

证明 引入以 $r_0(t,x,\xi)$ 为主象征的自共轭拟微分算子 $R(t,x,D_x)$. 由 Gårding 不等式与 $r_0(t,x,\xi)$ 所满足的性质 (3), 我们不妨设 $R(t,x,D_x)$ 满足

$$(RU, U) \geqslant C\|U\|^2, \tag{6.1.8}$$

否则通过对 R 附加一个充分正的 -1 阶算子总可做到这一点. 将 (RU, U) 关于 t 求导得

$$\frac{d}{dt}(RU, U) = (R\partial_t U, U) + (RU, \partial_t U) + (R_t U, U),$$

其中 R_t 是以 $r_t(t, x, \xi)$ 为象征的拟微分算子, 而 $r(t, x, \xi)$ 为 $R(t, x, D_x)$ 的象征. 若 U 满足 (6.1.1), 则利用定理 6.1.2 与拟微分算子的 L^2 有界性可知

$$\frac{d}{dt}(RU, U) = (iR(AU + PU), U) + (RU, i(AU + PU)) + (R_t U, U)$$
$$= i((RA - A^*R)U, U) + (R_t U, U) + i(RPU, U) - i(RU, PU)$$
$$\leqslant C(\|U\|^2 + \|PU\| \cdot \|U\|)$$
$$\leqslant C(\|U\|^2 + \|PU\|^2).$$

两边积分, 即可得

$$(RU(t, \cdot), U(t, \cdot)) \leqslant C(\|U(0, \cdot)\|_0^2 + \int_0^t (\|U(\tau, \cdot)\|_0^2 + \|PU(\tau, \cdot)\|_0^2) d\tau).$$

利用 (6.1.8) 式, 可得

$$\|U(t, \cdot)\|_0^2 \leqslant C(\|U(0, \cdot)\|_0^2 + \int_0^t (\|U(\tau, \cdot)\|_0^2 + \|PU(\tau, \cdot)\|_0^2) d\tau).$$

再利用 Gronwall 不等式, 在适当更换常数 C 后即可将右边积分式中的 $\|U(\tau, \cdot)\|_0^2$ 去掉, 得到

$$\|U(t, \cdot)\|_0^2 \leqslant C\left(\|U(0, \cdot)\|_0^2 + \int_0^t \|PU(\tau, \cdot)\|_0^2 d\tau\right), \tag{6.1.9}$$

此即当 $s = 0$ 时的 (6.1.7) 式.

现记 $\Lambda^s = (1 + |D_x|^2)^{\frac{s}{2}}$, Λ^s 是以 $(1 + |\xi|^2)^{\frac{s}{2}}$ 为象征的拟微分算子. 令 $V = \Lambda^s U$, 则显然有 $PV = \Lambda^s PU + [P, \Lambda^s]U$ 以及 $\|V(t, \cdot)\|_0^2 = \|U(t, \cdot)\|_s^2$, 于是对 V 应用 (6.1.9) 式可得

$$\|U(t, \cdot)\|_s^2 \leqslant C\left(\|U(0, \cdot)\|_s^2 + \int_0^t \|\Lambda^s PU + [P, \Lambda^s]U\|_0^2 d\tau\right)$$

$$\leqslant C\left(\|U(0,\cdot)\|_s^2 + \int_0^t \|PU(\tau,\cdot)\|_s^2 + \|U(\tau,\cdot)\|_s^2 d\tau\right).$$

再次应用 Gronwall 不等式, 即得 (6.1.7) 式. 定理 6.1.3 证毕.　　■

定理 6.1.1 的证明　现在来证明定理 6.1.1. 其证明方法在双曲型方程适定性的讨论中是典型的.

先证唯一性. 它很容易由能量不等式 (6.1.7) 导出. 事实上我们只需指出与 (6.1.1), (6.1.2) 相应的齐次问题的 $C^0([0,T],H^s)$ 解必为零解, 即可断言所需之唯一性. 今设 U 为这样的解, 则由 $D_t U = AU$ 可知 $U \in C^1([0,T],H^{s-1})$, 于是由 (6.1.7) 知 $\|U(t,\cdot)\|_{s-1} = 0$, 所以 $U \equiv 0$.

为证存在性, 引入共轭算子 $P^* = D_t - A^*(t,x,D_x)$, 则 P^* 存在对称化子 r_0^*. 从而对 P^* 也可以有相似于 (6.1.7) 的能量不等式. 此时以 $t = T$ 为初始平面, 对 $C^\infty([0,T],H^\infty)$ 中的任一函数 φ, 成立

$$\|\varphi(t,\cdot)\|_{-s}^2 \leqslant C(\|\varphi(T,\cdot)\|_{-s}^2 + \int_0^T \|P^*\varphi(\tau,\cdot)\|_{-s}^2 d\tau). \qquad (6.1.10)$$

今引入空间 $E = \{\varphi \in C^\infty([0,T],H^\infty), \varphi(T,\cdot) = 0\}$, 则有

$$\|\varphi(t,\cdot)\|_{-s}^2 \leqslant C \int_0^T \|P^*\varphi(\tau,\cdot)\|_{-s}^2 d\tau, \quad \forall \varphi \in E.$$

因此, 若在 P^*E 上定义线性泛函 l 如下:

$$P^*\varphi \mapsto l(P^*\varphi) = \int_0^T (F(\tau,\cdot), \varphi(\tau,\cdot))d\tau + \frac{1}{i}(G, \varphi(0,\cdot)),$$

就可有估计式

$$|l(P^*\varphi)|^2 \leqslant C\left(\int_0^T \|\varphi(\tau,\cdot)\|_{-s}^2 d\tau + \|\varphi(0,\cdot)\|_{-s}^2\right)$$

$$\leqslant C \int_0^T \|P^*\varphi(\tau,\cdot)\|_{-s}^2 d\tau.$$

从而按 $L^2([0,T],H^{-s})$ 拓扑, l 为 P^*E 上的线性连续泛函. 于是按照 Hahn-Banach 定理, 它可以延拓到全空间 $L^2([0,T],H^{-s})$ 上. 由 Riesz 表示定理知, 存在 $U \in L^2([0,T],H^{-s})' = L^2([0,T],H^s)$, 使得对一切 $\varphi \in E$ 有

$$(U, P^*\varphi) = \int_0^T (F(\tau, \cdot), \varphi(\tau, \cdot))d\tau + \frac{1}{i}(G, \varphi(0, \cdot)),$$

特别取 $\varphi \in C_c^\infty([0,T] \times \mathbb{R}^n)$, 可得

$$PU = F.$$

进一步由 $D_t U = AU + F \in L^2([0,T], H^{s-1})$ 知 $U(0, \cdot)$ 有意义, 且可得 $(U(0, \cdot), \varphi(0, \cdot)) = (G, \varphi(0, \cdot))$, 它即导致 $U(0, \cdot) = G$. 这样, 我们就得到了问题 (6.1.1), (6.1.2) 的 $L^2([0,T], H^s)$ 解的存在性.

U 的正则性还可提高. 由 $D_t U = AU + F$ 知 $U \in C^0([0,T], H^{s-1})$. 为了说明 U 还属于 $C^0([0,T], H^s)$, 可取 $F_j \in L^2([0,T], H^{s+1})$, $G_j \in H^{s+1}$, 且使当 $j \to \infty$ 时 $F_j \to F(L^2([0,T], H^s)$ 与 $G_j \to G(H^s)$ 成立. 利用前面已证得的结论知, 存在 $U_j \in C^0([0,T], H^s)$ 满足 $PU_j = F_j$ 与 $U_j(0, \cdot) = G_j$. 对 $U_j - U_k$ 应用能量不等式 (6.1.4) 即可知 $U_j - U_k$ 为 $C^0([0,T], H^s)$ 中的基本序列. 从而 U_j 在 $C^0([0,T], H^s)$ 中有极限. 易见此极限正是 U, 因此可得 $U \in C^0([0,T], H^s)$. 定理 6.1.1 证毕. ∎

注 若 $F \in C^\infty([0,T], H^\infty)$, $G \in H^\infty$, 则反复利用方程组 (6.1.1) 可知, 问题 (6.1.1), (6.1.2) 的解 $U \in C^\infty([0,T], H^\infty)$.

3. 化高阶方程为一阶方程组的 Calderón 方法

定理 6.1.1 还可以用来导出高阶双曲型方程 Cauchy 问题解的存在性. 高阶双曲型方程 Cauchy 问题的一般形式为

$$D_t^m u - \sum_{j=0}^{m-1} A_{m-j}(t, x, D_x) D_t^j u = f, \qquad (6.1.11)$$

$$D_t^{j-1} u|_{t=0} = g_j \quad (j = 1, \cdots, m), \qquad (6.1.12)$$

其中 $A_{m-j}(t, x, D_x)$ 是 $m - j$ 阶拟微分算子, 而其象征 $a_{m-j} \in S^{m-j}$, 且相应的主象征 $a_{m-j}^0(t, x, \xi)$ 为 ξ 的正齐 $m - j$ 次函数. 自然, 当 $A_{m-j}(t, x, D_x)$ 是具有 C^∞ 系数的 $m - j$ 阶微分算子时必符合上述要求. 我们设 (6.1.11) 中的算子满足条件

(H_1') 方程 $\tau^m - \sum_{j=0}^{m-1} a_{m-j}^0(t, x, \xi)\tau^j = 0$ 当 $t \in \mathbb{R}_+, x \in \mathbb{R}^n, \xi \in$

$\mathbb{R}^n \setminus \{0\}$ 时关于 τ 有 m 个两两相异的实根

$$\tau_1(t,x,\xi),\cdots,\tau_m(t,x,\xi).$$

(H$_2'$)   当 $|x|$ 充分大时 $a_j^0(t,x,\xi)$ 与 t, x 无关.

为得到问题 (6.1.11), (6.1.12) 的解的存在性, 一个自然的方法就是将它化成方程组的初值问题. 在拟微分算子出现以前, 将 (6.1.11) 化成方程组并不简单. 因为若将 u 的各阶导数视为新的未知函数而引入一系列的补充方程. 虽然可以将方程降阶, 并最终导致与 (6.1.11) 等价的一阶偏微分方程组, 但这样的约化将额外地引入很多附加的特征, 于是所得到的一阶方程组不再是严格双曲组, 从而使其后的讨论出现困难. 但有了拟微分算子作为工具以后, 采用由 Calderón 所提出的方法可以很快地将 (6.1.11) 化成一阶方程组, 且不增加新的特征.

仍以 Λ^s 记以 $(1+|\xi|^2)^{s/2}$ 为象征的拟微分算子, 并简记 Λ^1 为 Λ. 对于原未知函数 u 引入新的未知函数向量

$$U = \begin{pmatrix} u_1 \\ u_2 \\ \vdots \\ u_m \end{pmatrix} = \begin{pmatrix} \Lambda^{m-1}u \\ D_t\Lambda^{m-2}u \\ \vdots \\ D_t^{m-1}u \end{pmatrix},$$

则方程 (6.1.11) 就化成

$$D_tU - AU = F, \tag{6.1.13}$$

其中

$$A = \begin{pmatrix} 0 & \Lambda & & \mathbf{0} \\ \vdots & \ddots & \ddots & \\ 0 & \cdots & 0 & \Lambda \\ B_1 & \cdots & \cdots & B_m \end{pmatrix}, \quad F = \begin{pmatrix} 0 \\ \vdots \\ 0 \\ f \end{pmatrix},$$

$$B_j = A_{m-j+1}\Lambda^{j-m} \quad (1 \leqslant j \leqslant m).$$

显然, B_j 都是一阶拟微分算子, 它的象征为

$$a_{m-j+1}(t,x,\xi)(1+|\xi|^2)^{\frac{1}{2}(j-m)}.$$

故矩阵 A 是一阶拟微分算子矩阵, 其每个元素的主象征都关于 ξ 为正齐一次的. 这里我们可以看到, (6.1.11) 虽然是微分方程, 但由于在约化过程中引入了拟微分算子 Λ^s, 所得到的 (6.1.13) 仍为拟微分方程组. 这也就是我们在本节初就设 (6.1.11) 为拟微分方程组的原因.

若记 A 的主象征为 a^0, B_j 的主象征为 b_j^0, 则通过直接计算可知

$$\det(\tau I - a^0(t,x,\xi)) = \det \begin{pmatrix} \tau & -|\xi| & & & 0 \\ 0 & \ddots & & \ddots & \\ & & \tau & & -|\xi| \\ -b_1^0 & \cdots & -b_{m-1}^0 & & \tau - b_m^0 \end{pmatrix}$$

$$= \tau^m - \sum_{j=0}^{m-1} a_{m-j}^0(t,x,\xi)\tau^j.$$

因此方程 (6.1.11) 与相应的方程组 (6.1.13) 具有相同的特征. 于是, (6.1.11) 满足条件 (H_1'), (H_2') 与 (6.1.13) 满足条件 (H_1), (H_2) 等价.

记 $G = {}^t(\Lambda^{m-1}g_1, \Lambda^{m-2}g_2, \cdots, g_m)$, 则初始条件 (6.1.12) 可以化成

$$U|_{t=0} = G. \tag{6.1.14}$$

定理 6.1.1 可以应用于 Cauchy 问题 (6.1.13), (6.1.14), 于是可导致如下的结论.

定理 6.1.4 设方程 (6.1.11) 左边是满足条件 (H_1'), (H_2') 的严格双曲算子, $f \in L^2([0,T], H^s)$, $g_j \in H^{s+m-j}$ $(j = 1, \cdots, m)$, 则 Cauchy 问题 (6.1.13), (6.1.14) 有唯一解

$$u \in \bigcap_{k=0}^{m-1} C^k([0,T], H^{s+m-k-1}),$$

并成立估计

$$\sum_{j=1}^m \|D_t^{j-1}u\|_{s+m-j}^2 \leqslant C \left(\sum_{j=1}^m \|g_j\|_{s+m-j}^2 + \int_0^T \|f\|_s^2 d\tau \right). \tag{6.1.15}$$

注 与定理 6.1.1 的注相仿, 若 $f \in C^\infty([0,T], H^\infty)$, $g_j \in H^\infty$ $(j = 1, \cdots, m)$, 则问题 (6.1.11), (6.1.12) 的解 $u \in C^\infty([0,T], H^\infty)$.

4. 有限传播速度性质

现在我们要设法将定理 6.1.1 或定理 6.1.4 中的不自然的条件 (H_2) 或 (H'_2) 去掉. 这里主要用到双曲型方程的有限传播速度性质. 它可以用类似于经典的 Holmgren 定理的方法加以证明. 虽然这里的讨论并非 "微局部" 型的, 但由于这个方法与相应结论的重要性, 我们仍将其详细写出.

以下仅讨论微分方程的情形. 我们主要讨论问题 (6.1.11), (6.1.12), 且设其中算子 A_j 为微分算子.

引理 6.1.1　设算子 $D_t^m + \sum\limits_{\substack{|\alpha|+j \leqslant m \\ j < m}} A_{\alpha j} D_x^\alpha D_t^j$ 关于 t 方向为严格双曲算子, 那么关于与 t 轴充分邻近的方向来说, 该算子也是严格双曲的.

证明　以 $\vec{e}$ 表示方向 $(0, \xi_1, \cdots, \xi_n)$, 以 $\vec{N}$ 表示 t 方向 $(1, 0, \cdots, 0)$, t 方向的邻近方向 t' 用 $\vec{N}_1$ $(1, l_1, \cdots, l_n)$ 表示, 其中 $|l| = \sum\limits_{j=1}^{n} |l_j| < \varepsilon$ 充分小, 已知的条件是方程

$$p(\vec{e} + \tau \vec{N}) = \tau^m + \sum_{\substack{|\alpha|+j=m \\ j < m}} A_{\alpha j} \xi^\alpha \tau^j = 0 \qquad (6.1.16)$$

关于 τ 有 m 个相异实根, 为考察方程关于 t' 方向的双曲性, 只需考察

$$p(\vec{e} + \tau \vec{N}_1) = \tau^m + \sum_{\substack{|\alpha|+j=m \\ j < m}} A_{\alpha j} (\xi + l\tau)^\alpha \tau^j = 0 \qquad (6.1.17)$$

的根. 由于 l 充分小, 故将 (6.1.17) 展开, 并除以 $1 + \sum A_{\alpha j} l^\alpha$ 以后, 可得

$$\tau^m + \sum A'_{\alpha j} \xi^\alpha \tau^j = 0, \qquad (6.1.18)$$

其中 $A'_{\alpha j}$ 也是实系数, 且满足

$$|A_{\alpha j} - A'_{\alpha j}| \leqslant C\varepsilon.$$

我们断言 (6.1.18) 关于 τ 也有 m 个相异实根. 事实上, 取 $|\xi| = 1$, 记 (6.1.16) 左边的多项式为 $p(\tau, \xi)$, 它的根关于系数是连续的, 且在 τ

复平面上闭环路 γ 中根的个数为

$$\frac{1}{2\pi i}\oint_{\gamma}\frac{p'_{\tau}(\tau,\xi)}{p(\tau,\xi)}d\tau.$$

由于 $p(\tau,\xi)$ 具有相异实根, 两根间最小距离为 δ. 故取 γ 为以某个根 τ_j 为圆心以 $\dfrac{\delta}{2}$ 为半径的圆, 则由多项式 $p(\xi,\tau)$ 的系数的连续性知, 当 ε 充分小时 γ 所围区域中根的个数不变. 但由于 (6.1.18) 左边也是实系数的多项式, 故它的复根必成对地出现. 这就说明了 (6.1.18) 不可能有复根, 而且其实根也是两两相异的. 再利用 (6.1.16) 或 (6.1.18) 左边多项式关于 τ,ξ 的齐次性, 前面的论断当 $|\xi|\neq 1$ 时也成立. 因此得知算子 $D_t^m-\sum A_{\alpha j}D_x^{\alpha}D_t^j$ 关于 t 轴的邻近方向也是严格双曲的. 引理证毕. ■

对于严格双曲型偏微分方程的 Cauchy 问题成立以下的局部唯一性定理:

定理 6.1.5 设 P 是原点邻域 V 中具 C^{∞} 参数的关于 t 方向为严格双曲的 m 阶偏微分算子, 则存在原点的邻域 $W\subset V$, 使得若 $u\in C^m(V)$, 且在 W 中 $Pu=0$, 在 $\{t=0\}\cap W$ 上 $D^{\alpha}u=0$ $(|\alpha|\leqslant m-1)$, 则在 W 中 $u=0$.

证明 作坐标变换 $t'=t+x^2, x'_j=x_j\ (j=1,\cdots,N)$, 可以将 $t=0$ 平面变换成旋转抛物面 $t'=|x'|^2$. 据引理 6.1.1 可知, 在 $(t',x'_1,\cdots,x'_n)$ 坐标系中 P 的新形式 P' 在原点邻域中也是关于 t' 为严格双曲的. 于是, 定理的条件与结论都可以在 $(t',x'_1,\cdots,x'_n)$ 坐标系中加以叙述. 且为记号简单起见, 以下将省略记号 "'", 定理条件中仅需变化的是, 现在 u 所满足的初始条件应叙述为

若 $|\alpha|\leqslant m-1$, 则在 $\{t=x^2\}\cap W$ 上 $D^{\alpha}u=0$.

我们将证明对充分小的 $\varepsilon>0$, 在 $t=\varepsilon$ 与 $t=x^2$ 所围成的透镜形区域 D 上 $u\equiv 0$. 作 P 的转置算子 ${}^tP$, 容易看到 ${}^tP$ 也是严格双曲的. 因此, 可以将关于 P 的唯一性转化为关于 ${}^tP$ 的存在性进行讨论. 为此, 我们先将 ${}^tP$ 延拓到 V 外, 使其满足条件 (H'_2). 令 $\theta(s)$ 为一 $C_c^{\infty}(\mathbb{R}^1)$ 函数, $0\leqslant\theta(s)\leqslant 1$. 对适当小的 r, 当 $s\geqslant r$ 时 $\theta(s)=0$, 且当

$s \leqslant \dfrac{r}{2}$ 时 $\theta(s) = 1$. 设 ρ 表示映射

$$\rho : (t, x) \mapsto (t\theta(t^2 + x^2), x\theta(t^2 + x^2)),$$

则 $^tP(\rho(t,x), D_t, D_x)$ 在 $\mathbb{R}^{n+1}$ 上有定义, 且在原点邻域保持原来的形式. 利用定理 6.1.4 知, 对于任意多项式 $q(x)$, Cauchy 问题

$$\begin{cases} {}^tPv = 0, \\ D_t^{j-1}v|_{t=\varepsilon} = 0, \quad 1 \leqslant j < m; \quad D_t^{m-1}v|_{t=\varepsilon} = q(x) \end{cases} \tag{6.1.19}$$

存在 C^∞ 解 v. 于是, 如果问题

$$\begin{cases} Pu = 0, \\ D_t^{j-1}u|_{t=x^2} = 0, \quad 1 \leqslant j \leqslant m \end{cases} \tag{6.1.20}$$

有解 u, 则由 Green 公式知

$$\int_D [vPu - u{}^tPv]dxdt = \int_{t=x^2} A(u,v)dS - \int_{t=\varepsilon} A(u,v)dS, \tag{6.1.21}$$

其中 $A(u,v)$ 为 u, v 及其导数的双线性形式:

$$\sum_{|\alpha|+|\beta| \leqslant m-1} a_{\alpha\beta}(x) D^\alpha u D^\beta v.$$

利用 u, v 所满足的条件 (6.1.19), (6.1.20) 即可知

$$\int_{t=\varepsilon} c(x)u(\varepsilon, x)q(x)dx = 0, \tag{6.1.22}$$

且由 $t = \varepsilon$ 为非特征可知 $c(x)$ 处处非零. 于是由 $q(x)$ 的任意性可知 $u(\varepsilon, x) = 0$. 再由 ε 的任意性可知在 D 中 $u \equiv 0$. 定理证毕. ■

由局部唯一性定理还可以导出以下整体性的结果.

定理 6.1.6　设 P 是 $[0, T] \times \mathbb{R}^n$ 中具 C^∞ 系数且满足条件 (H_1'), (H_2') 的 m 阶严格双曲算子, a 为充分大的正数. 以 $(t_0, x_0) \in [0, T] \times \mathbb{R}^n$ 为顶点作后向锥 $C = \{(t, x)|0 < t < t_0, |x - x_0| < a(t_0 - t)\}$, 它与 $t = 0$ 之交为 $S = \{x| \, |x - x_0| < at_0\}$. 若 $u \in C^m([0, T], \mathscr{D}')$, 且满足 $Pu = 0$ 以及 $D_t^{j-1}u|_s = 0 \, (1 \leqslant j \leqslant m)$, 则在锥 C 中 $u \equiv 0$.

证明　先设 $u \in C^m([0, T] \times \mathbb{R}^n)$, 对 $\varepsilon \in (0, t_0)$, 记 $t_\varepsilon = t_0 - \varepsilon$, 以

(t_ε, x_0) 为顶点作反向锥

$$C_\varepsilon = \{(t,x)| 0 < t < t_\varepsilon, |x - x_0| < a(t_\varepsilon - t)\}$$

并作一族旋转双曲面 S_λ:

$$\lambda^3|x - x_0|^2 = a^2(t - \lambda t_\varepsilon)^2 - \lambda^2 t_\varepsilon^2 a^2(1 - \lambda), \tag{6.1.23}$$

其中 $0 \leqslant \lambda \leqslant 1$. S_λ 与 $t = 0$ 平面的交集均落在锥 C_ε 上. 当 λ 由 1 变到 0 时, 曲面 S_λ 由 C_ε 变到 $t = 0$. 当 a 充分大时, 对任意 $\lambda \in [0,1)$, 在 S_λ 上的法向均与 t 轴方向很接近. 于是, 若对某一 λ_0, 在 S_{λ_0} 上给出零初始数据, 由局部唯一性定理知在 S_{λ_0} 附近 $u \equiv 0$.

记 $\Lambda = \{\lambda \in [0,1)| \ |D^\alpha u|_{s_\lambda} = 0 \ 对 \ |\alpha| \leqslant m - 1\}$. 则由上面的证明知 Λ 为开集. 又由 u 的正则性知 Λ 为闭集. 此外, $0 \in \Lambda$ 是已知的. 所以 Λ 必充满整个区间 $[0,1)$. 这就说明了在一切 S_λ 上 $u \equiv 0$, 即在 C_ε 上 $u \equiv 0$. 由于 ε 可任意小, 故 u 在 C 上恒为零.

再考察 $u \in C^m([0,T], \mathscr{D}')$ 的一般情况, 若在 C 的某一邻域外截断 u, 不妨设 $u \in C^m([0,T], \mathscr{E}')$, 则存在实数 σ, 使 $u \in C^m([0,T], H^\sigma)$. 记 $Pu = f, D_t^{j-1}u|_{t=0} = g_j \ (1 \leqslant j \leqslant m)$, 则 f 在 C 上为零, g_j 在 S 上为零. 设 $J_k = \rho_k*$ 是 $\mathbb{R}_x^n$ 中的磨光算子, 令 u_k 为问题

$$\begin{cases} Pu_k = J_k f, \\ D_t^{j-1} u_k|_{t=0} = J_k g_j \quad (1 \leqslant j \leqslant m) \end{cases} \tag{6.1.24}$$

的解. 由能量不等式可知 u_k 以 u 为极限. 另外由定理 6.1.4 知 $u_k \in C^m([0,T] \times \mathbb{R}^n)$, 但由于当 k 充分大时 $J_k f$ 在 C_ε 中为零, $J_k g_j$ 在 S_ε 中为零, 故由本定理前一部分证明可知 u_k 在 C_ε 中为零. 再令 $k \to \infty$ 即知 u 在 C_ε 中恒为零. 再次利用 ε 的任意性可知 u 在 C 中为零. 定理证毕. ∎

这个定理告诉我们, 严格双曲型方程解在 (t_0, x_0) 之值只依赖于在锥 C 中的 f 与在 $S = C \cap \{t = 0\}$ 上的 g_j 之数据. 因此, 反向锥 C 就是解的依赖区域. 依赖区域的存在反映了波以有限速度传播这一物理事实. 当所讨论的双曲型方程为二阶波动方程时, 这一性质在数学物理方程著作中都有介绍, 故这里不再详述. 在此特别指出的是在上

面讨论中参数 a 表示锥 C 顶角的大小, a 可以取成

$$\max_j \sup_{\substack{(t,x)\in[0,T]\times\mathbb{R}^n \\ |\xi|=1}} |\lambda_j(t,x,\xi)|,$$

其证明可参见 [CP].

利用定理 6.1.6 可以将定理 6.1.4 中的条件 (H_2') 去掉. 事实上这个定理告诉我们若要在 (t_0,x_0) 处考虑方程 $Pu = f$ 的 Cauchy 问题的解, 只需在以此点为顶点的某个反向锥内考察此方程就够了, 而没有必要考察当 $|x|$ 很大时方程的情况. 因此, 我们可以当 $|x|$ 充分大时修改方程的系数而不影响到反向锥内解的性态, 从而可以去掉条件 (H_2'). 例如我们有以下的结论.

定理 6.1.7 设 P 是 $[0,T]\times\mathbb{R}^n$ 中具 C^∞ 系数的严格双曲算子, $f \in L^2([0,T], H^s)$, $g_j \in H^{s+m-j}$ $(j = 1, \cdots, m)$, 则初值问题

$$Pu = f, \quad D_t^{j-1} u|_{t=0} = g_j \quad (j = 1, \cdots, m) \tag{6.1.25}$$

在 $\displaystyle\bigcap_{l=1}^{m-1} C^l([0,T], H^{s+m-l-1})$ 中存在唯一解.

证明 解的唯一性即定理 6.1.6 的结论. 以下证存在性. 设 $\theta(s) \in C_c^\infty(\mathbb{R})$ 是当 $|s| \leqslant 1$ 时恒等于 1, 且 $\operatorname{supp} \theta \subset [-2,2]$ 的截断函数. 令 $f_k(t,x) = \theta\left(\dfrac{|x|}{k}\right) f(t,x)$, $g_{j,k}(t,x) = \theta\left(\dfrac{|x|}{k}\right) g_j(x)$, 修改 P 在 $|x| > 2k$ 处的系数, 使 P 满足条件 (H_1') 与 (H_2'), 将此修改了的算子记为 P_k, 则由定理 6.1.4 与定理 6.1.6 知存在函数 $u_k \in \displaystyle\bigcap_{l=0}^{m-1} C^l([0,T], H^{s+m-l-1})$ 满足

$$P_k u_k = f_k, \quad D_t^{j-1} u_k|_{t=0} = g_{k,j} \quad (j = 1, \cdots, m). \tag{6.1.26}$$

注意到在区域 $\{|x| < k\}$ 中, 等式 (6.1.25) 与 (6.1.26) 相同, 所以由定理 6.1.6 知, 若 $k' > k$, 对适当大的 a, 在 $\{|x| < k - at\}$ 中 $u_k(t,x) = u_{k'}(t,x)$. 于是在 $[0,T]\times\mathbb{R}^n$ 的任意开集中

$$\lim_{k\to\infty} u_k(t,x) = u(t,x)$$

存在, 它就是问题 (6.1.25) 的解, 定理证毕. ∎

注 对于双曲型偏微分方程组 Cauchy 问题 (6.1.1), (6.1.2) 也有相应于定理 6.1.5 到定理 6.1.7 的结论.

§2. Cauchy 问题的唯一性

1. 问题的阐述

与严格双曲型方程 Cauchy 问题相比, 非双曲型偏微分方程 Cauchy 问题的研究要复杂得多. 本节将讨论 Cauchy 问题的唯一性, 介绍 A.P. Calderón 所获得的关于一般偏微分方程 Cauchy 问题唯一性的重要成果. 这个定理的证明是技巧性较高的.

以下仍设 $P = p(t, x, D_t, D_x)$ 是一个 m 阶线性偏微分算子, 它的系数是在 $\mathbb{R}^{n+1}$ 的原点的一个邻域中定义的 C^∞ 函数, $t = 0$ 非特征, 并在 $t = 0$ 上给定了初始条件

$$D_t^{j-1} v|_{t=0} = 0, \quad j = 1, \cdots, m. \tag{6.2.1}$$

若在原点邻域中 v 是 $Pv = 0$ 满足上述初始条件的一个解, 问当 $t > 0$ 时 v 是否是零.

对于 P 为严格双曲算子的情形, 定理 6.1.5 已经对上述问题做了回答. 当 P 为一般的偏微分算子时, 若 P 具有解析系数, 而且 $t = 0$ 非特征, 则由 Holmgren 定理可断定上述问题的可微解都是零解. 但是对于系数非解析的情形, 已有一些反例说明, Cauchy 问题解的唯一性不一定成立. 以下介绍的结果中并未对算子 P 的类型作特殊的要求, 也不限于考虑解析系数的情形, 只是对算子特征的重数作了限制, 所得到的唯一性定理适用范围相当广. 下面我们先证单特征算子的 Calderón 定理, 接着再给出该定理在重特征算子情形下的一些推广.

定理 6.2.1 设 P 是一个在 $(t, x) = (0, 0)$ 邻域 Ω 中定义的具 C^∞ 系数的偏微分算子, $t = 0$ 不是特征, P 满足条件: 对 Ω 中一切 (t, x) 及任意单位向量 $\xi \in \mathbb{R}^n$,

(1) $p(t, x, \tau, \xi) = 0$ 作为 τ 的多项式只有单根,

(2) 任意非实根 τ 满足 $|\mathrm{Im}\, \tau| \geqslant \varepsilon > 0$,

(3) 任两个相异的根满足 $|\tau_1 - \tau_2| \geqslant \varepsilon$,

那么, 对于 $Pu = 0$ 的 C^∞ 解 u, 若 supp $u \subset \{t \geqslant 0\}$, u 必在原点的一个完整邻域 $\omega \subset \Omega$ 中为零.

为证明此定理, 先作一个坐标变换

$$t' = t + \delta \sum_{i=1}^{n} x_i^2, \quad x_i' = x_i \quad (i = 1, \cdots, n),$$

将平面 $t = 0$ 变成一个旋转抛物面 S: $t' = \delta \sum_{i=1}^{n} x_i'^2$. 仍记 t', x' 为 t, x, 当 Ω 充分小时上述变换只相当于对 P 的系数作了小扰动, 于是 $t = 0$ 仍为非特征. 引理 6.1.1 的证明过程指出, 特征方程 $p(t, x, \tau, \xi) = 0$ 的互相分离的实根在系数小扰动下不会变成复根. 所以在作此坐标变换后定理 6.2.1 条件中的(1)—(3) 仍都成立. 只是定理条件中 supp $u \subset \{t \geqslant 0\}$ 应当改成 supp $u \subset \left\{ t \geqslant \delta \sum_{i=1}^{N} x_i^2 \right\}$. 以下就在这样的假定条件下来证明定理 6.2.1.

定理的证明基于一个具有指数权函数 $e^{\lambda(T-t)^2}$ 的估计式

$$\int_0^T e^{\lambda(T-t)^2} \sum_{|\alpha| < m} \|D^\alpha u\|^2 dt \leqslant C \int_0^T e^{\lambda(T-t)^2} \|Pu\|^2 dt,$$

其中 $\|\cdot\|$ 表示对 x 的 L^2 范数. 这种类型的估计称为 **Carleman 估计**.

引理 6.2.1　设 $u \in C^m$ 的支集在 $0 \leqslant t \leqslant T$, $|x| \leqslant r$ 内, 则对于满足定理 6.2.1 中条件的算子 P, 必存在一个与 u 无关的常数 C, 使当 T, r, λ^{-1} 都充分小时有

$$\int_0^T e^{\lambda(T-t)^2} \sum_{|\alpha| < m} \|D^\alpha u\|^2 dt \leqslant C(\lambda^{-1} + T^2) \int_0^T e^{\lambda(T-t)^2} \|Pu\|^2 dt.$$

$$(6.2.2)$$

在证明基本的不等式 (6.2.2) 前, 我们先证明由引理 6.2.1 可以导出定理 6.2.1.

记 $w(t) = e^{\lambda(T-t)^2}$, 又令 $\zeta(t)$ 是定义在 $t \geqslant 0$ 中的非负 C^∞ 函

数, 使当 $t \leqslant \dfrac{2}{3}T$ 时 $\zeta(t) \equiv 1$, 当 $t \geqslant T$ 时 $\zeta(t) \equiv 0$. 因为 supp $u \subset$ $\left\{t \geqslant \delta \displaystyle\sum_{i=1}^{n} x_i^2\right\}$, 故当 T 充分小时 u 在 x 方向的支集很小, 所以对 $v = \zeta u$ 可应用 (6.2.2), 从而得

$$\int_0^{2T/3} w\|u\|^2 dt \leqslant C(\lambda^{-1} + T^2) \int_{2T/3}^{T} w\|P(\zeta u)\|^2 dt$$

$$\leqslant C_1(\lambda^{-1} + T^2) \int_{2T/3}^{T} w\, dt,$$

其中 C_1 可能与 u, T 有关, 但与 λ 无关. 现在固定 T, 有

$$e^{\lambda T^2/4} \int_0^{T/2} \|u\|^2 dt \leqslant \int_0^{T/2} w\|u\|^2 dt$$

$$\leqslant C_1(\lambda^{-1} + T) \int_{2T/3}^{T} e^{\lambda(T-t)^2} dt$$

$$\leqslant C_2(\lambda^{-1} + T)T e^{\lambda T^2/9}.$$

令 $\lambda \to \infty$, 即知在 $\left(0, \dfrac{T}{2}\right)$ 中 $u \equiv 0$. 这样, 唯一性定理 6.2.1 即归结为不等式 (6.2.2) 的证明.

2. Carleman 估计的证明

为证明估计式 (6.2.2), 我们先把高阶方程化成一阶方程组, 并以对一阶方程组的相应估计式来代替 (6.2.2). 这里化高阶方程为一阶方程组的方法即如上节中所述. 设 P 的主象征为

$$\tau^m - \sum_{j=0}^{m-1} a_{m-j}^0(t, x, \xi) \tau^j,$$

令

$$u_j = D_t^{j-1} \Lambda^{m-j} u, \quad j = 1, \cdots, m,$$

$$U = \begin{pmatrix} u_1 \\ \vdots \\ u_{m-1} \\ u_m \end{pmatrix}, \quad F = \begin{pmatrix} 0 \\ \vdots \\ 0 \\ f \end{pmatrix},$$

就可以把 $Pu = f$ 化成 $(D_t - A)U = F$ 的形式. 其中 A 的主象征

$$a^0 = \begin{pmatrix} 0 & |\xi| & \cdots & 0 \\ \vdots & & \ddots & \vdots \\ 0 & 0 & \cdots & |\xi| \\ a_m^0 |\xi|^{1-m} & a_{m-1}^0 |\xi|^{2-m} & \cdots & a_1^0 \end{pmatrix} \qquad (6.2.3)$$

由于 $\det |\tau I - a^0|$ 与 P 的主象征相同, 故 $\det |\tau I - a^0| = 0$ 的根仍满足定理 6.1.1 中的条件.

我们指出利用矩阵算子 A, 不等式 (6.2.2) 可以由下面一个类似的不等式

$$\int_0^T w \|U\|^2 dt \leqslant C(\lambda^{-1} + T^2) \int_0^T w \|D_t U - AU\|^2 dt + C \int_0^T w \|U\|_{-1} dt \tag{6.2.4}$$

推得. 这里 $\|U\|^2$ 表示 $\sum_j \|u_j\|^2$. 在此需注意, 虽然 u 的支集在 $\{|x| < r, 0 \leqslant t \leqslant T\}$ 中, 但由于 Λ 为非局部算子, U 的支集就不一定如此.

现在证明 (6.2.2) 可以由 (6.2.4) 推出. 从 U 的定义可看到, 对某个常数 C_0, 有

$$C_0^{-1} \|U\|^2 \leqslant \sum_{|\alpha| = m-1} \|D^\alpha u\|^2 \leqslant C_0 \|U\|^2.$$

利用 U 所满足的方程, 由 (6.2.4) 可得

$$\int_0^T w \sum_{|\alpha| < m} \|D^\alpha u\|^2 dt \leqslant C(\lambda^{-1} + T^2) \int_0^T e^{\lambda(T-t)^2} \|Pu\|^2 dt +$$

$$C \int_0^T w \left(\sum_{|\alpha| < m-1} \|D^\alpha u\|^2 + \|D_t^{m-1} u\|_{-1}^2 \right) dt. \tag{6.2.5}$$

(6.2.5) 与 (6.2.2) 的差别在于右边的余项. 然而由 Friedrichs 不等式知, 若一个函数 $\varphi(x)$ 支集在 $|x| < r$ 中, 即有

$$\|\varphi\| \leqslant b \|\text{grad } \varphi\|,$$

其中常数 b 随 r 充分小而充分小. 进一步还可以有

$$\|\varphi\|_{-1} = \sup_v \frac{|(\varphi, v)|}{\|v\|_1} \leqslant b\|\varphi\|.$$

在上式中 v 为任意函数, 故可将其支集限制于 $|x| < 2r$ 中. 这样, 我们就可找到一个充分小的常数 δ, 使

$$\sum_{|\alpha| < m-1} \|D^\alpha u\|^2 + \|D_t^{m-1} u\|_{-1}^2 \leqslant \delta \sum_{|\alpha| < m} \|D^\alpha u\|^2,$$

代入 (6.2.5) 即得

$$(1 - C\delta) \int_0^T w \sum_{|\alpha| < m} \|D^\alpha u\|^2 dt \leqslant C(\lambda^{-1} + T^2) \int_0^T w\|f\|^2 dt.$$

于是当 λ^{-1}, T 充分小时, 有 (6.2.2) 式成立.

显然, (6.2.4) 式中的算子 A 可以用与其主象征 a^0 相对应的拟微分算子来代替.

下一步我们将算子 A 对角化. 由于 A 的主象征 a^0 只含单特征值, 所以对每一点 $(t, x) \in \Omega$, $|\xi| = 1$, 存在一个矩阵 r, 使 $j = ra^0 r^{-1}$ 为对角阵. 由于 a^0 的特征值两两相异, 故矩阵 r 可以由 a^0 的 N 个特征向量构成, 它们 C^∞ 地依赖于 a^0 的系数, 从而 C^∞ 地依赖于 t, x, ξ. 再将 r 关于 ξ 零次齐次地延拓到 $\xi \in \mathbb{R}^n \setminus \{0\}$ 中, 并作以 r, r^{-1}, j 为象征的拟微分算子 R, S, J. 记 $RU = V$, 则有

$$U = SV + T_{-1}V,$$

其中 T_{-1} 为 -1 阶拟微分算子. 从而

$$\|U\| \leqslant C\|V\| + C\|V\|_{-1}, \tag{6.2.6}$$

且

$$R(D_t U - AU) = D_t V - RASV + T_0 U$$
$$= D_t V - JV + T_0' U,$$

其中 T_0, T_0' 为零阶拟微分算子, 故得

$$\|D_t V - JV\| \leqslant C\|D_t U - AU\| + C\|U\|. \tag{6.2.7}$$

于是, (6.2.4) 可以由以下的不等式推得: 对充分小的 λ^{-1} 与 T,

$$\int_0^T w\|V\|^2 dt \leqslant C(\lambda^{-1} + T^2) \int_0^T w\|D_t V - JV\|^2 dt. \tag{6.2.8}$$

这样一来, 由于 J 为对角阵, 我们只需分别考察它的每一个对角元. 将 J 的对角元写成 $A(t) + iB(t)$, 由定理 6.2.1 的条件 (2) 知, $B(t)$ 或恒为零, 或为椭圆算子. 于是, 定理 6.2.1 可以由如下的引理得到.

引理 6.2.2 设 $A(t), B(t)$ 为关于 x 的一阶拟微分算子, 随 t 光滑地变动, 并具实象征, $B(t)$ 为椭圆算子. 则当 λ^{-1}, T 充分小时成立

$$\int_0^T w\|z\|^2 dt \leqslant C(\lambda^{-1} + T^2) \int_0^T w\|D_t z - A(t)z\|^2 dt, \tag{6.2.9}$$

$$\int_0^T w\|z\|^2 dt \leqslant C(\lambda^{-1} + T^2) \int_0^T w\|D_t z - A(t)z - iB(t)z\|^2 dt. \tag{6.2.10}$$

证明 令

$$f = D_t z - (A(t) + iB(t))z, \quad u = e^{\frac{\lambda}{2}(T-t)^2} z = w^{\frac{1}{2}} z,$$

则

$$\int_0^T w\|z\|^2 dt = \int_0^T \|u\|^2 dt.$$

此时有

$$w^{\frac{1}{2}} f = D_t u - A(t)u - iB(t)u + i\lambda(t - T)u.$$

所以

$$I = \int_0^T w\|f\|^2 dt$$

$$= I_1 + I_2 + 2\mathrm{Re} \int_0^T (D_t u - Au, -iBu + i\lambda(t - T)u) dt, \tag{6.2.11}$$

其中

$$I_1 = \int_0^T \|D_t u - Au\|^2 dt,$$

$$I_2 = \int_0^T \|Bu - \lambda(t - T)u\|^2 dt.$$

用分部积分法容易看到

$$2\mathrm{Re}\int_0^T (D_t u, i\lambda(t-T)u)dt = \lambda\int_0^T (u,u)dt,$$

因而

$$I \geqslant I_1 + I_2 + \lambda\int_0^T \|u\|^2 dt + 2\mathrm{Re}\int_0^T (D_t u - Au, -iBu)dt$$

$$- 2\mathrm{Re}\int_0^T (Au, i\lambda(t-T)u)dt$$

$$= I_1 + I_2 + \lambda\int_0^T \|u\|^2 dt + 2\mathrm{Re}\int_0^T (D_t u - Au, -iBu)dt$$

$$- i\int_0^T ((A^* - A)u, \lambda(t-T)u)dt, \tag{6.2.12}$$

其中 $A^*(t)$ 是 $A(t)$ 的共轭. 今因为 A 的象征是实的, 因而 A 与 A^* 相差一个零阶算子, 故 (6.2.12) 右边末一项的绝对值不大于

$$CT\lambda\int_0^T \|u\|^2 dt.$$

取 T 充分小, 使 $CT \leqslant \dfrac{1}{3}$, 即有

$$I \geqslant I_1 + I_2 + \frac{2\lambda}{3}\int_0^T \|u\|^2 dt + 2\mathrm{Re}\int_0^T (D_t u - Au, -iBu)dt. \tag{6.2.13}$$

这样, 如果 $B = 0$, 我们就得到

$$\int_0^T \|u\|^2 dt \leqslant \frac{3}{2}\lambda^{-1}\int_0^T w\|f\|^2 dt,$$

此即 (6.2.9) 式.

为了得到 (6.2.10) 式, 我们作 $E(t)$ 为 $B(t)$ 的拟逆算子, 则 E 与 $EB - I$ 都是 -1 阶算子, 且有常数 C, 使

$$\|u\|_1 \leqslant C(\|Bu\| + \|u\|). \tag{6.2.14}$$

今对 (6.2.13) 中最后一项进行估计, 它等于

$$2\mathrm{Re}\int_0^T (D_t u, -iBu)dt + 2\mathrm{Re}\int_0^T (u, iA^*Bu)dt.$$

因为 A, B 的象征都是实的, 所以 $B^* - B$ 与 $A^*B - (A^*B)^*$ 分别为零阶与一阶算子. 从而通过分部积分知

$$2\text{Re} \int_0^T (D_t u, -iBu)dt = 2\text{Re} \int_0^T \left(\frac{\partial u}{\partial t}, Bu \right) dt$$

$$= \text{Re} \int_0^T \left[\left(\frac{\partial u}{\partial t}, Bu \right) - \left(u, \frac{\partial B}{\partial t} u \right) - \left(u, B\frac{\partial u}{\partial t} \right) \right] dt$$

$$= -\text{Re} \int_0^T \left[\left(u, \frac{\partial B}{\partial t} u \right) + \left(\frac{\partial u}{\partial t}, (B - B^*)u \right) \right] dt$$

$$\geqslant -C \int_0^T \|u\|(\|u\|_1 + \|D_t u\|)dt,$$

$$2\text{Re} \int_0^T (u, iA^*Bu)dt = \int_0^T (u, i(A^*B - (A^*B)^*)u)dt$$

$$\geqslant -C \int_0^T \|u\|\|u\|_1 dt.$$

代入 (6.2.13), 并适当地更换常数 C, 可得

$$I \geqslant \frac{1}{2}I_1 + I_2 + \left(\frac{2\lambda}{3} - C \right) \int_0^T \|u\|^2 dt - C \int_0^T \|u\|\|u\|_1 dt. \qquad (6.2.15)$$

由 (6.2.14) 知

$$\|u\|_1 \leqslant C(\|Bu - \lambda(t - T)u\| + (1 + \lambda T)\|u\|). \qquad (6.2.16)$$

代入 (6.2.15), 可得

$$I \geqslant \frac{1}{2}I_2 + \lambda \int_0^T \|u\|^2 dt - C(1 + \lambda T) \int_0^T \|u\|^2 dt, \qquad (6.2.17)$$

取 $T < \dfrac{1}{2C}$, $\lambda > 4C$, 即得 (6.2.10) 式. 引理 6.2.2 证毕.   ∎

于是根据引理 6.2.2 前面的讨论可知, 定理 6.2.1 得证.

3. 具二重特征的情形

定理 6.2.1 的证明方法还可应用于讨论具重特征的算子. 我们将把定理 6.2.1 中的单根条件放松为

(1) $p(t, x, \tau, \xi) = 0$ 作为 τ 的多项式方程, 其根的重数至多是 2;

(2) 相异根 τ_1, τ_2 满足 $|\tau_1 - \tau_2| \geqslant \varepsilon > 0$;

(3) 重根 τ 满足 $|\operatorname{Im}\tau| \geqslant \varepsilon > 0$;

(4) 对所有的 (t,x,ξ), 任何单根 $\tau_j = a_j + ib_j$ 满足下列条件之一:

(a) $b_j = \operatorname{Im}\tau_j \geqslant 0$;

(b) $b_j = \operatorname{Im}\tau_j \leqslant -\varepsilon$;

(c) $\dfrac{\partial}{\partial t} b_j \leqslant \{a_j, b_j\}$.

以上条件都是指当 (t,x) 在原点的某一邻域中时对一切 ξ 成立. 条件 (4) 之 (c) 中的 $\{a_j, b_j\}$ 是 Poisson 括号:

$$\{a_j, b_j\} = \sum_{k=1}^{n} (\partial_{\xi_k} a_j \cdot \partial_{x_k} b_j - \partial_{x_k} a_j \cdot \partial_{\xi_k} b_j).$$

对于 $H(t,x,\tau,\xi) = \tau - a_j$, 可以定义 Hamilton 方程组

$$\frac{dt}{ds} = H_\tau = 1, \qquad\qquad \frac{d\tau}{ds} = -H_t = \partial_t a_j,$$

$$\frac{dx_k}{ds} = H_{\xi_k} = -\partial_{\xi_k} a_j, \quad \frac{d\xi_k}{ds} = -H_{x_k} = \partial_{x_k} a_j.$$

它的解 $t(s), x(s), \tau(s), \xi(s)$ 一定适合 $H(t(s), x(s), \tau(s), \xi(s)) = \text{const}$. 这个解所定义的曲线称为 H 的**次特征**. 特别是适合 $H(t(s), x(s), \tau(s), \xi(s)) = 0$ 的曲线称为**零次特征**. 条件 (4) 之 (c) 即

$$\left(\frac{\partial}{\partial t} - \sum_k \partial_{\xi_k} a_j \frac{\partial}{\partial x_k} + \sum_k \partial_{x_k} a_j \frac{\partial}{\partial \xi_k} \right) b_j(t,x,\xi) \leqslant 0.$$

该不等式左边恰好是 b_j 沿 $\tau - a_j$ 的次特征上 t 增加方向的方向导数. 所以这个条件表明, b_j 沿 $\tau - a_j$ 的次特征上 t 增加方向单调不增.

定理 6.2.2 设 P 是一个在 $(t,x) = (0,0)$ 邻域 Ω 中定义的具 C^∞ 系数的 m 阶偏微分算子, $t = 0$ 非特征. P 的象征多项式满足上面的条件 (1)—(4), 那么对于 $Pu = 0$ 的 C^∞ 解 u, 若 $\operatorname{supp} u \subset \{t \geqslant 0\}$, 则它必在原点的一个完整邻域内恒为零.

证明 定理 6.2.2 证明的基本步骤与定理 6.2.1 相仿, 当然由于重特征的出现, 其证明要更复杂些. 下面我们只就由于重特征的出现所引起的证明的变化加以说明.

我们仍通过坐标变换 (6.2.1), 将 u 的支集限制于旋转抛物面 S 内, 并证明 u 当 $t < \varepsilon$ 时为零. 经过这样的坐标变换, 条件 (1)—(4) 也仍然保持不变, 这一事实的证明可参见 [Ni], 此处从略.

接下来的问题也是通过引理 6.2.1 化成证明 (6.2.2) 形式的 Carleman 估计, 并通过 Calderón 的化高阶方程为一阶方程组的方法化成不等式 (6.2.4) 的证明. 由于在现在的情形下算子 A 的主象征 a^0 具有二重特征值, 因此它不能简单地化成对角形, 而只能将它化成 Jordan 标准型, 从而把 (6.2.4) 的证明归结为单个方程或一个 2×2 方程组的情形.

对于接近于原点的 (t, x) 以及接近于任一 ξ_0 的单位向量 ξ, 都可以找到非奇异的光滑的 $m \times m$ 矩阵 $r(t, x, \xi)$, 使得 $j = r a^0 r^{-1}$ 为 Jordan 标准型, 其每个不可约的对角元是 1×1 或 2×2 的, 在后一情形, 此单元的形式是

$$\begin{pmatrix} \lambda(t, x, \xi) & 1 \\ 0 & \lambda(t, x, \xi) \end{pmatrix},$$

且由条件 (3) 知 $|\operatorname{Im} \lambda| \geqslant \varepsilon$.

与 a^0 仅含单重特征值的情形不同, 这里的 r 只是在 $|\xi| = 1$ 上局部地定义的, 并不能断定 r 在整个球面 $|\xi| = 1$ (从而在 $\mathbb{R}^n \setminus \{0\}$) 上定义. 为了克服这一困难, 我们在球面 $S^{n-1} : |\xi| = 1$ 上再进行一次局部化的处理. 令 $\{\Omega_\nu\}$ 是单位球面 S^{n-1} 的一个有限覆盖, 使得对于原点的一个邻域中的 (t, x) 以及 $\xi \in \Omega_\nu$, 存在一个非负光滑矩阵 r_ν, 它使 $r_\nu a^0 r_\nu^{-1}$ 是 Jordan 标准型.

令 $\{\varphi_\nu^2\}$ 是 S^{n-1} 上的一个从属于 $\{\Omega_\nu\}$ 的 C^∞ 单位分解, $\sum \varphi_\nu^2(\xi) \equiv 1 (\xi \in S^{n-1})$. 把每一个 φ_ν 光滑地延拓到 $\mathbb{R}^n_\xi$, 并使当 $|\xi| > 1$ 时, φ_ν 是零次齐次的, 且 $\sum \varphi_\nu^2(\xi) \equiv 1$ 仍成立. 令 Φ_ν 是相应的拟微分算子. 那么, 对于 Φ_ν 以及 $U_\nu = \Phi_\nu U$ 成立

$$\sum \Phi_\nu^2 = I, \quad \sum \|U_\nu\|_s^2 = \|U\|_s^2. \tag{6.2.18}$$

为了将拟微分算子矩阵 A 也化成 Jordan 块的形式, 需要作出对应于 r_ν 的拟微分算子. 我们先将 r_ν 与 a^0 从 Ω_ν 延拓到整个球面 $|\xi| = 1$

上. 令 ψ_ν 是把整个球面 $|\xi| = 1$ 映入 Ω_ν 的一个光滑映射, 使得 ψ_ν 在 supp φ_ν 上是 1, 并令

$$a_\nu^0(t, x, \xi) = a^0(t, x, \psi_\nu(\xi)), \quad \xi \in S^{n-1}.$$

然后将 a_ν^0 光滑地延拓到整个 $\mathbb{R}_\xi^n$ 中, 并使当 $|\xi| > 1$ 时它是 ξ 的齐一次函数. 用同样的方式可以由 Ω_ν 中的 r_ν 得到一个定义在整个 $\mathbb{R}_\xi^n$ 上的象征, 仍记为 r_ν, 它将 a_ν^0 化成 Jordan 标准型 $j_\nu = r_\nu a_\nu^0 r_\nu^{-1}$. 再作以 $a_\nu^0, j_\nu, r_\nu, r_\nu^{-1}$ 为象征的拟微分算子 $A_\nu, J_\nu, R_\nu, S_\nu$, 记 $R_\nu U_\nu = V_\nu$, 则我们的问题将化成证明: 当 λ^{-1}, T 充分小时, 对每个 ν 成立不等式

$$\int_0^T w\|V_\nu\|^2 dt \leqslant C(\lambda^{-1} + T^2) \int_0^T w\|D_t V_\nu - J_\nu V_\nu\|^2 dt. \tag{6.2.19}$$

以下我们先证明

引理 6.2.3 若对每个 ν (6.2.19) 式成立, 则 (6.2.4) 成立.

证明 如前, 仍以 T_0, T_{-1} 记零阶与 -1 阶拟微分算子, 由 $U_\nu = S_\nu V_\nu + T_{-1} U_\nu$ 可知

$$\|U_\nu\| \leqslant C(\|V_\nu\| + \|U_\nu\|_{-1}). \tag{6.2.20}$$

又因 $AU_\nu = A_\nu U_\nu + (A - A_\nu)U_\nu$, 由于 $A - A_\nu$ 的象征在 φ_ν 的支集上为零, 故可将 $(A - A_\nu)U_\nu$ 写成 $T_0 U_\nu$, 其中 T_0 为零阶拟微分算子, 于是

$$R_\nu(D_t U_\nu - AU_\nu) = D_t V_\nu - R_\nu A_\nu S_\nu V_\nu + T_0' U_\nu$$
$$= D_t V_\nu - J_\nu V_\nu + T_0'' U_\nu.$$

所以

$$\|D_t V_\nu - J_\nu V_\nu\| \leqslant C(\|D_t U_\nu - AU_\nu\| + \|U_\nu\|). \tag{6.2.21}$$

今若对每个 ν 证得 (6.2.19) 式, 则有

$$\int_0^T w\|U_\nu\|^2 dt \leqslant C(\lambda^{-1} + T^2) \int_0^T w\|D_t U_\nu - AU_\nu\|^2 dt + C \int_0^T w\|U\|_{-1}^2 dt. \tag{6.2.22}$$

两边对 ν 求和, 并利用 (6.2.18) 可得

$$\int_0^T w\|U\|^2 dt \leqslant C(\lambda^{-1} + T^2)\int_0^T w\|D_t U + AU\|^2 dt$$
$$+ C(\lambda^{-1} + T^2)\int_0^T w\|U\|^2 dt + C\int_0^T w\|U\|_{-1}^2 dt.$$

取 $(\lambda^{-1} + T^2)C < 1/2$, 即得 (6.2.4) 式. 引理证毕. ∎

现在我们来证明在定理 6.2.2 的条件下, 不等式 (6.2.9) 成立. 由于 J_ν 的每个不可约单元为 1×1 或 2×2 块, 故以下分别讨论之.

在 1×1 对角块的情形, J_ν 的对角元为 $A(t) + iB(t)$, 此时虽然所需证明的估计式与引理 6.2.2 相同, 但现在关于 $p_m(t, x, \tau, \xi) = 0$ 的根的假设条件已不同. 因此, 以下我们在 $\lambda = a + ib$ 满足条件 (4) 中 (a), (b), (c) 之一的情形下分别证明 (6.2.10) 式:

$$\int_0^T w\|z\|^2 dt \leqslant C(\lambda^{-1} + T^2)\int_0^T w\|D_t z - Az - iBz\|^2 dt.$$

注意到 A 和 B 都是具有实一阶象征的拟微分算子, 所以我们可以加上适当的低阶项, 使得 $A = A^*$, $B = B^*$, 而当 λ^{-1} 和 T 充分小时, 这样的变动并不影响 (6.2.10) 式成立. 因此以下我们不妨认为 A, B 都是自共轭算子.

由于情形 (b) 已在定理 6.2.1 中讨论过, 故以下只需讨论情形 (a), (c). 先讨论情形 (c), 此时如定理 6.2.1 所证明的那样, 可以建立:

$$I \geqslant I_1 + I_2 + \frac{2\lambda}{3}\int_0^T \|u\|^2 dt + 2\mathrm{Re}\int_0^T (D_t u - Au, -iBu)dt. \quad (6.2.23)$$

不等式右边最后一项是

$$I_3 = 2\mathrm{Re}\int_0^T (D_t u, -iBu)dt + 2\mathrm{Re}\int_0^T (u, iABu)dt$$
$$= \mathrm{Re}\int_0^T (u, -B_t u + i(AB - BA)u)dt.$$

然而, $-B_t + i(AB - BA)$ 的主象征是 $-b_t + \sum a_{\xi_k} b_{x_k} - a_{x_k} b_{\xi_k}$, 在情形 (c) 是非负的. 因而我们可以应用第四章 §2 中证明的强 Gårding 不等式推得 $I_3 \geqslant -C\|u\|^2$. 将此代入 (6.2.13), 得到

$$I \geqslant I_1 + I_2 + \left(\frac{2\lambda}{3} - C\right) \int_0^T \|u\|^2 dt$$

$$\geqslant \left(\frac{2\lambda}{3} - C\right) \int_0^T \|u\|^2 dt.$$

从而当 $\lambda > \dfrac{3}{2}C$ 时可得 (6.2.10).

再讨论情形 (a). 由于 $b_j \geqslant 0$, 利用强 Gårding 不等式有

$$2\mathrm{Re}(Bu, u) \geqslant -C\|u\|^2.$$

再利用 $A = A^*$, 有

$$\begin{aligned}
\partial_t(u, u) &= 2\mathrm{Re}(u_t, u) \\
&= 2\mathrm{Re}\, i(Au, u) - 2\mathrm{Re}(Bu, u) + 2\lambda(t - T)\|u\|^2 \\
&\quad + 2\mathrm{Re}(i(D_t u - Au - iBu + i\lambda(t - T)u), u) \\
&\leqslant C\|u\|^2 + C\|D_t u - Au - iBu + i\lambda(t - T)u\| \|u\| \\
&\leqslant C\|u\|^2 + Cw^{\frac{1}{2}}\|f\| \|u\|.
\end{aligned}$$

两边乘以 $T - t$ 并积分之, 我们得到

$$\int_0^T \|u\|^2 dt \leqslant CT\left(\int_0^T \|u\|^2 dt + \left(\int_0^T \|u\|^2 dt\right)^{\frac{1}{2}} \left(\int_0^T w\|f\|^2 dt\right)^{\frac{1}{2}}\right).$$

由此推得, 对于小的 T 有

$$\int_0^T \|u\|^2 dt \leqslant CT^2 \int_0^T w\|f\|^2 dt,$$

这样又可得 (6.2.10).

最后我们讨论 J_ν 的对角单元为 2×2 块的情形. 这个对角块的形式可写成

$$\begin{pmatrix} A(t) + iB(t) & \Lambda \\ & A(t) + iB(t) \end{pmatrix}.$$

记

$$\begin{aligned}
D_t z_1 - (A(t) + iB(t))z_1 + \Lambda z_2 &= f_1, \\
D_t z_2 - (A(t) + iB(t))z_2 &= f_2.
\end{aligned} \tag{6.2.24}$$

我们需证明

$$\int_0^T w(\|z_1\|^2 + \|z_2\|^2)dt \leqslant C(\lambda^{-1} + T^2)\int_0^T w(\|f_1\|^2 + \|f_2\|^2)dt. \quad (6.2.25)$$

对于 z_2, 我们可以按照一阶 Jordan 块的情形证明

$$\int_0^T w\|z_2\|^2 dt \leqslant C\lambda^{-1}\int_0^T w\|f_2\|^2 dt. \quad (6.2.26)$$

对于 z_1, 据 (6.2.24) 的第一式, 也成立

$$\int_0^T w\|z_1\|^2 dt \leqslant C\lambda^{-1}\int_0^T w(\|f_1\|^2 + \|z_2\|_1^2)dt. \quad (6.2.27)$$

所以, 下面只需估计 $\int_0^T w\|\Lambda z_2\|^2 dt$.

利用估计 (6.2.23), 记 $u_2 = w^{\frac{1}{2}}z_2$, 可有

$$I = \int_0^T w\|f_2\|^2 dt$$
$$\geqslant \int_0^T \|D_t u_2 - A u_2\|^2 dt + \int_0^T \|B u_2 - \lambda(t-T)u_2\|^2 dt$$
$$+ \frac{2}{3}\lambda\int_0^T \|u_2\|^2 dt + 2\mathrm{Re}\int_0^T (D_t u_2 - A u_2, -iB u_2)dt.$$

由于二阶 Jordan 块必定对应于 $p_m = 0$ 的二重根, 所以由定理 6.2.2 的条件 (2) 知 $B(t)$ 必为椭圆算子, 因此由引理 6.2.2 中的 (6.2.17) 式知

$$I \geqslant \frac{1}{2}\int_0^T \|B u_2 - \lambda(t-T)u_2\|^2 dt + \frac{\lambda}{4}\int_0^T \|u_2\|^2 dt.$$

再次利用 $B(t)$ 的椭圆性以及 Schwarz 不等式, 有

$$I \geqslant c_0\int_0^T \|u_2\|_1^2 dt - C(1 + \lambda^2 T^2)\int_0^T \|u_2\|^2 dt.$$

故更换常数 C, 即有

$$\int_0^T \|u_2\|_1^2 dt \leqslant C(I + (1 + \lambda^2 T^2)\int_0^T \|u_2\|^2 dt). \quad (6.2.28)$$

仍由 (6.2.26) 知

$$\int_0^T \|u_2\|^2 dt \leqslant C\lambda^{-1}I,$$

所以结合 (6.2.28)

$$\int_0^T w\|z_2\|_1^2 dt = \int_0^T \|u_2\|_1^2 dt \leqslant C(1 + \lambda T^2) \int_0^T w\|f_2\|_1^2 dt. \qquad (6.2.29)$$

将它与 (6.2.26), (6.2.27) 相结合, 即得 (6.2.25). 定理 6.2.2 证毕. ∎

第七章
椭圆算子与亚椭圆算子

本章讨论椭圆算子与亚椭圆算子的性质以及椭圆边值问题的求解. 在第三章中我们曾介绍了椭圆算子的一些基本性质, 本章中的讨论就是在此基础上展开的. 在 §1 中我们讨论紧流形上的椭圆拟微分算子, 着重指出椭圆拟微分算子是具有有限指标的算子, 即 Fredholm 算子. 在 §2, §3 中讨论椭圆边值问题, 指出对椭圆型方程边值问题边界条件提法中 Lopatinski 条件的导出, 并给出在这样边界条件下边值问题的 Fredholm 可解性. 在 §4 中我们讨论亚椭圆算子的一些性质与判定条件, 特别讨论了常见的 Hörmander 平方和算子.

§1. 紧流形上的椭圆拟微分算子

1. 紧算子与 Fredholm 算子

为读者方便起见我们先叙述一些有关紧算子与 Fredholm 算子的概念与性质, 并简要地给予证明. 在以下的讨论中引入的空间 E, F, G 等若无特殊说明, 均为 Banach 空间.

定义 7.1.1 若线性映射 $T: E \to F$ 将空间 E 中任一有界集映射为 F 中的预紧集 (即具有紧闭包的集合), 则称 T 为**紧算子**.

显然, 紧算子为连续算子, 而且将弱收敛序列映射为强收敛序列.

定义 7.1.2 若线性映射 $T : E \to F$ 为稠定闭算子, 且它的核的维数 $\dim \operatorname{Ker} T$ 与像的余维数 $\operatorname{codim} \operatorname{Im} T (= \dim \operatorname{Coker} T)$ 都是有限的, 则称 T 为 **Fredholm 算子**.

上面定义中的 $\operatorname{Coker} T$ 即商空间 $F/\operatorname{Im} T$.

定义 7.1.3 若 T 为 Fredholm 算子, 则称

$$\operatorname{Ind} T = \dim \operatorname{Ker} T - \dim \operatorname{Coker} T \tag{7.1.1}$$

为算子的**指标**.

引理 7.1.1 若 $T_1 : E \to F$, $T_2 : F \to G$ 为 Fredholm 算子, 则

(1) $T_2 \circ T_1$ 也是 Fredholm 算子, 且 $\operatorname{Ind} T_2 \circ T_1 = \operatorname{Ind} T_1 + \operatorname{Ind} T_2$.

(2) 记 E', F' 为 E, F 的对偶空间, 对于 $T_1 : E \to F$, 按

$$({}^t T_1 f, x) = (g, T_1 x), \quad \forall x \in E$$

的方式定义映射 ${}^t T_1 : F' \to E'$, 则 ${}^t T_1$ 也是 Fredholm 算子, 且 $\operatorname{Ind} {}^t T_1 = - \operatorname{Ind} T_1$.

证明 显然, $T_2 \circ T_1$ 具有有限维的核, 其像的余维数也有限. 且有

$$\dim \operatorname{Ker} T_2 \circ T_1 = \dim \operatorname{Ker} T_2 + \dim \operatorname{Ker} T_1,$$
$$\operatorname{codim} \operatorname{Im}(T_2 \circ T_1) = \operatorname{codim} \operatorname{Im} T_2 + \operatorname{codim} \operatorname{Im} T_1,$$

从而

$$\operatorname{Ind} T_2 \circ T_1 = \operatorname{Ind} T_2 + \operatorname{Ind} T_1.$$

为证 (2), 只需注意到若 $x \in \operatorname{Ker} T_1$, 则对于一切 $f \in F'$, 均有

$$({}^t T_1 f, x) = (g, T_1 x) = (g, 0) = 0,$$

故 $x \in (\operatorname{Im} {}^t T_1)^{\perp}$, 从而 $\operatorname{Ker} T_1 \subset (\operatorname{Im} {}^t T_1)^{\perp}$. 反之, 也易得 $\operatorname{Ker} T_1 \supset (\operatorname{Im} {}^t T_1)^{\perp}$, 故 $\operatorname{Ker} T_1 = \operatorname{Im} {}^t T_1$. 所以

$$\dim \operatorname{Ker} {}^t T_1 = \dim \operatorname{Coker} T_1,$$
$$\dim \operatorname{Coker} {}^t T_1 = \dim \operatorname{Ker} T_1,$$

从而 $\operatorname{Ind}{}^t T_1 = -\operatorname{Ind} T_1$. 引理证毕. ■

引理 7.1.2 若 T 为 $E \to F$ 的 Fredholm 算子, 则 $\operatorname{Im} T$ 为闭集.

证明 令 G 为 $T(E)$ 的代数补集, 即 G 为 F 的子空间. 且使 $F = T(E) \oplus G$ (式中 $\oplus$ 表示直和), 且 $T(E) \cap G = \{0\}$. 由于 T 为 Fredholm 算子, 则 G 为有限维的. 作算子 A 与 I_G 的直和

$$A \oplus I_G : E \oplus G \to F.$$

它是线性连续的满映射, 故为开映射. 这个映射将 E 的余集映射到 $A(E)$ 的余集上, 因此 $A(E)$ 的余集为开集, 即 $A(E)$ 为闭集. 引理证毕. ■

引理 7.1.3 若 C 为 $E \to E$ 的紧算子, 则 $I + C$ 为 $E \to E$ 的 Fredholm 算子.

证明 首先, 在 $I + C$ 的核中成立 $x = -Cx$, 故在此核中任一有界集必为紧集, 故 $\dim \operatorname{Ker}(I + C) < +\infty$.

其次, 由于紧算子 C 的转置算子 ${}^t C$ 也是紧的, 故有

$$\dim \operatorname{Coker}(I + C) = \dim \operatorname{Ker}{}^t (I + C) < +\infty,$$

所以 $I + C$ 为 Fredholm 算子. 引理证毕. ■

若算子 $A : E \to F$ 将空间 E 映射成 F 中的一个有限维子空间, 则称 A 为**有限秩算子**.

引理 7.1.4 若 A 为 $E \to E$ 的有限秩算子, 则 $\operatorname{Ind}(I + A) = 0$.

证明 先设 E 为有限维的. 这时, 对 $E \to E$ 中任一线性连续映射 T, 都可诱导出 $E/\operatorname{Ker} T$ 到 $\operatorname{Im} T$ 的一对一映射. 从而 $\dim \operatorname{Ker} T = \operatorname{codim} \operatorname{Im} T$, 即 $\operatorname{Ind} T = 0$.

若 E 为无限维的. 由于 A 的像空间 W 为有限维的, 故 $I + A$ 可按自然方式诱导出一个线性连续映射 $J : E/W \to E/W$, 容易证明, J 是一个一对一的映射, 从而指标为 0, 于是 $I + A$ 可以写成 $(I + A)|_W \oplus J$. 从而

$$\operatorname{Ind}(I + A) = \operatorname{Ind}[(I + A)|_W] + \operatorname{Ind} J = 0.$$

引理证毕. ■

引理 7.1.5 算子 $T : E \to F$ 为 Fredholm 算子与以下两条件均等价:

(1) 存在线性连续算子 $S : F \to E$, 使 $T \circ S - I_F$ 与 $S \circ T - I_E$ 为有限秩算子;

(2) 存在线性连续算子 $S : F \to E$, 使 $T \circ S - I_F$ 与 $S \circ T - I_E$ 为紧算子.

证明 设 T 为 Fredholm 算子. 令 $d = \dim \operatorname{Coker} T$, 取 $\operatorname{Ker}^t T$ 的基向量 $f_1', \cdots, f_d'$ 和 F 中相应的 d 个向量 $f_1, \cdots, f_d$, 使得 $\langle f_j', f_k \rangle = \delta_{jk}$. 定义 $F \to F$ 的映射

$$Py = y - \sum_{j=1}^{d} \langle f_j', y \rangle f_j, \tag{7.1.2}$$

则对一切 y 与 j 有 $\langle f_j', Py \rangle = 0$, 所以 P 的值域含于 $T(E)$ 中. 又 P 在 $T(E)$ 上的限制为恒等算子, 故 P 实际上是 F 到 $T(E)$ 上的投影.

将 E 分解为 $\operatorname{Ker} T$ 与 E_0 之直和, 称 T 在 E_0 上之限制为 T_0, 则 $T_0 : E_0 \to T(E)$ 是一个同构. 记它的逆为 T_0^{-1}, 并令

$$S = T_0^{-1} \circ P, \tag{7.1.3}$$

则 S 的值域是 E_0, 且 $T \circ S = P$. 注意到 $I_F - P$ 是 F 到由 $f_1, \cdots, f_d$ 所张成的线性子空间上的映射, 故 $I_F - P$ 以及 $T \circ S - I_F$ 为有限秩算子. 另外, $PT = T$, 故 $S \circ T = T_0^{-1} \circ P \circ T = T_0^{-1} \circ T$ 是 E 到 E_0 上的投影, 其核是 $\operatorname{Ker} T$, 所以 $S \circ T - I_F$ 也是有限秩算子.

条件 (1) 推出条件 (2) 是显然的.

今设条件 (2) 成立. 则由引理 7.1.3 知 $T \circ S$ 与 $S \circ T$ 分别为 $F \to F$ 与 $E \to E$ 的 Fredholm 算子, 而

$$\operatorname{Ker} T \subset \operatorname{Ker}(S \circ T), \quad \operatorname{Im} T \supset \operatorname{Im}(T \circ S),$$

所以 T 也是 Fredholm 算子, 引理证毕. ■

引理 7.1.6 若 $T : E \to F$ 为 Fredholm 算子，$C : E \to F$ 为紧算子，则 $T + C$ 仍为 Fredholm 算子，而且

$$\text{Ind}\, T = \text{Ind}(T + C). \tag{7.1.4}$$

证明 我们先指出一个 Fredholm 算子经过小扰动后仍然为 Fredholm 算子，而且指标不变. 事实上，若 T 为 Fredholm 算子，则由引理 7.1.5 可找到 S，使 $T \circ S - I_F$ 与 $S \circ T - I_E$ 为有限秩算子. 令 $\varepsilon = \|S\|^{-1}$，R 为 $E \to F$ 的另一个线性连续算子，$\|R\| < \varepsilon$，则可以证明 $T + R$ 为 Fredholm 算子. 这是因为，$I_E + S \circ R$ 与 $I_F + R \circ S$ 都是 $E \to E$ 或 $F \to F$ 的一对一映射，所以它们的指标为 0，同时，我们有

$$(T + R) \circ S = T \circ S + R \circ S = I_F + K + R \circ S$$
$$= (I_F + R \circ S)(I_F + K'),$$

其中 $K' = (I_F + R \circ S)^{-1}K$，算子 K 与 K' 都是有限秩的. 相仿地，

$$S \circ (T + R) = (I_E + S \circ R)(I_E + H'),$$

其中 $H' : E \to E$ 也具有有限秩. 考虑到

$$\text{Ker}(T + R) \subset \text{Ker}(S \circ (T + R)),$$
$$\text{Im}(T + R) \supset \text{Im}((T + R) \circ S),$$

故 $T + R$ 是一个 Fredholm 算子.

注意到 K', H' 为有限秩算子，故有 $\text{Ind}(I_F + K') = 0$ 与 $\text{Ind}(I_E + H') = 0$，从而由引理 7.1.1 知 $\text{Ind}(T + R) = -\text{Ind}\, S$. 所以 Fredholm 算子 T 经小扰动后指标不变.

今若 $T : E \to F$ 为 Fredholm 算子，按引理 7.1.5 找到算子 S，使 $T \circ S - I_F$ 与 $S \circ T - I_E$ 都是紧算子. 从而 $(T + C) \circ S - I_F$ 与 $S \circ (T + C) - I_E$ 也为紧算子，故仍由引理 7.1.5 知 $T + C$ 为 Fredholm 算子. 易见，对一切 t，$T + tC$ 均为 Fredholm 算子，且在 t 变化的每一个小区间中 $\text{Ind}(T + tC)$ 均为常数. 故知 (7.1.4) 成立. 引理证毕. ∎

引理 7.1.7 若 $T : E \to F$ 为闭的线性连续算子，$J : V \to F$ 为紧嵌入. 又对任一元素 $f \in F$，总存在 E 中元素 u，使得

$$Tu - f \in J(V), \tag{7.1.5}$$

即 $R(T) \oplus R(J) = F$, 则 T 是具有有限余维的闭值域, 即 $\mathrm{codim\,Im}\,T < +\infty$.

证明 作映射 $T \oplus J : E \oplus V \to F$. 由假设条件知这个映射为满映射. 于是, 利用对偶性可知 ${}^t(T \oplus J)$ 为单映射, 利用共鸣定理可以证明 ${}^t(T \oplus J)$ 的值域是闭的. 所以对任一 $w \in F'$, 有

$$\|w\|_{F'} \leqslant C\|^t(T \oplus J)w\|$$
$$\leqslant C(\|^t Tw\| + \|^t Jw\|). \tag{7.1.6}$$

于是在 $\mathrm{Ker}\,{}^t T$ 中 $\|w\|_{F'} \leqslant C\|^t Jw\|$ 成立. 而由于 ${}^t J$ 也是紧算子, 故 $\mathrm{Ker}\,{}^t T$ 必为有限维的. 从而 $\mathrm{codim\,Im}\,T < +\infty$. 引理证毕. ∎

2. 紧拟微分算子

以下讨论拟微分算子的性质, 我们有

定理 7.1.1 若 M 为紧的微分流形, 则一切正则化算子 T 都是 $L^2(M) \to L^2(M)$ 的紧算子.

证明 由于 T 为正则化算子, 所以它的分布核 $T(x, y) \in C^\infty(M \times M)$. 若 $\{f_j\}$ 是 $L^2(M)$ 中弱收敛于 0 的序列, 则对每一点 $x \in M$, 必有

$$\int T(x, y) f_j(y) dy \to 0.$$

又因 $\{f_j\}$ 在 L^2 中有界, 所以又有

$$\left| \int T(x, y) f_j(y) dy \right|^2 \leqslant C \int |T(x, y)|^2 dy \leqslant C_1.$$

所以由 Lebesgue 控制收敛定理知 $\{Tf_j\}$ 在 $L^2(M)$ 中强收敛于零. 因此 T 是紧算子, 定理证毕. ∎

定理 7.1.2 若 $A \in \Psi^0(M)$, 则 A 为 $L^2(M) \to L^2(M)$ 的紧算子的充分必要条件为

$$\lim_{|\xi| \to +\infty} \sup_{x \in M} |\sigma(A)(x, \xi)| = 0. \tag{7.1.7}$$

式中 $\sigma(A)$ 为算子 A 的主象征.

证明　设条件 (7.1.7) 成立. 则对任意 $\delta > 0$, 当 $|\xi|$ 充分大时

$$\delta - \sigma(A^*A)(x, \xi) \geqslant \frac{\delta}{2} > 0.$$

于是利用引理 4.2.1 知, 存在算子 $B \in \Psi^0(M)$ 与 $R \in \Psi^{-\infty}(M)$, 使得

$$\delta I - A^*A - B^*B = R.$$

于是对 $u \in L^2(M)$,

$$\|Au\|^2 \leqslant \delta \|u\|^2 + \|Ru\| \|u\|. \tag{7.1.8}$$

取序列 $\{u_j\}$, 使它在 $L^2(M)$ 中弱收敛于零, 则 $\|u_j\|$ 有界. 即有常数 C, 使对一切 j 有 $\|u_j\| \leqslant C$ 成立. 另外, 由于 Ru_j 为强收敛于零的序列, 所以对任意 $\varepsilon > 0$, 取 $\delta < \dfrac{\varepsilon}{2C^2}$, 并再取 J 充分大, 使当 $j > J$ 时 $\|Ru_j\| < \dfrac{\varepsilon}{2C}$. 则由 (7.1.8) 知

$$\|Au_j\|^2 < \varepsilon.$$

这就说明 $\{Au_j\}$ 强收敛于 0, 从而 A 为紧算子.

再证条件 (7.1.7) 的必要性. 我们采用反证法. 假若有点列 $\{x_j\}$ 收敛于 x_0, 点列 $\{\xi_j\}$ 趋于 ∞, 使 $\sigma(A)(x_j, \xi_j) \to z_0 \neq 0$, 将导致矛盾. 以下我们不妨认为流形 M 在 x_0 的邻域 ω 中已平坦化, 即等同于 $\mathbb{R}^n$ 中的开集, 故计算可以在 $\mathbb{R}^n$ 中进行. 作不恒等于零的函数 $u(x) \in C_c^\infty(\omega)$, 记 $\rho_j = |\xi_j|$, 作

$$u_j(x) = \rho_j^{n/4} u(\rho_j^{1/2}(x - x_j)) e^{ix \cdot \xi_j},$$

则当 j 充分大时 $\operatorname{supp} u_j \subset \omega$, 且 $\displaystyle\int |u_j|^2 dx = \int |u|^2 dx$. 对于任意的 $w \in C_c^\infty(\omega)$

$$\int u_j(x) w(x) dx \leqslant \rho_j^{-n/4} \int |u(y) w(x_j + \rho_j^{-1/2} y)| dy \to 0,$$

故 u_j 在 $L^2(\omega)$ 中弱收敛于 0. 注意到 u_j 的支集含于 ω 中, 故 u_j 在 $L^2(M)$ 中也弱收敛于 0. 所以由 A 为紧算子知, $\|Au_j\|_{L^2} \to 0$. 但 Au_j

的表达式为

$$Au_j = \int e^{ix\eta}\sigma(A)(x,\eta)\hat{u}_j(\eta)đ\eta$$

$$= \int e^{ix\eta}\sigma(A)(x,\eta)\rho_j^{-n/4}e^{-ix_j(\eta-\xi_j)}\hat{u}(\rho_j^{-1/2}(\eta-\xi_j))đ\eta$$

$$= \rho_j^{-n/4}e^{ix\xi_j}\int e^{i(x-x_j)(\eta-\xi_j)}\sigma(A)(x,\eta)\hat{u}(\rho_j^{-1/2}(\eta-\xi_j))đ\eta.$$

在积分号下作变换 $x \to x_j + \rho_j^{-1/2}\tilde{x}$, $\eta \to \xi_j + \rho_j^{1/2}\tilde{\eta}$, 上式可写成

$$\rho_j^{n/4}e^{ix\xi_j}v_j(\rho_j^{1/2}(x-x_j)),$$

其中

$$v_j(\tilde{x}) = \int e^{i\tilde{x}\tilde{\eta}}\sigma(A)(x_j + \rho_j^{-1/2}\tilde{x}, \xi_j + \rho_j^{1/2}\tilde{\eta})\hat{u}(\tilde{\eta})đ\tilde{\eta}.$$

由于 $\sigma(A) \in S^0$, 故利用中值定理可知

$$|\sigma(A)(x_j + \rho_j^{-1/2}x, \xi_j + \rho_j^{1/2}\eta) - \sigma(A)(x_j,\xi_j)| \leqslant C\rho_j^{-1/2},$$

所以当 $j \to \infty$ 时,

$$v_j(x) - \sigma(A)(x_j,\xi_j)\int e^{ix\eta}\hat{u}(\eta)đ\eta \to 0,$$

即 $v_j(x) \to z_0 u(x)$. 从而

$$|z_0|^2\int|u|^2dx \leqslant \lim_{j\to\infty}\int|v_j|^2dx = \lim_{j\to\infty}\int|Au_j|^2dx = 0.$$

故应有 $z_0 = 0$, 这与前面的假设矛盾. 定理证毕. ∎

注 若在定理 7.1.1 与定理 7.1.2 中流形 M 为非紧的, 仍有相似的结论成立. 这时我们一般可讨论 $L^2_{\text{comp}}(M) \to L^2_{\text{loc}}(M)$ 类算子, 而一个算子 $T : L^2_{\text{comp}}(M) \to L^2_{\text{loc}}(M)$ 为紧的定义是: 对任意紧集 $K \subset\subset M$, 当算子 T 限制在

$$L^2_K(M) = \{u \in L^2(M), \text{supp}\, u \subset M\}$$

上时, 将 $L^2_K(M)$ 的任意有界集映为 $L^2_{\text{loc}}(M)$ 的预紧集. 读者可自行写出当 M 为非紧流形时相应于定理 7.1.1 与定理 7.1.2 的结论.

3. 紧流形上的椭圆算子

如第三章中所述, 若 $A \in \Psi^m(M)$ 为微分流形 M 上的椭圆拟微分算子. 则 A 的主象征 $\sigma_m(A)(x, \xi)$ 对充分大的 ξ 成立

$$|\sigma_m(A)(x, \xi)| \geqslant c(1 + |\xi|)^m, \qquad (7.1.9)$$

其中常数 $c > 0$. 以下我们将证明的主要结果是

定理 7.1.3　若 $A \in \Psi^m(M)$ 是紧流形 M 上的椭圆拟微分算子, 则

(1) 对一切实数 s, A 是 $H^s(M) \to H^{s-m}(M)$ 的 Fredholm 算子, 且指标与 s 无关;

(2) 若 $\tilde{A}$ 是另一个与 A 具同样主象征的椭圆拟微分算子, 则 $\operatorname{Ind} A = \operatorname{Ind} \tilde{A}$.

证明　据定理 3.3.1 知, 若 A 为椭圆算子, 则存在 $B \in \Psi^{-m}(M)$, 使 $AB - I$ 与 $BA - I$ 均为正则算子. 由定理 7.1.1 知, $AB - I$ 与 $BA - I$ 均为紧算子. 再根据引理 7.1.5 知 A 为 Fredholm 算子.

令 Λ 是以 $(1 + |\xi|^2)^{\frac{1}{2}}$ 为象征的拟微分算子, 则 Λ 实现了 $H^1 \to H^0$ 的一对一可逆映射. 同样地, 对任意实数 s, s', 算子 $\Lambda^{s-s'}$ 实现了 $H^s \to H^{s'}$ 的一对一可逆映射. 所以若将算子 $A : H^s \to H^{s-m}$ 记为 A_s. 则有

$$A_{s'} = \Lambda^{s-s'} \circ A_s \circ \Lambda^{s'-s}.$$

利用引理 7.1.1 知 $\operatorname{Ind} A_{s'} = \operatorname{Ind} A_s$, 所以 A 的指标与 s 无关.

最后设 A 与 $\tilde{A}$ 具有相同的主象征, 则

$$\lim_{|\xi| \to \infty} \sup_{x \in M} |\sigma_m(\tilde{A})(x, \xi) - \sigma_m(A)(x, \xi)|(1 + |\xi|)^{-m} = 0.$$

所以由定理 7.1.2 知 $A - \tilde{A}$ 为 $H^s(M) \to H^{s-m}(M)$ 的紧算子, 再据引理 7.1.6 知 $\operatorname{Ind} A = \operatorname{Ind} \tilde{A}$. 定理证毕. ■

定理 7.1.4　若 P 为微分流形 M 上的实系数椭圆型微分算子, 则 $\operatorname{Ind} P = 0$.

证明 对于 M 上的椭圆型微分算子 P, 其主象征 $p_m(x,\xi)$ 为 ξ 的 m 次齐次多项式, 且 m 为偶数. 因此有 $p_m(x,\xi) = p_m(x,-\xi)$. 由第二章中的拟微分算子运算法则 (它对微分算子自然也适用) 知, $p_m(x,-\xi)$ 是 P 的转置算子 ^tP 的主象征. 根据定理 7.1.3 知, 对任意实数 s, 算子 P 与 ^tP 视为 $H^s \to H^{s-m}$ 的映射时其指标均与 s 无关, 所以我们可以写出

$$\operatorname{Ind} P = \operatorname{Ind}{}^tP.$$

但另外, 引理 7.1.1 告诉我们 $\operatorname{Ind} P = -\operatorname{Ind}{}^tP$. 所以有 $\operatorname{Ind} P = 0$. 定理证毕. ∎

注 定理 7.1.4 对于椭圆微分算子组并不成立. 尤其需强调的是, 定理 7.1.4 对于单个的拟微分算子也不一定成立.

§2. 一阶椭圆算子的边值问题

以下讨论椭圆算子的边值问题, 先从最简单的情形开始阐明我们处理椭圆边值问题的思路, 再对一般情形进行讨论. 以下设 M 为紧致的微分流形, $\Omega = (0,1) \times M$, $\partial\Omega$ 的边界由 $\{0\} \times M$ 与 $\{1\} \times M$ 两部分组成.

考虑边值问题

$$\begin{cases} \dfrac{\partial}{\partial y}u - A(y,x,D_x)u = f, \\ u(0) = g, \end{cases} \tag{7.2.1}$$

其中 A 为 $k \times k$ 一阶拟微分算子矩阵, 依赖于变量 y. 记 A 的主象征为 $a^0(y,x,\xi)$, 设 a^0 的特征值 $\lambda_1, \cdots, \lambda_k$ 满足

$$\operatorname{Re}\lambda_j(y,x,\xi) \leqslant -c_0|\xi|, \quad 1 \leqslant j \leqslant k, \tag{7.2.2}$$

其中 $c_0 > 0$. 将 y, x 视为自变量, 算子 $\dfrac{\partial}{\partial y} - A(y,x,D_x)$ 的主象征为 $i\eta I - a^0(y,x,\xi)$. 它的特征值满足

$$|i\eta - \lambda_j(y,x,\xi)| \geqslant c(|\xi|^2 + \eta^2)^{1/2},$$

故 $\dfrac{\partial}{\partial y} - A$ 为椭圆算子.

现在来导出问题 (7.2.1) 的能量不等式, 并由此来推出该问题解的存在唯一性. 参照第六章 §1 的方法我们来构造算子 $A(y)$ 的 "对称化子" $R(y)$. 为此, 先证明以下的引理.

引理 7.2.1 设 A 是 $m \times m$ 矩阵, A 的特征值有负实部, 则存在正定阵 R, 使 $RA + A^* R$ 为负定阵.

证明 事实上, 若 A 的 Jordan 标准型为 $D_0 + D_1$, 其中 D_0 为由 A 的特征值构成的对角阵, D_1 的元素仅含 1 与 0, 则对于任意 $\varepsilon > 0$ 必存在矩阵 Q, 使 $QAQ^{-1} = D_0 + \varepsilon D_1$. 这里, Q 具有 UR_1 的形式, U 为酉矩阵, 而 R_1 为正定阵. 于是有

$$UR_1 A R_1^{-1} U^* = D_0 + \varepsilon D_1,$$

$$R_1 A R_1^{-1} = U^* D_0 U + \varepsilon U^* D_1 U = N + \varepsilon B, \tag{7.2.3}$$

其中 N 满足

$$N + N^* \leqslant -\eta,$$

$\eta > 0$ 由 A 的特征值决定. 取 ε 使其满足 $\varepsilon < \dfrac{1}{3}\eta$, 则

$$(N + \varepsilon B) + (N + \varepsilon B)^* \leqslant -\frac{1}{3}\eta.$$

因此, 取 $R = R_1^2$, 则

$$RA + A^* R = R_1(N + \varepsilon B)R_1 + R_1(N + \varepsilon B)^* R_1,$$

它是负定阵.

引理证毕. ∎

显然, 当 A 连续地依赖于参数 y 时, 所构造的正定阵 R 也连续地依赖于参数 y, 且 $R(y)$ 具有与 $A(y)$ 相同的正则性. 故对于 (7.2.1) 式中的算子 $A(y)$ (省略记号 x, D_x), 可以构造零阶的正定椭圆算子 $R(y)$, 使得 $R(y)A(y) + A^*(y)R(y)$ 的主象征 $\leqslant -c_1|\xi|$, 其中 c_1 满足 $0 < c_1 < c_0$. 于是对充分正则的 u, 若它满足 (7.2.1), 可有

$$\frac{d}{dy}(R(y)u, u) = ((RA + A^*R)u, u) + (R'(y)u, u) + (Rf, u) + (Ru, f)$$

$$\leqslant -c_2\|u\|_{1/2}^2 + C(\|u\|_0^2 + \|f\|_{-1/2}\|u\|_{1/2}), \tag{7.2.4}$$

式中 $\|u\|_s$ 表示 u 在 $H^s(M)$ 中的模. 利用 $R(y)$ 的正定性可得

$$\frac{d}{dy}(R(y)u, u) \leqslant C'((R(y)u, u) + \|f\|_{-1/2}^2).$$

利用 Gronwall 不等式, 即得

$$\|u(y)\|_0^2 \leqslant C(\|g\|_0^2 + \|f\|_{L^2((0,y), H^{-1/2}(M))}^2). \tag{7.2.5}$$

类似地, 若记 Λ 为以 $|\xi|$ 为主象征的一阶椭圆算子, 对任意 $s > 0$ 考察 $\frac{d}{dy}(R(y)\Lambda^s u, \Lambda^s u)$, 即可得到

$$\|u(y)\|_s^2 \leqslant C(\|g\|_s^2 + \|f\|_{L^2((0,y), H^{s-1/2}(M))}^2). \tag{7.2.6}$$

事实上, 更多地利用 $RA + A^*R$ 的主象征为负定的特性, 我们还可以导出比 (7.2.6) 更优的先验估计. 例如考察 $\frac{d}{dy}(R(y)\Lambda^{\frac{1}{2}}u, \Lambda^{\frac{1}{2}}u)$, 有

$$\frac{d}{dy}(R(y)\Lambda^{\frac{1}{2}}u, \Lambda^{\frac{1}{2}}u)$$

$$= ((RA + A^*R)\Lambda^{\frac{1}{2}}u, \Lambda^{\frac{1}{2}}u)$$

$$+ (R[\Lambda^{\frac{1}{2}}, A]u, \Lambda^{\frac{1}{2}}u) + (R\Lambda^{\frac{1}{2}}u, [\Lambda^{\frac{1}{2}}, A]u)$$

$$+ (R'\Lambda^{\frac{1}{2}}u, \Lambda^{\frac{1}{2}}u) + (R\Lambda^{\frac{1}{2}}f, \Lambda^{\frac{1}{2}}u) + (R\Lambda^{\frac{1}{2}}u, \Lambda^{\frac{1}{2}}f)$$

$$\leqslant -c\|u\|_1^2 + C'\|u\|_0(\|u\|_0 + \|f\|_0).$$

两边关于 y 积分, 可得

$$(R(1)\Lambda^{\frac{1}{2}}u, \Lambda^{\frac{1}{2}}u) + c\int_0^1 \|u(y)\|_1^2 dy$$

$$\leqslant (R(0)\Lambda^{\frac{1}{2}}u, \Lambda^{\frac{1}{2}}u) + C''(\|u\|_{L^2(\Omega)}^2 + \|f\|_{L^2(\Omega)}^2). \tag{7.2.7}$$

不等式左边 $(R(1)\Lambda^{\frac{1}{2}}u, \Lambda^{\frac{1}{2}}u) \geqslant 0$, 故由 (7.2.7) 可得到 $\int_0^1 \|u(y)\|_1^2 dy$ 的估计. 又利用

$$\int_0^1 \|u_y\|^2 dy \leqslant \int_0^1 \|Au\|^2 dy + \int_0^1 \|f\|^2 dy$$

$$\leqslant C \int_0^1 \|u\|_1^2 dy + \|f\|_{L^2(\Omega)}^2,$$

结合 (7.2.6) 可得

$$\|u\|_{H^1(\Omega)}^2 \leqslant C(\|g\|_{1/2}^2 + \|f\|_{L^2(\Omega)}^2). \tag{7.2.8}$$

类似地, 对 $s \geqslant 0$ 有

$$\|u\|_{H^{s+1}(\Omega)}^2 \leqslant C(\|g\|_{s+1/2}^2 + \|f\|_{H^s(\Omega)}^2). \tag{7.2.9}$$

将 (7.2.9) 与第六章中对双曲算子的先验估计式相比, (7.2.9) 式给出了问题 (7.2.1) 的解的更优的 Sobolev 范数估计, 它比方程右端项 f 的正则性高一阶, 与边界条件中的资料 g 相比, 正则性高 $\dfrac{1}{2}$ 阶. 这正是由方程 (7.2.1) 的椭圆特性所决定的.

问题 (7.2.1) 的共轭问题为

$$\begin{cases} -\dfrac{\partial}{\partial y} v - A^*(y, x, D_x)v = \varphi, \\ v(1) = \psi. \end{cases} \tag{7.2.10}$$

算子 A^* 的主象征的实部也是 $\operatorname{Re} a^0$, 故算子 $-\dfrac{\partial}{\partial y} - A^*$ 仍为椭圆的. 对于问题 (7.2.10) 的光滑解 v 也可以建立先验估计式

$$\|v(y)\|_s^2 \leqslant C(\|\psi\|_s^2 + \|\varphi\|_{L^2((0,y), H^{s-1/2}(M))}^2) \tag{7.2.11}$$

以及当 $s \geqslant 0$ 时的

$$\|v\|_{H^{s+1}(\Omega)}^2 \leqslant C(\|\psi\|_{s+1/2}^2 + \|\varphi\|_{H^s(\Omega)}^2). \tag{7.2.12}$$

从上述先验估计式出发, 再利用第六章中证明定理 6.1.1 的标准方法就可以推出问题 (7.2.1) 的解的存在性. 即

定理 7.2.1　若问题 (7.2.1) 中 A 为满足条件 (7.2.2) 的一阶拟微分算子矩阵, $f \in L^2((0,1), H^{s-1/2}(M))$, $g \in H^s(M)$. 则存在唯一解 $u \in C((0,1), H^s(M))$, 且成立估计式 (7.2.6).

利用估计式 (7.2.9) 常可以得到解的更高的正则性. 即若对某个 $s \geqslant 0$ 有 $f \in H^s(\Omega)$, $g \in H^{s+1/2}(M)$, 则问题 (7.2.1) 的解 $u \in H^{s+1}(\Omega)$. 为证明这一事实, 我们要利用 Friedrichs 磨光算子 J_ε (见第四章 §1).

定理 7.2.2 若问题 (7.2.1) 中 A 为满足条件 (7.2.2) 的一阶拟微分算子矩阵. 对某个 $s \geqslant 0$, $u \in H^s(\Omega)$ 为该问题之解, 又 $f \in H^s(\Omega)$, $g \in H^{s+1/2}(M)$, 则 $u \in H^{s+1}(\Omega)$, 且满足 (7.2.9).

证明 设 J_ε 为定义在 M 上的磨光算子, 则根据 (7.2.9) 有

$$
\begin{aligned}
\|J_\varepsilon u\|_{H^{s+1}(\Omega)} &\leqslant C \left(\|J_\varepsilon u(0)\|_{s+1/2}^2 + \left\| \left(\frac{\partial}{\partial y} - A \right) J_\varepsilon u \right\|_{H^s(\Omega)}^2 \right) \\
&\leqslant C(\|J_\varepsilon u(0)\|_{s+1/2}^2 + \|J_\varepsilon f\|_{H^s(\Omega)}^2 + \|[A, J_\varepsilon]u\|_{H^s(\Omega)}^2).
\end{aligned}
$$
$$(7.2.13)$$

由于 $[A, J_\varepsilon]$ 为零阶拟微分算子, 且它是关于 ε 一致有界的, 所以在定理的条件下, 上式右端关于 ε 一致有界. 故 $\|J_\varepsilon u\|_{H^{s+1}(\Omega)}^2$ 关于 ε 一致有界. 另外, 由于 $u \in H^s(\Omega)$, 则在 $H^s(\Omega)$ 中 $J_\varepsilon u \to u(\varepsilon \to 0)$. 于是由 Banach-Saks 定理知 $u \in H^{s+1}(\Omega)$. 再在 (7.2.13) 两边取极限, 知 u 满足 (7.2.9), 定理证毕. ∎

定理 7.2.2 中对 u 的正则性的起始要求并不重要. 因为当 $f \in H^s(\Omega)$, $g \in H^{s+1/2}(M)$ 时, 我们首先可以由定理 7.2.1 得到 $L^2(\Omega)$ 解 u 的存在性, 然后反复应用定理 7.2.2, 即可得知 $u \in H^{s+1}(\Omega)$.

定理 7.2.2 的证明方法是由先验估计式推出解的正则性的典型方法, 它将在多种场合下被用到.

注 1 本节中的讨论可直接推得 Sobolev 空间理论中的逆迹定理 (见 [Ch3]):

若 $\Omega \subset \mathbb{R}^n$ 为具有正则边界的区域, $g \in H^{\frac{1}{2}}(\partial\Omega)$. 则可以将 g 拓展为 Ω 中的 $H^1(\Omega)$ 函数 u, 使 $u|_{\partial\Omega} = g$.

事实上, 不妨设 $\Omega = (0,1) \times M$, $g \in H^{\frac{1}{2}}(M)$. 则可以考察

$$
\begin{cases}
\dfrac{\partial}{\partial y} u + \Lambda u = 0, \\
u(0) = g,
\end{cases}
\tag{7.2.14}
$$

其中 Λ 是以 $(1+|\xi|^2)^{\frac{1}{2}}$ 为象征的拟微分算子. 此时逆迹定理的结论就是定理 7.2.2 的自然推论.

注 2　读者在此需特别注意问题 (7.2.1) 中边界条件的给定方法. 在边界 $y = 0$ 上给定了 u 的全部边界条件. 这是与方程中算子矩阵 A 的主象征 $a^0(y, x, \xi)$ 的特征值均具负实部相对应的. 问题 (7.2.1) 在边界 $y = 1$ 上未给边界条件, 若令 $z = 1 - y$, (7.2.1) 中方程也可写成

$$\frac{\partial}{\partial z}u + A(1 - z, x, D_x)u = f. \tag{7.2.15}$$

这时, $-A$ 的主象征 $-a^0$ 的所有特征值均具有正实部. 而在 $z = 0$ 上不给任何边界条件. 所以, 若把 (7.2.1) 中的变量 y 或 (7.2.15) 中的变量 z 理解成区域中的点到边界的距离, $\dfrac{\partial}{\partial y}$ 与 $\dfrac{\partial}{\partial z}$ 理解为内法向的方向导数, 则可以把上述现象统一地描述如下: 若在区域 $y \geqslant 0$ 中可将一阶椭圆型方程组写成 $\left(\dfrac{\partial}{\partial y} - A\right)u = f$, 则当 A 的主象征 a^0 的所有特征值具有负实部时, 在边界 $y = 0$ 上应当给出全部边界条件. 又若 A 的主象征 a^0 的所有特征值具有正实部, 则在 $y = 0$ 上不能给边界条件. 一个自然的问题是: 当 A 的主象征 a^0 既有具正实部的特征值, 又有具负实部的特征值时, 边界 $y = 0$ 上应如何给定边界条件? 这个问题将在下节中回答.

(7.2.1) 和 (7.2.15) 中所示的方程分别称为**前向椭圆发展方程**和**后向椭圆发展方程**. 例如, 当取 y 为正向时, $\dfrac{\partial}{\partial y} + |D_x| = f$ 是前向椭圆发展方程, 而 $\dfrac{\partial}{\partial y} - |D_x| = f$ 是后向椭圆发展方程, 这些方程中出现的微分算子也相应地称为**前向椭圆发展算子**与**后向椭圆发展算子**.

§3. 一般高阶椭圆型方程的边值问题

1. 问题的简化

本节中将讨论高阶椭圆型方程的边值问题. 我们利用 Calderón 的方法将它化成一阶椭圆型方程组的问题进行处理. 同时在对一般的一阶椭圆型方程组边值问题的讨论中对上节末提出的问题给予回答.

设 Ω 是具光滑边界 $\partial\Omega = M$ 的紧流形, L 是 Ω 上的 m 阶椭圆算子. B_j $(1 \leqslant j \leqslant \nu)$ 是定义在 M 邻域中的 m_j 阶微分算子, $m_j \leqslant m-1$. 今讨论边值问题

$$\begin{cases} Lu = f, & \text{在 } \Omega \text{ 中,} \\ B_j u = g_j \ (1 \leqslant j \leqslant \nu), & \text{在 } \partial\Omega \text{ 上.} \end{cases} \tag{7.3.1}$$

我们将研究这个边值问题的可解性与解的正则性. 当然, 这是与边界条件的合适提法密切相关的.

下面先讨论当 $f \in H^k(\Omega)$, $g_j \in H^{m+k-m_j-\frac{1}{2}}(\partial\Omega)(1 \leqslant j \leqslant \nu)$ 时问题 (7.3.1) 在 $H^{m+k}(\Omega)$ 中的可解性. 为此, 先将问题作一些简化. 作单位分解 $1 = \varphi_1 + \varphi_2$, 其中 φ_1 是具支集在 Ω 的内部的函数, φ_2 是具支集在边界 $\partial\Omega$ 邻域中的函数. 利用此单位分解可将 f 写成 $f_1 + f_2 = \varphi_1 f + \varphi_2 f$. 根据第三章 §3 中的讨论知 L 在 Ω 内部存在一个具恰当支集的拟逆, 从而我们可以得到 u_1, 它的支集在 Ω 的内部, 且满足

$$Lu_1 = f_1 \bmod C_c^\infty(\Omega). \tag{7.3.2}$$

当 $f \in H^k(\Omega)$ 从而 $f_1 \in H^k(\Omega)$ 时, $u_1 \in H^{k+m}(\Omega)$. 于是, 我们可代替 (7.3.1) 而考虑问题

$$\begin{cases} Lv = f_2, & \text{在 } (0,1) \times M \text{ 中,} \\ B_j v = g_j \ (1 \leqslant j \leqslant \nu), & \text{在 } \{0\} \times M \text{ 上.} \end{cases} \tag{7.3.3}$$

这里我们已将流形 Ω 的边界 M 的邻域等同于 $(0,1) \times M$, 并不妨认为它已包括 f_2 的支集. 如果我们已得到了 (7.3.3) 的解 v, 则根据椭圆算子的内正则性定理知, v 在 $(1-\varepsilon, 1) \times M$ 中为 C^∞. 因此, 作一个 C^∞ 函数 ψ, 使它在 $(0, 1-\varepsilon) \times M$ 中恒等于 1, 而在 $\{1\} \times M$ 附近为零. 令 $u_2 = \psi v$, 则 $u = u_1 + u_2$ 满足

$$\begin{cases} Lu = f \bmod C_c^\infty(\Omega), & \text{在 } \Omega \text{ 中,} \\ B_j u = g_j \ (1 \leqslant j \leqslant \nu), & \text{在 } \partial\Omega \text{ 上.} \end{cases} \tag{7.3.4}$$

于是, 利用 §1 中所述的引理 7.1.7 可知映射 $\{L, B_j\}$ 的像集具有有限余维. 亦即当 (f, g_j) 满足有限个条件时问题 (7.3.1) 可解.

　　这样一来, 对问题 (7.3.1) 的讨论就转化成对问题 (7.3.3) 的讨论. 再利用第六章中介绍的化高阶方程为一阶方程组的方法, 在引入新未知函数

$$u_j = \left(\frac{\partial}{\partial y}\right)^{j-1} \Lambda^{m-j} u \quad (1 \leqslant j \leqslant m) \tag{7.3.5}$$

后, 原方程 $Lu = f$ 可写成

$$\frac{\partial}{\partial y} U = KU + F, \quad \text{在 } (0,1) \times M \text{ 上}, \tag{7.3.6}$$

其中 K 为 $m \times m$ 一阶拟微分算子矩阵, K 与 F 的具体表示可见 (6.1.13) 式. 此外, 若将 (7.3.3) 中的算子 B_j 写成

$$B_j = \sum_{k=0}^{m_j} B_{jk}(x, D_x) \frac{\partial^k}{\partial y^k},$$

则在 $y = 0$ 上的边界条件变成

$$\Lambda^{m-m_j-1} \sum_{k=0}^{m_j} B_{jk}(x, D_x) \Lambda^{k+1-m} u_{k+1}(0) = \Lambda^{m-m_j-1} g_j.$$

它可写成

$$BU(0) = h, \quad \text{在 } \{0\} \times M \text{ 上}, \tag{7.3.7}$$

其中 B 为 $m \times \nu$ 零阶拟微分算子矩阵. 于是问题又化成讨论 (7.3.6), (7.3.7).

　　由第六章的讨论知道, $I\dfrac{\partial}{\partial y} - K(y, x, D_x)$ 的主象征是 $i\eta I - k_1(y, x, \xi)$, 它的行列式与 L 的主象征相同. 所以, 由 L 为椭圆算子的性质知, 当 $\xi \neq 0$ 时, $k_1(y, x, \xi)$ 无纯虚特征值. 下面就在这样的条件下讨论 (7.3.6), (7.3.7). 并为方便起见仍记 U 为 u.

2. 具特殊边界条件的边值问题

　　设 γ 为右半平面上含 $k_1(y, x, \xi)$ 所有具正实部特征值的闭曲线, 令

$$e_0(y, x, \xi) = \frac{1}{2\pi i} \int_\gamma (\zeta - k_1(y, x, \xi))^{-1} d\zeta, \tag{7.3.8}$$

则 e_0 是由 $\mathbb{R}^m$ 到 k_1 的具正实部特征值所对应的特征子空间之直和上的投影算子. 由于 e_0 为 ξ 的正齐一次函数, 所以它也可以视为 $\Psi^0(\Omega)$ 类拟微分算子 E 的象征. 算子 E 起着将算子 K 分裂为前向椭圆发展算子和后向椭圆发展算子的作用. 记 $A = (2E - I)K$, 它是 $\Psi^1(\Omega)$ 类拟微分算子, 其主象征只有具正实部的特征值. 于是可以找到算子 $R \in \Psi^0(\Omega)$, 它具有正定的主象征, 并使 $RA + A^* R$ 是具正定主象征的算子.

类似于上节的做法来导出先验估计式, 记 $H = \dfrac{\partial}{\partial y} - K$, 则有 $\dfrac{\partial u}{\partial y} = Hu + Ku$, 且

$$\frac{d}{dy}(R\Lambda^{\frac{1}{2}} E u, \Lambda^{\frac{1}{2}} E u)$$

$$= (R\Lambda^{\frac{1}{2}} E(Hu + Ku), \Lambda^{\frac{1}{2}} E u) + (R\Lambda^{\frac{1}{2}} E u, \Lambda^{\frac{1}{2}} E(Hu + Ku)) + R_1(u),$$

这里和以后出现的 $R_j(u)$ 都满足不等式

$$|R_j(u)| \leqslant C\|u\|_1 \|u\|_0.$$

注意到 $EKu = E(2E - I)Ku = EAu$, 故有

$$\frac{d}{dy}(R\Lambda^{\frac{1}{2}} E u, \Lambda^{\frac{1}{2}} E u)$$

$$= (REHu, \Lambda E u) + (RAEu, \Lambda E u) + (\Lambda E u, REHu)$$

$$+ (\Lambda E u, RAEu) + R_2(u)$$

$$= 2\,\mathrm{Re}(REHu, \Lambda E u) + ((RA + A^* R)Eu, \Lambda E u) + R_3(u).$$

相仿地有

$$\frac{d}{dy}(R\Lambda^{\frac{1}{2}}(I - E)u, \Lambda^{\frac{1}{2}}(I - E)u)$$

$$= 2\,\mathrm{Re}(R(I - E)Hu, \Lambda(I - E)u)$$

$$- ((RA + A^* R)(I - E)u, \Lambda(I - E)u) + R_4(u).$$

将两式相加, 并对算子 $(RA + A^* R)\Lambda^{-1}$ 应用 Gårding 不等式可得

$$C|\Lambda u|^2 \leqslant C|\Lambda E u|^2 + C|\Lambda(I - E)u|^2$$

$$\leqslant ((RA + A^*R)Eu, \Lambda Eu)$$

$$+ ((RA + A^*R)(I - E)u, \Lambda(I - E)u) + R_5(u)$$

$$\leqslant \frac{d}{dy}(R\Lambda^{\frac{1}{2}}Eu, \Lambda^{\frac{1}{2}}Eu) - \frac{d}{dy}(R\Lambda^{\frac{1}{2}}(I - E)u, \Lambda^{\frac{1}{2}}(I - E)u)$$

$$+ C|Hu||\Lambda u| + R_5(u).$$

关于 y 积分, 并利用 Gronwall 不等式可得

$$\int \|u\|_1^2 dy + \|E(0)u(0)\|_{1/2}^2 + \|(I - E(1))u(1)\|_{1/2}^2$$

$$\leqslant C(\|Hu\|_{L^2(\Omega)}^2 + \|u\|_{L^2(\Omega)}^2 + \|E(1)u(1)\|_{1/2}^2 + \|(I - E(0))u(0)\|_{1/2}^2).$$

再利用

$$\left\|\frac{\partial u}{\partial y}\right\|_{L^2(\Omega)}^2 \leqslant C\left(\|Hu\|_{L^2(\Omega)}^2 + \int \|u\|_1^2 dy\right),$$

得到

$$\|u\|_{H^1(\Omega)}^2 + \|E(0)u(0)\|_{1/2}^2 + \|(I - E(1))u(1)\|_{1/2}^2$$

$$\leqslant C(\|Hu\|_{L^2(\Omega)}^2 + \|u\|_{L^2(\Omega)}^2 + \|Eu(1)\|_{1/2}^2 + \|(I - E)u(0)\|_{1/2}^2).$$

引入算子 $F(y) = yI + (1 - 2y)(I - E(y))$, 则 $F(0) = I - E(0), F(1) = E(1)$. 故以 Fu 记 $(Fu(0), Fu(1))$, 我们有

$$\|u\|_{H^1(\Omega)}^2 \leqslant C(\|Hu\|_{L^2(\Omega)}^2 + \|u\|_{L^2(\Omega)}^2 + \|Fu\|_{1/2}^2). \tag{7.3.9}$$

更一般地, 对于任意的整数 $k > 0$, 可以建立

定理 7.3.1 设 u 为 Ω 上的充分光滑的函数, 则成立

$$\|u\|_{H^k(\Omega)}^2 \leqslant C(\|Hu\|_{H^{k-1}(\Omega)}^2 + \|u\|_{L^2(\Omega)}^2 + \|Fu\|_{k-1/2}^2). \tag{7.3.10}$$

证明 在 (7.3.9) 式中用 $\Lambda^{k-1}u$ 代替 u, 可得

$$\|\Lambda^{k-1}u\|_{H^1(\Omega)} \leqslant C(\|H\Lambda^{k-1}u\|_{L^2(\Omega)} + \|\Lambda^{k-1}u\|_{L^2(\Omega)} + \|F\Lambda^{k-1}u\|_{1/2})$$

$$\leqslant C(\|Hu\|_{H^{k-1}(\Omega)} + \|u\|_{H^{k-1}(\Omega)} + \|Fu\|_{k-1/2}$$

$$+ \|u(1)\|_{k-3/2} + \|u(0)\|_{k-3/2}).$$

由嵌入定理知, 不等式最后一项也可以用 $\|u\|_{H^{k-1}(\Omega)}$ 加以控制.

又注意到

$$\|u\|_{H^k(\Omega)} \leqslant \left\|\frac{\partial u}{\partial y}\right\|_{H^{k-1}(\Omega)} + \|Hu\|_{H^{k-1}(\Omega)}$$

$$\leqslant \|\Lambda^{k-1}u\|_{H^1(\Omega)} + \|Hu\|_{H^{k-1}(\Omega)},$$

故得

$$\|u\|_{H^k(\Omega)} \leqslant C(\|Hu\|_{H^{k-1}(\Omega)} + \|u\|_{H^{k-1}(\Omega)} + \|Fu\|_{k-1/2}). \quad (7.3.11)$$

再利用插值不等式, 对任意 $\varepsilon > 0$, 有

$$\|u\|_{H^{k-1}(\Omega)} \leqslant \varepsilon\|u\|_{H^k(\Omega)} + C(\varepsilon)\|u\|_{L^2(\Omega)},$$

代入 (7.3.11) 式后即得 (7.3.10) 式. 定理证毕. ■

注 1 将 u 在 x 方向的正则性与 y 方向的正则性分开, 对非负整数 k 与任意实数 s 引入

$$\|u\|_{(k,s)} = \left[\sum_{j=0}^{k} \|D_y^j \Lambda^{k-j+s} u(y)\|_{L^2(\Omega)}^2\right]^{1/2},$$

可以证得比 (7.3.10) 更细致的先验估计. 对任意正整数 k 以及实数 t, 必有常数 $C > 0$ 与 $\sigma \in \mathbb{R}$, 使

$$\|u\|_{(k,t)}^2 \leqslant C(\|Hu\|_{(k-1,t)} + \|u\|_{(0,\sigma)}^2 + \|Fu\|_{k+t-1/2}^2). \quad (7.3.12)$$

其证明留给读者.

注 2 如本节定理 7.2.2 的证明中所作的那样, 利用 Friedrichs 磨光算子 J_ε 可以从先验估计 (7.3.10) 证得如下的关于解的正则性的结论: 若 $u \in L^2(\Omega)$, 且 $Hu \in H^{k-1}(\Omega)$, $Fu \in H^{k-\frac{1}{2}}(\partial\Omega)$, 则 $u \in H^k(\Omega)$.

由 (7.3.11) 所导出的关于解的正则性结论亦请读者自行写出.

注 3 齐次边值问题

$$\begin{cases} Hu = 0, & \text{在 } \Omega \text{ 中,} \\ Fu = 0, & \text{在 } \partial\Omega \text{ 上} \end{cases} \quad (7.3.13)$$

的解必为 $C^\infty(\overline{\Omega})$ 函数, 且解的全体构成有限维空间.

事实上, 从注 2 可知 $u \in \cap H^k(\Omega)$, 故 $u \in C^\infty(\overline{\Omega})$, 又从 (7.3.10) 知, 对任意 $k > 0$

$$\|u\|_{H^k(\Omega)} \leqslant C\|u\|_{L^2(\Omega)}.$$

注意到从 $H^k(\Omega)$ 到 $L^2(\Omega)$ 的嵌入算子为紧算子, 故集合 $S_0 = \{u \in L^2(\Omega) \mid Hu = 0, Fu = 0\}$ 中的有界集必为紧集, 从而 S_0 为有限维空间. 以后 S_0 也常被记成 $\mathrm{Ker}(H, F)$.

现在讨论非齐次边值问题

$$\begin{cases} Hu = f, & \text{在 } \Omega \text{ 中,} \\ Fu = g, & \text{在 } \partial\Omega \text{ 上.} \end{cases} \tag{7.3.14}$$

显然, 由于 $F^2 = F$, 故为使 (7.3.14) 有解, g 必须满足 $(I - F)g = 0$.

记 $H_{I-F}^{k-\frac{1}{2}}(\partial\Omega) = \{g \in H^{k-\frac{1}{2}}(\partial\Omega) \mid (I - F)g = 0\}$, 定义映射 $H_1 : H^k(\Omega) \to H^{k-1}(\Omega) \oplus H_{I-F}^{k-\frac{1}{2}}(\partial\Omega)$ 为

$$H_1 u = \{Hu, Fu\},$$

则成立以下定理:

定理 7.3.2　映射 H_1 是 Fredholm 映射.

证明　映射 H_1 的核为有限维子空间这一事实已在上面的注 3 中指出, 以下证明它的值域是有限余维的.

作 $G \in H^k(\Omega)$, 使 $G|_{\partial\Omega} = g$, 则问题化成 $g = 0$ 的情形. 故以下不妨讨论

$$\begin{cases} Hu = f, & \text{在 } \Omega \text{ 中,} \\ Fu = 0, & \text{在 } \partial\Omega \text{ 上.} \end{cases} \tag{7.3.15}$$

易见 (7.3.15) 的共轭问题是

$$\begin{cases} H^* v \equiv \left(-\dfrac{\partial}{\partial y} - K^*(y, x, D_x)\right) v = h, & \text{在 } \Omega \text{ 中,} \\ (I - F^*)v = 0, & \text{在 } \partial\Omega \text{ 上.} \end{cases} \tag{7.3.16}$$

令 $z = 1-y$, 则 $K^*(1-z, x, D_x)$ 的主象征具正实部与负实部特征值的个数分别和 $k_1(y, x, \xi)$ 具有正实部与负实部特征值个数相同. $E = I - F^*$ 将算子 K^* 分裂为关于 z 的后向椭圆发展算子与前向椭圆发展算子. 因此, 对边值问题 (7.3.16) 可建立与 (7.3.12) 类似的先验估计式:

$$\|v\|^2_{(k,t)} \leqslant C(\|H^*v\|^2_{(k-1,t)} + \|v\|^2_{0,\sigma} + \|(I-F^*)v\|^2_{k-\frac{1}{2}+t}). \qquad (7.3.17)$$

由此也可得 $\mathrm{Ker}(H^*, (I - F^*))$ 中元素为 $C^\infty(\overline{\Omega})$ 函数, 且此核为有限维的.

利用对偶方法可以推得 H 的值域为核 $\mathrm{Ker}(H^*, (I-F)^*)$ 的正交集. 从而当 f 满足有限个条件时 (7.3.15) 可解, 且解 $u \in H^k(\Omega)$, 定理证毕. ∎

3. 具一般边界条件的边值问题

定理 7.3.2 已部分地回答了上节末提出的问题. 对于椭圆算子 $\dfrac{\partial}{\partial y} - K(y, x, D_x)$, 当 K 的主象征既有具正实部的特征值, 又有具负实部的特征值时, 在边界上所给定的边界条件个数应与具负实部的特征值个数一致. 但由于由一般边值问题 (7.3.1) 所导出的边界条件 (7.3.7) 中出现的算子 B 不一定具有算子 F 这种特殊形式. 所以我们还得研究, 怎样的边界算子 B 才可以构成合适的边值问题 $Hu = f, Bu = g$?

从 (7.3.10) 的形式来看, 为控制 $\|u\|_{H^k(\Omega)}$, 需要在边界上控制 $\|Fu\|_{k-1/2}$ 或 $\|u\|_{k-1/2}$, 我们注意到 $\|(I-F)u\|_{k-1/2}$ 已是一个容易控制的量. 事实上, 由于 $(I-F)F$ 是 -1 阶拟微分算子, 所以由 (7.3.10) 知

$$\|(I-F)u\|^2_{k-1/2} \leqslant C\|(I-F)u\|^2_{H^k(\Omega)}$$
$$\leqslant C(\|H(I-F)u\|^2_{H^{k-1}(\Omega)} + \|(I-F)u\|^2_{L^2(\Omega)} + \|F(I-F)u\|^2_{k-1/2})$$
$$\leqslant C(\|Hu\|^2_{H^{k-1}(\Omega)} + \|u\|^2_{H^{k-1}(\Omega)} + \|u\|^2_{k-3/2}). \qquad (7.3.18)$$

于是, 只要我们能够用 $\|Bu\|^2_{k-1/2}, \|(I-F)u\|^2_{k-1/2}$ 以及 $\|u\|^2_{k-3/2}$ 等量控制 $\|Fu\|^2_{k-1/2}$, 就可以用 $\|Hu\|^2_{H^{k-1}(\Omega)} + \|u\|^2_{H^{k-1}(\Omega)} + \|Bu\|^2_{k-1/2}$ 来控制 $\|u\|^2_{H^k(\Omega)}$. 所以, 对于边界算子 B 所提出的第一个要求是在边界

上能成立估计式

$$\|g\|_\tau^2 \leqslant C(\|(I-F)g\|_\tau^2 + \|Bg\|_\tau^2 + \|g\|_{\tau-1}^2). \tag{7.3.19}$$

(7.3.19) 式一般可用于说明解的正则性. 今为讨论问题的可解性, 我们要将 $Bu = g$ 写成 $Fu = h$ 的形式. 由 (7.3.18) 式知, 对于满足 $Hu = 0$ 的 u 来说, 在边界上 $(I-F)u$ 可具有比 u 更高的正则性. 因此, 将 $Bu = g$ 写成

$$BFu + B(I-F)u = g,$$

就有

$$BFFu = BFu - BF(I-F)u$$
$$= g - B(I-F)u - BF(I-F)u = g + g_1,$$

其中 g_1 将具有较高的正则性. 暂略去 g_1, 仅考虑 $BFh = g$. 则如果能找到函数 h, 使它满足 $BFh = g$, 就可以将 $Bu = g$ 在略去具较高正则性项的意义下化成 $Fu = h$, 从而有可能得到原边值问题在 Fredholm 意义下的可解性. 这一事实启发我们对边界算子 B 提出第二个要求为

$$\text{映射 } BF : (H^\tau)^m \to (H^\tau)^\nu \text{ 具有有限余维.} \tag{7.3.20}$$

于是, 通过上面的讨论, 我们可建立

定理 7.3.3　设算子 B 满足条件 (7.3.19), (7.3.20), 则问题

$$\begin{cases} Hu = f, \\ Bu = g, \end{cases} \tag{7.3.21}$$

在 $f \in H^{k-1}(\Omega), g \in H^{k-\frac{1}{2}}(\partial\Omega)$ 且 f, g 满足有限个线性条件时有解 u 存在. 这个解 u 必定属于 $H^k(\Omega)$. 此外, 对应于 (7.3.21) 的齐次问题的解属于 $C^\infty(\overline{\Omega})$, 且这些解构成有限维子空间.

证明　证明的思想实际上已蕴含在上面的分析中. 为了容易理解起见, 我们将它重新写出. 由 (7.3.19) 知

$$\|Fu\|_{k-1/2}^2 \leqslant C(\|Bu\|_{k-1/2}^2 + \|u\|_{k-3/2}^2)$$
$$\leqslant C(\|Bu\|_{k-1/2}^2 + \|u\|_{H^{k-1}(\Omega)}^2).$$

代入 (7.3.10) 并再次利用插值不等式可得

$$\|u\|_{H^k(\Omega)}^2 \leqslant C(\|Hu\|_{H^{k-1}(\Omega)}^2 + \|u\|_{L^2(\Omega)}^2 + \|Bu\|_{k-1/2}^2). \qquad (7.3.22)$$

这就是关于问题 (7.3.21) 的能量不等式. 与前相仿, 从这个估计式出发再利用磨光算子等工具即可证明定理中关于解的正则性的结论. 特别当 $f = 0$, $g = 0$ 时, 解 $u \in C^\infty(\overline{\Omega})$.

为讨论可解性, 不妨仅考察 $f = 0$ 的情形. 令

$$E = \{u \in H^k(\Omega) \mid Hu = 0\},$$

并定义映射

$$\beta : E \to H^{k-\frac{1}{2}}(\partial\Omega),$$

使 $\beta u = Bu\big|_{\partial\Omega}$. 则我们只需证明 β 具有有限余维的值域, 就可以得到问题 (7.3.21) 的 Fredholm 可解性.

记 $H^{k-\frac{1}{2}}$ 在算子 BF 下的像为 W, 由 (7.3.20) 知 W 是 $H^{k-\frac{1}{2}}$ 的具有有限余维的闭子空间. 且存在 BF 的逆映射 $T : W \to H^{k-\frac{1}{2}}$, 使对一切 $g \in W$, 有 $BFTg = g$. 于是, 对给定的 $g \in W$, 先求问题

$$\begin{cases} Hv = 0, & \text{在 } \Omega \text{ 中}, \\ Fv = FTg, & \text{在 } \partial\Omega \text{ 上} \end{cases} \qquad (7.3.23)$$

的解. 由定理 7.3.2 知, 只要 FTg 满足有限个线性条件, (7.3.23) 就有解 v. 显然 $v \in E$, 且在边界 $\partial\Omega$ 上

$$\begin{aligned} Bv &= BFv + B(I - F)v \\ &= BFTg + B(I - F)v \\ &= g + B(I - F)v. \end{aligned}$$

根据指数为 $k+1$ 的 (7.3.18) 式知 $(I - F)v \in H^{k+\frac{1}{2}}$, 从而 $\beta v - g \in H^{k+\frac{1}{2}}$. 这样, 利用 §1 中的性质 7.1.7, 即知映射 β 具有有限余维的值域. 定理证毕. ∎

至此, 我们已基本上完成了问题 (7.3.1) 的可解性与正则性的讨论.

但读者可能已注意到, 在由问题 (7.3.1) 所导出的问题 (7.3.6), (7.3.7) 中, 边界条件仅给在 $\{0\} \times M$ 上, 而在定理 7.3.3 中边界条件给定在 $\partial\Omega = \{0\} \times M \bigcup \{1\} \times M$ 上. 所以这里还需作些补充说明. 事实上, 在本节之初, 为了得到问题 (7.3.3) 的解, 可以在边界 $\{1\} \times M$ 处任意给定一个算子 $B(1)$, 使其满足条件 (7.3.19) 与 (7.3.20), 并在边界 $\{1\} \times M$ 上添上一个边界条件

$$B(1)v = 0, \tag{7.3.24}$$

则由定理 7.3.3 知, 问题 (7.3.3), (7.3.24) 按 Fredholm 意义可解. 再利用本节初的讨论, 就可以得到问题 (7.3.1) 的 Fredholm 可解性与解的正则性. 这里的算子 B 似乎可以很随意地给出. 但由于不同给法所引起的差别已被 (7.3.4) 中的 $\text{mod } C_c^\infty(\Omega)$ 所刻画, 所以不影响所需结论的获得.

4. Lopatinski 条件

边界算子 B 所需满足的条件 (7.3.19), (7.3.20) 也称为 **Lopatinski 条件**. 现在我们进一步讨论这些条件, 并给出其更易于检验的等价形式.

设算子 L 在 $(0,1) \times M$ 上具有形式

$$L = \frac{\partial^m}{\partial y^m} - \sum_{j=0}^{m-1} A_j(y, x, D_x) \frac{\partial^j}{\partial y^j} \tag{7.3.25}$$

算子 B_j 在边界 M 上具形式

$$B_j = \sum_{k=0}^{m_j} B_{jk}(x, D_x) \frac{\partial^k}{\partial y^k} \quad (1 \leqslant j \leqslant \nu), \tag{7.3.26}$$

算子 B, F 与定理 7.3.3 中的意义相同. 又记 $\tilde{a}_j(y, x, \xi)$ 为算子 $A_j(y, x, D_x)$ 的主象征, $\tilde{b}_{jk}(x, \xi)$ 是 $B_{jk}(x, D_x)$ 的主象征,

$$\tilde{B}_j\left(x, \xi, \frac{d}{dy}\right) = \sum_{k=0}^{m_j} \tilde{b}_{jk}(x, \xi) \frac{d^k}{dy^k}.$$

此外, 还记 b, f 为算子 B, F 的主象征.

引理 7.3.1 引入以下两个条件:

(a) 对每一点 $(x_0, \xi_0) \in T^*M \backslash \{0\}$, 不存在非零向量 $\alpha \in \mathbb{R}^m$, 使

$$\alpha - f(x_0, \xi_0)\alpha = 0, \quad b(x_0, \xi_0)\alpha = 0;$$

(b) 对每一点 $(x_0, \xi_0) \in T^*M \backslash \{0\}$,

$$b(x_0, \xi_0)f(x_0, \xi_0) : \mathbb{R}^m \to \mathbb{R}^\nu \text{ 是满映射,}$$

则 (a) 可推出 (7.3.19), (b) 可推出 (7.3.20).

证明 条件 (a) 说明 $(I-f)^*(I-f) + b^*b$ 恒正定, 故 $(I-F)^*(I-F) + B^*B$ 是一个椭圆算子, 故得 (7.3.19). 又条件 (b) 说明 $(bf)(bf)^*$ 满秩, 故 $(BF)(BF)^*$ 是紧流形 M 上的椭圆算子, 所以由 §1 的讨论知它是 Fredholm 算子. 于是算子 $(BF)(BF)^*$ 的像空间具有有限余维, 从而算子 BF 的像空间也有有限余维. 引理证毕. ■

引理 7.3.2 对于给定的 $(x_0, \xi_0) \in T^*M \backslash \{0\}$, 下列诸条件等价:

(a) 不存在非零向量 $\alpha \in \mathbb{R}^m$, 使

$$\alpha - f(x_0, \xi_0)\alpha = 0, \quad b(x_0, \xi_0)\alpha = 0; \tag{7.3.27}$$

(b) 常微分方程组边值问题

$$\frac{d}{dy}\varphi - k_1(0, x_0, \xi_0)\varphi = 0,$$
$$b(x_0, \xi_0)\varphi(0) = 0 \tag{7.3.28}$$

在 $[0, +\infty)$ 中没有非零有界解;

(c) 常微分方程边值问题

$$\frac{d^m}{dy^m}\Phi - \sum_{j=0}^{m-1} \tilde{a}_j(0, x_0, \xi_0)\frac{d^j}{dy^j}\Phi = 0,$$
$$\tilde{B}_j\left(x_0, \xi_0, \frac{d}{dy}\right)\Phi(0) = 0 \quad (1 \leqslant j \leqslant \nu) \tag{7.3.29}$$

在 $[0, +\infty)$ 中没有非零有界解.

证明　方程组

$$\frac{d\varphi}{dy} - k_1(0, x_0, \xi_0)\varphi = 0$$

的解可以写成

$$\varphi = \sum_{j=1}^{m} c_j e^{\lambda_j y},$$

其中 λ_j 为 $k_1(0, x_0, \xi_0)$ 的特征值, c_j 为对应的特征向量. 为使 φ 在 $[0, +\infty)$ 中有界, 必须使 $\operatorname{Re} \lambda_j < 0$. 注意到 $I - f(x_0, \xi_0)$ 即算子 E 的主象征, 它正是 $\mathbb{R}^m$ 到 $k_1(0, x_0, \xi_0)$ 的正实部特征子空间上的投影, 而 $(I - f(x_0, \xi_0))\alpha = 0$ 正表明 α 属于 $k_1(0, x_0, \xi_0)$ 的负实部特征子空间. 因此, 条件 (a) 等价于条件 (b). 又因条件 (c) 中的 m 阶常微分方程化成一阶组后所得之形式正是条件 (b) 中的方程组, 边界条件也有这样的对应关系, 故条件 (b) 与 (c) 等价. 引理证毕.　　　　■

引理 7.3.3　对于给定的 $(x_0, \xi_0) \in T^*M \backslash \{0\}$, 下列诸条件等价:

(a) $b(x_0, \xi_0)f(x_0, \xi_0): \mathbb{R}^m \to \mathbb{R}^\nu$ 是满映射;　　　　　　　　　　(7.3.30)

(b) 对一切 $\gamma \in \mathbb{R}^\nu$, 常微分方程组的边值问题

$$\frac{d\varphi}{dy} - k_1(0, x_0, \xi_0)\varphi = 0,$$

$$b(x_0, \xi_0)\varphi(0) = \gamma \tag{7.3.31}$$

在 $[0, +\infty)$ 中存在有界解;

(c) 对一切 $(\gamma_1, \cdots, \gamma_\nu)$, 常微分方程的边值问题

$$\frac{d^m}{dy^m}\Phi - \sum_{j=0}^{m-1} \tilde{a}_j(0, x_0, \xi_0)\frac{d^j}{dy^j}\Phi = 0,$$

$$\tilde{B}_j\left(x_0, \xi_0, \frac{d}{dy}\right)\Phi(0) = \gamma_j \quad (1 \leqslant j \leqslant \nu) \tag{7.3.32}$$

在 $[0, +\infty)$ 中存在有界解.

本引理的证明可类似于引理 7.3.2 的证明作出. 我们将它留给读者.

我们还可以将引理 7.3.2, 引理 7.3.3 中的条件以更容易验证的形式

给出. 记 $L_m(y, x, \eta, \xi)$ 为 L 的主象征. 对于给定的 (x_0, ξ_0), $L_m(0, x_0, \eta, \xi_0) = 0$ 的根为 $\eta_1, \cdots, \eta_m$, 则 η_j 均为非实数. 令

$$M^+(x_0, \xi_0, \eta) = \prod_{j=1}^{l}(\eta - \eta_j(x_0, \xi_0)), \qquad (7.3.33)$$

其中 $\eta_1, \cdots, \eta_l$ 为所有具正虚部的根. 又记 $C[\eta]$ 为 η 的具复系数的多项式环, 则有

引理 7.3.4 在引理 7.3.2 中的诸条件均等价于

$$\{\tilde{B}_j(x_0, \xi_0, \eta) : 1 \leqslant j \leqslant \nu\} \text{ 张成 } C[\eta]/M^+(x_0, \xi_0, \eta). \qquad (7.3.34)$$

在引理 7.3.3 中的诸条件均等价于

$$\{\tilde{B}_j(x_0, \xi_0, \eta) : 1 \leqslant j \leqslant \nu\} \text{ 在 } C[\eta]/M^+(x_0, \xi_0, \eta) \text{ 中线性无关.}$$
$$(7.3.35)$$

证明 注意到在 (7.3.33) 中出现的 η_j 恰为引理 7.3.2 或引理 7.3.3 中出现的 $-i\lambda_j$, 故具正虚部的 η_j 与具负实部的 λ_j 相对应. 因此, 方程

$$\frac{d^m}{dy^m}\Phi - \sum_{j=0}^{m-1} \tilde{a}_j(0, x_0, \xi_0)\frac{d^j}{dy^j}\Phi = 0$$

在 $[0, +\infty)$ 中的有界解即

$$M^+\left(x_0, \xi_0, \frac{d}{dy}\right)\Phi = 0$$

在 $[0, +\infty)$ 中的有界解. 于是, 若 (7.3.34) 成立, 且在 $[0, +\infty)$ 中 $\Phi(y)$ 满足 (7.3.29), 则 $l = \nu$, Φ 及其直至 $l-1$ 阶的各阶导数在原点均为零. 于是, (7.3.29) 的解必为零.

又若 (7.3.35) 成立, 则 $\nu \leqslant l$, 故可补充 $l - \nu$ 个向量 $\tilde{B}_{\nu+1}, \cdots, \tilde{B}_l$, 使 $1, \eta, \cdots, \eta^{\nu-1}$ 在模 $M^+(x_0, \xi_0, \eta)$ 的意义下由 $\tilde{B}_j$ $(1 \leqslant j \leqslant l)$ 表出. 于是, 在讨论 (7.3.32) 时可以将初始条件替换成 $\Phi(0), \cdots, \left(\dfrac{d}{dy}\right)^{l-1}\Phi(0)$ 取给定值. 而这样的常微分方程初值问题总是可解的, 且由 (7.3.32) 中方程系数的特性知这个初值问题存在有界解. 引理证毕. ∎

定义 7.3.1　如果椭圆型方程的边值问题 (7.3.1) 中, 边界算子 B_j 在每一点 $(x_0, \xi_0) \in T^*M \backslash \{0\}$ 都同时满足引理 7.3.4 中所示的条件 (7.3.34), (7.3.35), 则称边界算子满足 **Lopatinski 条件**, 有时也称相应的边界条件为 **Lopatinski 型**边界条件.

于是总结本节的讨论, 我们有

定理 7.3.4　设问题 (7.3.1) 中 L 为椭圆算子, 边界算子系 $\{B_j\}$ 满足 Lopatinski 条件, 则对于 $f \in H^{k-1}(\Omega)$, $g_j \in H^{k-\frac{1}{2}-m_j}(\partial\Omega)$, 当 f, g_j 满足有限个线性条件时有解 u 存在, 这个解 u 必定属于 $H^k(\Omega)$. 此外, 对应于 (7.3.1) 的齐次问题的解属于 $C^\infty(M)$, 且这些解构成有限维空间.

例　考察二阶实系数椭圆算子的斜微商问题

$$\begin{cases} Lu = f, & \text{在 } \Omega \text{ 中,} \\ Xu = g, & \text{在 } \partial\Omega \text{ 上.} \end{cases} \tag{7.3.36}$$

其中 L 为二阶椭圆算子, X 为定义在 $\partial\Omega$ 附近的一阶微分算子, X 的方向不与 $\partial\Omega$ 相切.

在每个边界点 $x \in \partial\Omega$ 的邻域, 可取适当的坐标, 使 $\partial\Omega$ 的邻域与 $(0,1) \times \partial\Omega$ 同胚. 这时, $M^+(x, \xi, \eta) = \eta - \eta_1(x, \xi)$, 其中 η_1 满足 $\text{Im}\,\eta_1(x, \xi) > 0$. 于是, $C[\eta]/M^+(x, \xi, \eta)$ 的基仅由一个非零元素张成. 今若 X 不与 ∂M 相切, 它的主象征可以写成 $\alpha\eta + \sum b_j\xi_j$, 其中 $\alpha \neq 0$. 所以 (7.3.34) 与 (7.3.35) 都成立. 于是在问题 (7.3.36) 中所给出的边界条件是 Lopatinski 型的, 且由定理 7.3.4 知, 斜微商问题 (7.3.36) 在 X 不与 ∂M 相切的条件下都是 Fredholm 可解的.

§4. 亚椭圆算子

我们已经知道, 椭圆拟微分算子的一个重要特性是关于正则性的结论: 若 $A \in \Psi^m(\Omega)$ 为椭圆算子, 则

$$\text{sing supp}\, u = \text{sing supp}\, Au, \quad \forall u \in \mathscr{E}'(\Omega). \tag{7.4.1}$$

然而不仅是椭圆型算子, 而且还有其他许多重要的算子也具有这一性质. 于是我们特别将 (7.4.1) 称为**亚椭圆性**, 而称具有亚椭圆性的拟微分算子为**亚椭圆算子**.

椭圆型拟微分算子自然是亚椭圆算子. 由定理 3.3.2 的证明可知, 一切具有拟逆算子的拟微分算子也是亚椭圆算子. 然而我们更希望能直接从拟微分算子的象征来判定它是不是亚椭圆算子, 故在下面作进一步的讨论.

定理 7.4.1 若对算子 $A \in \Psi_{\rho,\delta}^m(\Omega)$ 可找到 $m_1 \leqslant m$, 使对一切紧集 $K \subset\subset \Omega$, 有正常数 R, C 使当 $|\xi| \geqslant R, x \in K$ 时

(a) $C^{-1}|\xi|^{m_1} \leqslant |\sigma(A)(x,\xi)| \leqslant C|\xi|^m$; \hfill (7.4.2)

(b) $|\partial_x^\beta \partial_\xi^\alpha \sigma(A)(x,\xi)/\sigma(A)(x,\xi)| \leqslant C|\xi|^{-\rho|\alpha|+\delta|\beta|}$, \hfill (7.4.3)

则 A 必为亚椭圆算子.

证明 令 $\chi(\xi) \in C^\infty(\mathbb{R}^n)$ 是当 $|\xi| \geqslant R$ 时恒等于 1 且当 $|\xi| \leqslant \dfrac{R}{2}$ 时恒等于零的函数, 令 $b_0(x,\xi) = \chi(\xi)\sigma(A)^{-1}(x,\xi)$, 当 $|\xi| \geqslant R$ 时有

$$\partial_x^\beta \partial_\xi^\alpha b_0 = \sum C(\sigma(A)^{-1}\partial_x^{\beta_1}\partial_\xi^{\alpha_1}\sigma(A)) \cdots (\sigma(A)^{-1}\partial_x^{\beta_k}\partial_\xi^{\alpha_k}\sigma(A))\sigma(A)^{-1},$$

其中 $\sum |\alpha_i| \leqslant |\alpha|, \sum |\beta_i| \leqslant |\beta|$. 于是由 (7.4.2), (7.4.3) 知

$$|\partial_x^\beta \partial_\xi^\alpha b_0| \leqslant C|\xi|^{-m_1-\rho|\alpha|+\delta|\beta|},$$

所以 $b_0 \in S_{\rho,\delta}^{-m_1}(\Omega)$, 从而可作一个以 $b_0(x,\xi)$ 为象征的恰当支拟微分算子 $B_0 \in \Psi^{-m_1}(\Omega)$. 易见 $B_0 \circ A$ 是以

$$1 + d(x,\xi) = 1 + \sum_\alpha \frac{1}{\alpha!}\partial_\xi^\alpha b_0(x,\xi)D_x^\alpha\sigma(A)(x,\xi)$$

为象征的拟微分算子. 将 $\partial_\xi^\alpha b_0$ 中 $|\xi|$ 的幂次与 $D_x^\alpha\sigma(A)$ 合并, 可得 $d(x,\xi)$ 的估计. 进而得到 $d \in S_{\rho,\delta}^{-(\rho-\delta)}(\Omega)$. 再作以 d 为象征的恰当支拟微分算子 D, 并令 $E_0 = \sum_{j=0}^\infty (-1)^j D^j$, 则 $E_0 B_0$ 就是 A 的拟逆算子. 从而 A 为亚椭圆算子. 定理证毕. ∎

例　热算子 $\partial_t - \Delta$ 的象征是 $i\tau + |\xi|^2$. 容易验证, 取 $m = 2, m_1 = 1,$ 条件 (7.4.2) 成立. 又取 $\rho = \dfrac{1}{2}, \delta = 0$, 则条件 (7.4.3) 也成立. 故 $\partial_t - \Delta$ 为亚椭圆算子.

注　在定理 7.4.1 中所讨论的算子是 $\Psi_{\rho,\delta}^m$ 型的. 从形式上看, 似也可以和本书中多数场合一样, 以 $\Psi_{1,0}^m$ 类算子为典型进行讨论. 但是, 由于如热算子这种重要的算子并不满足当 $\rho = 1, \delta = 0$ 时的条件 (7.4.2), (7.4.3), 因此将定理 7.4.1 用较一般的形式给出是必要的. 事实上, 引入较一般的拟微分算子类 $\Psi_{\rho,\delta}^m$ 决不是为了形式上的推广, 而是为研究亚椭圆算子等对象提供合适的工具.

Hörmander 曾详细地讨论了一类相当一般的二阶偏微分算子的亚椭圆性. 这类算子的形式为

$$A = \sum_{j=1}^{l} L_j^2 + L_0 + b, \qquad (7.4.4)$$

其中

$$L_j = \sum_{k=1}^{n} a_{jk} \frac{\partial}{\partial x_k}, \quad j = 0, \cdots, l, \qquad (7.4.5)$$

$a_{jk} \in C^\infty(\Omega)$ 为实值函数, $b \in C^\infty(\Omega)$ 为一般的复值函数, 这样的算子也称为 **Hörmander 平方和算子**.

为了叙述关于 Hörmander 平方和算子亚椭圆性的结果, 先回忆一下关于向量场的术语. 对于在 Ω 上定义的向量场 X, Y 可以定义其**交换子** $[X, Y] = XY - YX$. 对于给定的向量场 $L_0, \cdots, L_l$, 可以作出由它们本身以及一切交换子

$$L_j, [L_{j_1}, L_{j_2}], [L_{j_1}, [L_{j_2}, L_{j_3}]], \cdots$$

所张成的实线性空间. 这个空间关于交换子构成 Lie 代数 G. 在每一点 $x_0 \in \Omega$, G 中线性无关向量个数 $r(x_0)$ 称为 G 的**秩**. 以下我们仅考虑秩 $r(x)$ 为常数的情形. 又在下面的讨论中, 总以 Λ 记象征为 $(1 + |\xi|^2)^{\frac{1}{2}}$ 的恰当支拟微分算子.

定理 7.4.2 设 $L_0, \cdots, L_l$ 为 Ω 上实 C^∞ 向量场. 它们所张成的 Lie 代数在每一点具有常秩数 n, 则算子 (7.4.4) 为亚椭圆算子.

这个定理的证明将通过下面一系列引理来完成.

记 $P = -A$, L_j^* 为 L_j 的形式共轭, $L_j^* = -L_j - b_j$, 则 P 可以写成

$$P = \sum_{j=1}^{l} L_j^* L_j + T - b,$$

其中 $T = -L_0 + \sum b_j L_j$. P 的主象征 $p_2(x, \xi)$ 即 $\sum_{j=1}^{l} L_j(x, \xi)^2$. 又记 $p_2^{(\nu)}(x, \xi) = \partial_{\xi_\nu} p_2(x, \xi)$, $p_{2(\nu)}(x, \xi) = \partial_{x_\nu} p_2(x, \xi)$, 我们有

引理 7.4.1 设 K 为 Ω 之紧子集, 则有常数 $C > 0$, 使

$$\sum_{j=1}^{l} \|L_j u\|^2 \leqslant \mathrm{Re}(Pu, u) + C\|u\|^2, \quad \forall u \in C_c^\infty(K), \tag{7.4.6}$$

$$\sum_{\nu=1}^{n} \|p_2^{(\nu)}(x, D)u\|_0^2 + \sum_{\nu=1}^{n} \|p_{2(\nu)}(x, D)u\|_{-1}^2$$

$$\leqslant C(\mathrm{Re}(Pu, u) + \|u\|^2), \quad \forall u \in C_c^\infty(K). \tag{7.4.7}$$

证明 由 P 的表示式知

$$\mathrm{Re}(Pu, u) = \sum_{j=1}^{l} \|L_j u\|^2 + \left(\left(\frac{T + T^*}{2} + b\right) u, u\right),$$

而 $\frac{1}{2}(T + T^*)$ 仅为用一个函数相乘的算子, 故得 (7.4.6).

由于 $p_2^{(\nu)} = 2\sum_{j=1}^{l} \partial_{\xi_\nu} L_j \cdot L_j$, $p_{2(\nu)} = 2\sum_{j=1}^{l} \partial_{x_\nu} L_j \cdot L_j$, 故 $p_2^{(\nu)}(x, D)$ 为 $L_j(x, D)$ 的线性组合, 但是算子 $p_{2(\nu)}(x, D) - 2\sum_{j=1}^{l} L_{j(\nu)}(x, D)L_j(x, D)$ 为一阶微分算子 (其中 $L_{j(\nu)}(x, D)$ 是以 $\partial_{x_j} p_2(x, \xi)$ 为象征的微分算子). 因此, 利用 (7.4.6) 即可得 (7.4.7). 引理证毕. ∎

以下以 Q_1 记满足下面条件的一阶拟微分算子 $q(x, D)$ 的集合: 对于每个 $K \subset\subset \Omega$, 有 $C > 0$, 使

$$\|q(x,D)u\|^2 \leqslant C(\mathrm{Re}(Pu,u) + \|u\|^2), \quad \forall u \in C_c^\infty(K) \qquad (7.4.8)$$

成立. 显然, 由 (7.4.7) 可知, $p_2^{(\nu)} \in Q_1$, $\Lambda^{-1}p_{2(\nu)} \in Q_1$, $L_j \in Q_1$.

又以 Q_2 记算子 $P - P^*$ 以及当 $q, q' \in Q_1$ 时交换子 $[q, q']$ 所构成的集合. 并对 $k > 2$ 递归地定义 Q_k, 它是由一切交换子 $[q, q']$ 所构成的集合, 其中必须有 $q \in Q_{k-1}$, $q' \in Q_1$ 或者 $q \in Q_{k-2}$, $q' \in Q_2$.

关于集合 Q_k 的描述可以略作简化. 注意到关于交换子的 Jacobi 恒等式

$$[q, [q', q'']] + [q', [q'', q]] + [q'', [q, q']] = 0, \qquad (7.4.9)$$

若 $[q, q']$ 中 $q \in Q_{k-2}$, $q' \in Q_2$, 且 q' 为 Q_1 中算子 q_1' 与 q_2' 所作出的交换子 $[q_1', q_2']$, 则利用 (7.4.9) 可以将 $[q, q']$ 化成 $[\tilde{q}, \tilde{q}']$, 其中 $\tilde{q} \in Q_{k-1}$, $\tilde{q}' \in Q_1$, 于是, Q_k 的定义可以改成: 它是由一切交换子 $[q, q']$ 所构成的集合, 其中必须有 $q \in Q_{k-1}, q' \in Q_1$ 或 $q \in Q_{k-2}, q' = P - P^*$. 我们在此指出, 在上面关于算子集合 Q_k 的定义中要将算子 $P - P^*$ 考虑在内的原因, 是算子 L_0 参与了对 Lie 代数 G 的构造.

引理 7.4.2　若 $q_k \in Q_k, \varepsilon \leqslant 2^{1-k}$, 则对一切 $K \subset\subset \Omega$

$$\|q_k u\|_{\varepsilon-1}^2 \leqslant C(\|Pu\|^2 + \|u\|^2), \quad u \in C_c^\infty(K). \qquad (7.4.10)$$

证明　在以下的讨论中不妨设 $\mathrm{Re}(Pu, u) \geqslant 0$, 因为由 (7.4.6) 知, 通过对算子 P 加一个充分大的常数总可做到这一点. 于是, 记 $P' = \frac{1}{2}(P + P^*)$, $P'' = \frac{1}{2i}(P - P^*)$ 为算子 P 的实部与虚部, 则 P' 是正算子.

当 $k = 1$ 时的 (7.4.10) 式可由 Q_1 的定义直接给出.

对 $k = 2$ 的情形, 先设 $q_2 = P''$, 这时需估计的量为

$$\|P''u\|_{-1/2}^2 = (P''u, \Lambda^{-1}P''u) = ((P - P')u, \Lambda^{-1}P''u).$$

由于 $B = \Lambda^{-1}P''$ 为零阶算子, 故 $|(Pu, Bu)| \leqslant C\|Pu\| \cdot \|u\|$. 而由于 P' 为正算子, 故有

$$|(P'u, Bu)| \leqslant (P'u, u)^{\frac{1}{2}}(P'Bu, Bu)^{\frac{1}{2}}$$
$$\leqslant \frac{1}{2}(\mathrm{Re}(Pu, u) + \mathrm{Re}(PBu, Bu))$$

$$\leqslant \frac{1}{2}(\operatorname{Re}(Pu, u) + \operatorname{Re}(BPu, Bu) + \operatorname{Re}([P, B]u, Bu))$$

$$\leqslant \|Pu\| \cdot \|u\| + |([P, B]u, Bu)|.$$

因为 $[P, B]$ 又可以表示为 $\sum_{j=1}^{l} B_j L_j + B_0$, 其中 B_j 为零阶算子, 故利用引理 7.4 .1 可得

$$|(P'u, Bu)| \leqslant C\|Pu\| \cdot \|u\|.$$

所以当 $q_2 = P''$ 时 (7.4.10) 成立.

当 $q_2 = [q, q']$, 且 $q, q' \in Q_1$ 时, 我们不妨设 q, q' 为自共轭算子. 记 $B' = \Lambda^{-1}[q, q'] \in \Psi^0(\Omega)$.

$$\|[q, q']u\|_{-1/2}^2 = ([q, q']u, Bu)$$
$$\leqslant \|qu\| \cdot \|q'Bu\| + \|q'u\| \cdot \|qBu\|$$
$$\leqslant 2\|qu\| \cdot \|q'u\| + C(\|qu\| \cdot \|u\| + \|q'u\| \cdot \|u\| + \|u\|^2).$$

利用 Q_1 中元素的性质知, 上式 $\leqslant C(\|Pu\|^2 + \|u\|^2)$.

对 $k > 2$ 的情形, 其证明思想是相仿的. 为完整起见, 我们仍用归纳法写出其证明. 设 (7.4.10) 对指标小于 k 的情形已成立, 则当 $q_k = [q, q']$, 其中 $q \in Q_{k-1}, q' \in Q_1$ 时, 我们有

$$\|q_k u\|_{\varepsilon-1}^2 = (q_k u, \Lambda^{2\varepsilon-2} q_k u)$$
$$= ((qq' - q'q)u, \Lambda^{2\varepsilon-1} B''u),$$

其中 $B'' = \Lambda^{-1} q_k \in \Psi^0(\Omega)$. 注意到 $2\varepsilon - 1 = 2^{1-(k-1)} - 1$ 恰为指标 $k-1$ 所对应的 ε. 故 $\|qu\|_{2\varepsilon-1}$ 被 (7.4.10) 右边所控制. 于是, 与 $k = 2$ 情形的证明相仿, 多次利用 Ψ^{m_1} 类算子与 Ψ^{m_2} 类算子的交换子为 $\Psi^{m_1+m_2-1}$ 类算子这一性质, 可以得

$$\|q_k u\|_{\varepsilon-1}^2 \leqslant C(\|Pu\|^2 + \|u\|^2).$$

最后, 考虑 $q_k = [q, P'']$, 其中 $q \in Q_{k-2}$ 的情形. 仍设 q 自共轭, 并令 $B'' = \Lambda^{-1} q_k$, 则

$$\|q_k u\|_{\varepsilon-1} = (q_k u, \Lambda^{2\varepsilon-1} B''u)$$

$$= i(q(P - P')u, \Lambda^{2\varepsilon-1}B''u) + i((P - P')qu, \Lambda^{2\varepsilon-1}B''u).$$

先估计与 P 有关的项

$$|(qPu, \Lambda^{2\varepsilon-1}B''u)| \leqslant |(Pu, \Lambda^{2\varepsilon-1}B''qu)| + |(Pu, [q, \Lambda^{2\varepsilon-1}B'']u)|$$

$$\leqslant C\|Pu\|(\|qu\|_{2\varepsilon-1} + \|u\|).$$

利用指标为 $k-2$ 的 (7.4.9), 即得上式被 $C(\|Pu\|^2 + \|u\|^2)$ 所控制. 同样地有

$$|(Pqu, \Lambda^{2\varepsilon-1}B''u)| \leqslant C(\|Pu\|^2 + \|u\|^2).$$

于是我们只需考察与 P' 有关的项. 也由于 P' 为正算子, 可得

$$|(qP'u, \Lambda^{2\varepsilon-1}B''u)| = |(P'u, q\Lambda^{2\varepsilon-1}B''u)|$$

$$\leqslant (P'u, u)^{\frac{1}{2}}(P'q\Lambda^{2\varepsilon-1}B''u, q\Lambda^{2\varepsilon-1}B''u)^{\frac{1}{2}}$$

$$= (\mathrm{Re}(Pu, u))^{\frac{1}{2}}(\mathrm{Re}(Pq\Lambda^{2\varepsilon-1}B''u, q\Lambda^{2\varepsilon-1}B''u))^{\frac{1}{2}}.$$

利用指标为 $k-2$ 的 (7.4.9) 式, 并多次利用交换子的性质, 即有

$$|(Pq\Lambda^{2\varepsilon-1}B''u, q\Lambda^{2\varepsilon-1}B''u)|$$

$$= |(Pq\Lambda^{-1}B''u, q\Lambda^{4\varepsilon-1}B''u)|$$

$$\leqslant C(\|qB''Pu\|_{-1}^2 + \|qB''u\|_{4\varepsilon-1}^2 + \|Pu\| \cdot \|u\|)$$

$$\leqslant C(\|Pu\|^2 + \|u\|^2).$$

这样, 我们就归纳地证明了引理 7.4.2. 证毕. ■

引理 7.4.3 设对某个 N, 在 $Q_1 \cup \cdots \cup Q_N$ 中的算子无公共特征点, 则当 $\varepsilon \leqslant 2^{-N}$ 时, 对一切 $K \subset\subset \Omega$ 与 $s \in \mathbb{R}$ 有

$$\|u\|_{s+2\varepsilon} + \sum \|p_2^{(\nu)}(x, D)u\|_{s+\varepsilon} + \sum \|p_{2(\nu)}(x, D)u\|_{s-1+\varepsilon}$$

$$\leqslant C(\|Pu\|_s + \|u\|_s), \quad u \in C_c^\infty(K). \tag{7.4.11}$$

证明 取 $q_1, \cdots, q_J \in Q_1 \cup \cdots \cup Q_N$, 使这些 q_j 无公共特征点. 由引理 7.4.2 知对每个 q_j 有

$$\|q_j u\|_{2\varepsilon-1} \leqslant C(\|Pu\| + \|u\|), \quad u \in C_c^\infty(K).$$

由于 $q_1, \cdots, q_J$ 无公共特征点, 所以 $\sum q_j^* q_j$ 为椭圆算子, 于是

$$\|u\|_{2\varepsilon} \leqslant C(\|Pu\| + \|u\|). \tag{7.4.12}$$

又利用 (7.4.7) 式, 有

$$\sum_{\nu=1}^{n} \|p_2^{(\nu)}(x, D)u\|_0^2 + \sum_{\nu=1}^{n} \|p_{2(\nu)}(x, D)u\|_{-1}^2$$

$$\leqslant C(\|Pu\|_{-\varepsilon}^2 + \|u\|_{\varepsilon}^2 + \|u\|_0^2).$$

以 $\Lambda^\varepsilon u$ 代替 u, 并利用 (7.4.11) 以及交换子的性质可得

$$\sum_{\nu=1}^{n} \|p_2^{(\nu)}(x, D)u\|_{\varepsilon} + \sum_{\nu=1}^{n} \|p_{2(\nu)}(x, D)u\|_{-1+\varepsilon}$$

$$\leqslant C(\|Pu\|_0 + \|u\|_{2\varepsilon} + \|u\|_0). \tag{7.4.13}$$

再利用插值不等式, 可得当 $s = 0$ 时的 (7.4.10).

又将 (7.4.11) 与 (7.4.12) 中的 $\Lambda^s u$ 代替 u, 并利用交换子的性质与插值不等式, 可得 (7.4.10), 引理证毕. ∎

引理 7.4.4 在引理 7.4.3 的假定下, 若 $Pu = f \in H_{\mathrm{loc}}^s(\Omega)$, 则 $u \in H_{\mathrm{loc}}^{s+2\varepsilon}(\Omega), p_2^{(\nu)}(x, D)u \in H_{\mathrm{loc}}^{s+\varepsilon}(\Omega), p_{2(\nu)}(x, D)u \in H_{\mathrm{loc}}^{s-1+\varepsilon}(\Omega)$.

证明 我们只需证明对任意点 $x_0 \in \Omega$, 可以由 $f \in H^s(x_0)$ 推出

$$u \in H^{s+2\varepsilon}(x_0), \quad p_2^{(\nu)}(x, D)u \in H^{s+\varepsilon}(x_0), \quad p_{2(\nu)}(x, D)u \in H^{s-1+\varepsilon}(x_0), \tag{7.4.14}$$

而且在推出 (7.4.13) 的过程中还可以添加条件

$$u \in H^{s+\varepsilon}(x_0), \quad p_2^{(\nu)}(x, D)u \in H^s(x_0), \quad p_{2(\nu)}(x, D)u \in H^{s-1}(x_0). \tag{7.4.15}$$

事实上, 对充分大的 N, 以 $s - N\varepsilon$ 代替 s, 上面添加的条件 (7.4.15) 总是成立的. 此外, 取一个支集在 x_0 充分小的邻域中的截断函数 $\varphi \in C_c^\infty(\Omega), \varphi(x_0) \neq 0$, 总有

$$P(\varphi u) = \varphi P u + \sum_{\nu}(D_\nu \varphi)p_2^{(\nu)}(x, D)u + R_0 u \in H^s,$$

其中 R_0 为光滑函数, 故以下又不妨设 u 具有紧支集. 令 J_δ 为 Friedrichs 磨光算子, 在 (7.4.11) 中以 $J_\delta u$ 代替 u, 可得

$$\|J_\delta u\|_{s'+2\varepsilon} + \sum \|p_2^{(\nu)}(x,D)J_\delta u\|_{s'+\varepsilon} + \sum \|p_{2(\nu)}(x,D)J_\delta u\|_{s'-1+\varepsilon}$$
$$\leqslant C(\|PJ_\delta u\|_{s'} + \|J_\delta u\|_{s'}).$$

所以

$$\|J_\delta u\|_{s'+2\varepsilon} + \sum \|J_\delta p_2^{(\nu)}(x,D)u\|_{s'+\varepsilon} + \sum \|J_\delta p_{2(\nu)}(x,D)u\|_{s'-1+\varepsilon}$$
$$\leqslant C(\|J_\delta Pu\|_{s'} + \|J_\delta u\|_{s'} + \|u\|_{s'} + \sum \|p_{2(\nu)}(x,D)u\|_{s'-1}). \qquad (7.4.16)$$

今若当 (7.4.15) 中指标 s 用 s' 代替时成立, 则在 (7.4.16) 左边所有的项当 $\delta \to 0$ 时一致有界. 另一方面, $J_\delta u \to u\ (H^{s'+\varepsilon})$, $J_\delta p_2^{(\nu)}u \to p_2^{(\nu)}u\ (H^{s'})$ 以及 $J_\delta p_{2(\nu)}u \to p_{2(\nu)}u\ (H^{s'-1})$ 均成立. 故由 Banach-Saks 定理可知 $u \in H^{s'+2\varepsilon}, p_2^{(\nu)}u \in H^{s'+\varepsilon}$ 以及 $p_{2(\nu)}u \in H^{s'-1+\varepsilon}$, 这样, 从充分小的 s' 出发可以将 $u, p_2^{(\nu)}u$ 以及 $p_{2(\nu)}u$ 的正则性不断改进, 直至 (7.4.14) 式所示. 引理证毕. ∎

由引理 7.4.4 立刻可导出定理 7.4.2 的结论.

注　引理 7.4.4 的结论还可以用微局部的形式表达, 例如可参见 [Ho6].

例　最后, 我们将定理 7.4.2 应用于一个具体方程, 说明它的亚椭圆性. 描述 Brown 运动的 **Kolmogorov** 方程为

$$\frac{\partial^2 u}{\partial x^2} + x\frac{\partial u}{\partial y} - \frac{\partial u}{\partial t} = f. \qquad (7.4.17)$$

易见, 取 $L_1 = \dfrac{\partial}{\partial x}, L_0 = x\dfrac{\partial}{\partial y} - \dfrac{\partial}{\partial t}$, 则 $[L_1, L_0] = \dfrac{\partial}{\partial y}$. 所以由 L_1, L_0, $[L_1, L_0]$ 所张成的 Lie 代数的维数为 3. 故只需取引理 7.4.3 中的 $N = 2$, 就可以由定理 7.4.2 知 Kolmogorov 方程是亚椭圆的. 但这一结论无法从定理 7.4.1 推出.

第八章
双曲型方程的初边值问题

本章讨论双曲型方程的初边值问题及其在许多数学物理问题中的应用. 本章中所讨论的问题的提法与所采用的方法与第六章 §1 有某些相似之处, 读者可常常自行对照之. 当然, 由于所讨论问题中边界条件的出现, 问题的处理要复杂得多. 微局部分析的思想与技巧在此处理过程中发挥了重要的作用.

§1. 问题的提法, 准备事项

我们将先讨论一阶双曲型方程组的初边值问题, 然后将高阶双曲型方程的初边值问题化成相应的一阶双曲组的问题来处理. 设 $P(t, x, D_t, D_x)$ 为空间 $\mathbb{R}_t \times \mathbb{R}_x^n$ 中定义的一个具有 C^∞ 系数的 $N \times N$ 一阶偏微分算子, 并设它关于 t 为严格双曲型的. 又设 Ω 是 $\mathbb{R}_x^n$ 中的一个有界开集, B 是定义在 $\mathbb{R}_t \times \partial\Omega$ 上的一个 C^∞ 的 $d \times N$ 矩阵, 则我们可以提出如下形式的初边值问题:

$$
\begin{cases}
(Pu)(t, x) = f(t, x), \text{在 } (0, T) \times \Omega \text{ 中,} \\
(Bu)(t, x') = g(t, x'), \text{在 } (0, T) \times \partial\Omega \text{ 上,} \\
u(0, x) = h(x), \text{在 } \Omega \text{中.}
\end{cases}
\tag{8.1.1}
$$

　　本节中我们将总假定 Ω 是一个有界区域或者半空间, $(0,T) \times \partial\Omega$ 对于 P 是非特征的. 另外, 为方便起见, 我们还设 P 与 B 在一个紧集外为常系数的, 这个条件与第六章 §1 中的条件 (H_2) 相当, 利用双曲型方程有限传播速度的性质往往可以将这个条件去掉. 本节的基本结果是, 若 P 为严格双曲型的, B 满足一致 Lopatinski 条件, 则初边值问题 (8.1.1) 存在唯一解, 这个结果的精确表述请见定理 8.6.2.

　　以下我们将在带权的 Sobolev 空间中讨论问题 (8.1.1) 的解的存在性, 这里的权一般取成 $e^{-\gamma t}$, 其中 γ 为一个实常数. 为此, 我们引入以下一些记号.

　　对于 $\gamma \in \mathbb{R}$, 我们以 $e^{\gamma t} L^2(\mathbb{R}_t \times \Omega)$ 记集合

$$\{u; e^{-\gamma t} u \in L^2(\mathbb{R}_t \times \Omega)\}$$

所构成的空间, 其中内积定义为

$$((u,v))_{0,\gamma} = ((e^{-\gamma t} u, e^{-\gamma t} v)) = \iint_{\mathbb{R}_t \times \Omega} e^{-2\gamma t} u \bar{v} \, dt dx.$$

相应地, 范数 $\|u\|_{0,\gamma}$ 定义为 $((u,u))_{0,\gamma}^{1/2} = \|e^{-\gamma t} u\|$. 类似地, 我们以 $e^{\gamma t} L^2(\mathbb{R}_t \times \partial\Omega)$ 记集合

$$\{u; e^{-\gamma t} u \in L^2(\mathbb{R}_t \times \partial\Omega)\}$$

所构成的空间, 其中内积定义为

$$(u,v)_{0,\gamma} = (e^{-\gamma t} u, e^{-\gamma t} v) = \iint_{\mathbb{R}_t \times \partial\Omega} e^{-2\gamma t} u \bar{v} \, dt dx'.$$

相应地, 范数 $|u|_{0,\gamma}$ 定义为 $(u,u)_{0,\gamma}^{1/2} = |e^{-\gamma t} u|$. 类似地, 以 $e^{\gamma t} H^s(\mathbb{R}_t \times \Omega)$ 记集合 $\{u; e^{-\gamma t} u \in H^s(\mathbb{R}_t \times \Omega)\}$, 以 $e^{\gamma t} H^s(\mathbb{R}_t \times \partial\Omega)$ 记集合 $\{u; e^{-\gamma t} u \in H^s(\mathbb{R}_t \times \partial\Omega)\}$ 等.

　　若 γ 为在 $[\gamma_0, +\infty)$ 中变化的实数, 可以定义含参数 γ 的象征类 $S^m(\mathbb{R}^n \times \mathbb{R}^n \times [\gamma_0, +\infty))$ 与含参数 γ 的拟微分算子类 $\Psi^m(\mathbb{R}^n \times \mathbb{R}^n \times [\gamma_0, +\infty))$. 为了与以后的应用相配合, 我们记前一个 $\mathbb{R}^n$ 空间的变元为 $(t, x') = (t, x_1, \cdots, x_{n-1})$. 后一个 $\mathbb{R}^n$ 的变元为对偶变量 $(\sigma, \xi') = (\sigma, \xi_1, \cdots, \xi_{n-1})$, 从而定义

$$a \in S^m(\mathbb{R}^n \times \mathbb{R}^n \times [\gamma_0, +\infty)) \Leftrightarrow$$

$$\left| \partial_{t,x'}^\alpha \partial_{\tau,\xi'}^\beta a(t,x',\sigma,\xi',\gamma) \right| \leqslant C(\sigma + |\xi'| + \gamma)^{m-|\beta|}, \forall \gamma \geqslant \gamma_0.$$

相应的拟微分算子 $A^{(\gamma)} = a(t,x',D_t,D_{x'},\gamma)$ 称为含参数 γ 的 Ψ^m 类算子. 又以 A_γ 记 $e^{\gamma t} A^{(\gamma)} e^{-\gamma t}$, 则

$$(A_\gamma u)(t,x') = e^{\gamma t} \iint e^{i(\sigma t + x' \cdot \xi')} a(t,x',\sigma,\xi',\gamma) \hat{u}(\sigma - i\gamma, \xi') d\sigma d\xi'$$

$$= \iint e^{i(t\tau + x' \cdot \xi')} a(t,x',\sigma,\xi',\gamma) \hat{u}(\tau,\xi') d\sigma d\xi', \qquad (8.1.2)$$

其中 $\tau = \sigma - i\gamma$. A_γ 可以简记为 $a(t,x',D_t + i\gamma, D_{x'}, \gamma)$, 当 $a(t,x',\sigma,\xi',\gamma)$ 为 $\tau = \sigma - i\gamma$ 的多项式时, 它可以写成 $a(t,x',\tau,\xi')$, 这时 A_γ 正与 $a(t,x',D_t,D_{x'})$ 一致 (例如当 $a = \tau = \sigma - i\gamma$ 时, $A^{(\gamma)} = D_t - i\gamma, A_\gamma = D_t$).

记 Λ_γ^s 为以 $(\sigma^2 + |\xi'|^2 + \gamma^2)^{s/2}$ 为象征的拟微分算子, 我们有

引理 8.1.1 设 a 是关于 σ, ξ, γ 齐零次函数, 则存在常数 C, 使得

$$|A_\gamma u|_{0,\gamma} \leqslant C|u|_{0,\gamma}, \qquad \forall \gamma \geqslant \gamma_0, \quad u \in e^{\gamma t} L^2(\mathbb{R}^n),$$
$$\|A_\gamma u\|_{0,\gamma} \leqslant C\|u\|_{0,\gamma}, \quad \forall \gamma \geqslant \gamma_0, \quad u \in e^{\gamma t} L^2(\bar{\mathbb{R}}_+^{n+1}). \qquad (8.1.3)$$

而当 a 是齐负一次函数时, 我们分别有

$$|A_\gamma u|_{0,\gamma} \leqslant \frac{C}{\gamma}|u|_{0,\gamma}, \qquad \forall \gamma \geqslant \gamma_0, u \in e^{\gamma t} L^2(\mathbb{R}^n),$$
$$\|A_\gamma u\|_{0,\gamma} \leqslant \frac{C}{\gamma}\|u\|_{0,\gamma}, \quad \forall \gamma \geqslant \gamma_0, u \in e^{\gamma t} L^2(\bar{\mathbb{R}}_+^{n+1}). \qquad (8.1.4)$$

证明 当 a 为齐零次象征时

$$|A_\gamma u|_{0,\gamma} = |A^{(\gamma)} e^{-\gamma t} u|_0 \leqslant |e^{-\gamma t} u|_0 = |u|_{0,\gamma}.$$

将 (8.1.3) 中第一式关于参数 x_n 积分, 即得第二式.

又当 a 为齐负一次函数时, $\Lambda_\gamma A_\gamma$ 为具齐零次象征的拟微分算子, 则

$$|A_\gamma u|_{0,\gamma} = |A_\gamma \Lambda_\gamma \Lambda_\gamma^{-1} u|_{0,\gamma}$$

$$\leqslant C|\Lambda_\gamma^{-1} u|_{0,\gamma}$$

$$= C \iint (\gamma^2 + \sigma^2 + |\xi'|^2)^{-1} |e^{-\gamma t} u(\sigma,\xi')|^2 d\sigma d\xi'$$

$$\leqslant \frac{C}{\gamma}|u|_{0,\gamma}.$$

证毕.　　　　　　　　　　　　　　　　　　　　　　　　　　　■

为了获得问题 (8.1.1) 的解的存在性与唯一性, 我们需要导出一些先验估计. 首先需考虑的是不含初始条件的边值问题解的先验估计. 这类边值问题的形式为

$$\begin{cases} Pu = f, & \text{在 } \mathbb{R}_t \times \Omega \text{ 中}, \\ Bu = g, & \text{在 } \mathbb{R}_t \times \partial\Omega \text{ 上}. \end{cases} \tag{8.1.5}$$

其次经过局部化与边界展平的处理, 我们又可以得到在区域 $x_n \geqslant 0$ 上的边值问题

$$\begin{cases} Pu = f, & x_n > 0, \\ Bu = g, & x_n = 0. \end{cases} \tag{8.1.6}$$

由于边界 $x_n = 0$ 为非特征. 故在算子 P 中 D_{x_n} 前的系数矩阵为非奇异矩阵. 在将 (8.1.6) 除以这个系数阵后, 算子 P 就可以写成 $D_{x_n} - A$ 的形式.

为了使我们对方程组的讨论可以应用于处理高阶双曲型方程的初边值问题, 而注意到按照 Calderón 的方法将高阶方程化得的一阶方程组的特点, 今后我们将考虑比 (8.1.6) 更为广泛的边值问题

$$\begin{cases} D_{x_n}u - A_\gamma u = f, & x_n > 0, \\ B_\gamma u = g, & x_n = 0, \end{cases} \tag{8.1.7}$$

其中 A_γ, B_γ 为前面引入的拟微分算子. 它们所对应的含参数 γ 的象征 $a(t, x', \sigma, \xi', \gamma)$ 与 $b(t, x', \sigma, \xi', \gamma)$ 分别为齐一次的与齐零次的函数.

§2. 一致 Lopatinski 条件

1. 常系数的情形

本节中先考察这样的问题: 为使问题 (8.1.6) 具有唯一的有界解, 边界矩阵 B_γ 应当满足什么样的条件. 这个条件可直接导出问题 (8.1.1) 的合适提法. 在以后几节再证明这样的初边值问题存在唯一解.

让我们先考察常系数的情形. 设 $\Omega = \mathbb{R}_+^n$, P 为一阶常系数双曲算子, 它可写成 $D_{x_n} - A(D_t, D_{x'})$, B_γ 为常系数矩阵, 它实际上不依赖于 γ, 又设 $f = 0$, 则问题 (8.1.7) 可以写成

$$\begin{cases} D_{x_n}u - A(D_t, D_{x'})u = 0, & x_n > 0, \\ Bu(t, x', 0) = g(t, x'). \end{cases} \tag{8.2.1}$$

对于问题 (8.2.1) 可以利用关于 t, x' 的部分 Fourier-Laplace 变换. 从而得到常微分方程组的初值问题

$$\begin{cases} D_{x_n}\hat{u}(\tau, \xi', x_n) - A(\tau, \xi')\hat{u}(\tau, \xi', x_n) = 0, & x_n > 0, \\ B\hat{u}(\tau, \xi', 0) = \hat{g}(\tau, \xi'), \end{cases} \tag{8.2.2}$$

其中 $\xi' \in \mathbb{R}^{n-1}$, τ 一般可取为复数, 记成 $\sigma - i\gamma$. 当 τ, ξ' 固定时, (8.2.2) 式可简写成

$$\begin{cases} D_{x_n}v - A(\tau, \xi')v = 0, \\ Bv(0) = h. \end{cases} \tag{8.2.3}$$

(8.2.3) 在有界函数类中的可解性即由系数阵 A, B 所决定.

由于 $D_n - A$ 是一个严格双曲算子, 即 $\Delta = \det|\xi_n I - A(\tau, \xi')|$ 视为 τ 的多项式, 对于 $\xi \in \mathbb{R}^n$ 有 N 个互异的实根. 从而, 若将 Δ 视为 ξ_n 的多项式, 取 τ 为复数 $\sigma - i\gamma$ 且 $\gamma > 0$, 取 ξ' 为实值, 则 Δ 的根 λ_j 不可能是实的. 注意到 Δ 作为 τ 的多项式时虽然仅有单根, 但作为 ξ_n 的多项式时可以有重根. 将 λ_j 的重数记为 m_j, 则空间 $\mathbb{C}^N$ 可以分解成

$$\mathbb{C}^N = \bigoplus_{j=1}^{l} \mathrm{Ker}[(\lambda_j I - A(\tau, \xi'))^{m_j}]. \tag{8.2.4}$$

如果 $v(0) = w$, 则 $v(x_n) = e^{ix_n A(\tau, \xi')}w$. 将 w 按 (8.2.4) 分解得 $w = \sum_{j=1}^{l} w_j$, $v(x_n)$ 即可写成

$$v(x_n) = \sum_{j=1}^{l} e^{i\lambda_j x_n} \sum_{p=0}^{m_j-1} \frac{(ix_n)^p}{p!} (A(\tau, \xi') - \lambda_j I)^p w_j. \tag{8.2.5}$$

为了使 v 当 $x_n \to +\infty$ 时有界. 应当使对应于 $\mathrm{Im}\, \lambda_j < 0$ 的那些 w_j 为

0. 为此, 记

$$E^{\pm}(\sigma, \xi', \gamma) = \bigoplus_{\pm \operatorname{Im} \lambda_j > 0} \operatorname{Ker}[(\lambda_j I - A(\tau, \xi'))^{m_j}], \tag{8.2.6}$$

则方程 $(D_{x_n} - A)v = 0$ 以 $E^+(\sigma, \xi', \gamma)$ 中元素作为 $v(0)$ 所求得的解当 $x_n \to +\infty$ 时有界. 显然, 我们有 $\mathbb{C}^N = E^+ \oplus E^-$. 且若以 $\mu = \sum\limits_{\operatorname{Im} \lambda_j > 0} m_j$ 记空间 $E^+(\sigma, \xi', \gamma)$ 的维数, 则由方程的双曲性可知, 当 $\xi' \in \mathbb{R}^{n-1}$, $\sigma \in \mathbb{R}$, $\gamma > 0$ 时, μ 与 σ, ξ', γ 无关. 这是因为所有 λ_j 都是 σ, ξ', γ 的连续函数, 由方程的双曲性知, 当 λ_j 取实值时, γ 必须为 0. 因此, 对于 $\gamma > 0$ 半空间中任意两点 $Q_1(\sigma_1, \xi_1', \gamma_1)$ 与 $Q_2(\sigma_2, \xi_2', \gamma_2)$, $\operatorname{Im} \lambda_j$ 沿着直线 $Q_1 Q_2$ 不变号. 故沿着该直线 μ 值不变.

今以 C 记复平面中围绕所有特征值 λ_j $(j = 1, \cdots, l)$ 的回路, 以 C^+ (相应地 C^-) 记复平面中围绕所有具正虚部 (相应地, 负虚部) 特征值的回路. 则

$$\begin{aligned} v(x_n) &= e^{i x_n A(\tau, \xi')} w = \frac{1}{2\pi i} \int_C e^{i x_n \xi_n} [\xi_n I - A(\tau, \xi')]^{-1} w \, d\xi_n \\ &= v^+(x_n) + v^-(x_n) \\ &= \frac{1}{2\pi i} \int_{C^+} e^{i x_n \xi_n} [\xi_n I - A(\tau, \xi')]^{-1} w \, d\xi_n \\ &\quad + \frac{1}{2\pi i} \int_{C^-} e^{i x_n \xi_n} [\xi_n I - A(\tau, \xi')]^{-1} w \, d\xi_n. \end{aligned} \tag{8.2.7}$$

又令 $P^{\pm} = \dfrac{1}{2\pi i} \int_{C^{\pm}} [\xi_n I - A(\tau, \xi')]^{-1} d\xi_n$, 我们有 $w = v(0) = P^+ w + P^- w$. 显然, $P^{\pm} w \in E^{\pm}(\sigma, \xi', \gamma)$, $P^{\pm}$ 是 $\mathbb{C}^N$ 到 $E^{\pm}$ 而平行于 $E^{\mp}$ 的投影算子.

对于问题 (8.2.3), 如果算子 B 在 E^+ 上的限制 B^+ 是一个 E^+ 到 $\mathbb{C}^d$ 上的一一对应. 则对于任一 $h \in \mathbb{C}^d$, 可以在 E^+ 中找到 $v(0)$ 满足 $Bv(0) = h$, 于是 (8.2.3) 具有在 $[0, +\infty)$ 中的有界解. 从而, 我们引入以下的定义.

定义 8.2.1　若对任意满足 $\sigma^2 + |\xi'|^2 + \gamma^2 = 1$ 且 $\gamma > 0$ 的 (σ, ξ', γ), $B^+(\sigma, \xi', \gamma)$ 是 $E^+(\sigma, \xi', \gamma)$ 到 $\mathbb{C}^d$ 上的同构映射, 则称 (8.2.1) 中的

边界条件 (或算子 B) 满足 **Lopatinski 条件**, 或称这个边界条件为 **Lopatinski 型** 的.

我们前面讨论所得到的结论可叙述为, 若算子 B 满足 Lopatinski 条件, 则 (8.2.3) 存在唯一的有界解. 所以对边值问题 (8.2.1) 来说, 一个合理的要求是边界算子 B 应满足 Lopatinski 条件.

例 1 波动方程容易化成一阶双曲方程组

$$I\partial_t U - \begin{pmatrix} & 1 \\ 1 & \end{pmatrix} \partial_x U = 0, \tag{8.2.8}$$

问何种边界条件满足 Lopatinski 条件.

解 将 (8.2.8) 写成

$$I\partial_x U - \begin{pmatrix} & 1 \\ 1 & \end{pmatrix} \partial_t U = 0$$

的形式, 则相应于 (8.2.3) 中的 A 为

$$\begin{pmatrix} & \tau \\ \tau & \end{pmatrix} = \begin{pmatrix} & \sigma - i\gamma \\ \sigma - i\gamma & \end{pmatrix},$$

A 的两个特征根为 $\sigma - i\gamma$, $-(\sigma - i\gamma)$. 当 $\gamma > 0$ 时使虚部为正的根是 $-(\sigma - i\gamma)$, 由定义知, E^+ 为 $-(\sigma - i\gamma)I - A$ 的核, 它即是由向量 $\begin{pmatrix} 1 \\ -1 \end{pmatrix}$ 所张成的一维子空间.

今若方程组 (8.2.8) 边值问题的边界条件为 $au + bv = g$ 的形式, 则相应于 (8.2.3) 中的矩阵 B 为 (a, b), B 作用于 E^+ 上的元素 $\begin{pmatrix} l \\ -l \end{pmatrix}$ 得

$$(a \quad b) \begin{pmatrix} l \\ -l \end{pmatrix} = al - bl = (a - b)l.$$

故欲使 B 在 E^+ 上的限制为 $E^+ \to \mathbb{C}^1$ 之同构, 应有 $a - b \neq 0$. 所以当 $a \neq b$ 时, 边界条件 $au + bv = g$ 满足 Lopatinski 条件.

注意到 (8.2.8) 为对称双曲组, 在对称双曲组理论中若边界条件为 **合格的边界条件** (参见 [Ch3]), 则相应的边值问题至少有弱解存在, 并

在一定条件下弱解就是强解甚至可微分解. 下面我们来比较一下合格边界条件与 Lopatinski 型的边界条件之差异.

方程组 (8.2.8) 在 $x > 0$ 区域上给出, 故在边界 $x = 0$ 上按对称双曲组理论所要求的 β 矩阵为

$$\beta = n_t I + n_x \begin{pmatrix} & -1 \\ -1 & \end{pmatrix} = \begin{pmatrix} & 1 \\ 1 & \end{pmatrix},$$

从而 $U \cdot \beta U = 2uv$, 于是, 对于边界条件 $au + bv = 0$ 有以下的论断:

若 $a = 0$, 则边界条件即 $v = 0$, 它使 $U \cdot \beta U = 0$, 故 $au + bv = 0$ 为最大非负子空间, 从而为合格的.

若 $a \neq 0$, 则 $u = -\dfrac{b}{a} v$, 这时 $U \cdot \beta U \geqslant 0$ 等价于 $ab \leqslant 0$.

总之, 边界条件 $au + bv = 0$ 为合格的等价于在 (u, v) 平面上直线 $au + bv = 0$ 落在 I, III 象限中或坐标轴上, 而 Lopatinski 条件仅要求该直线不要与 II, IV 象限的角平分线相重. 故在此例中 Lopatinski 型边界条件要比合格边界条件的限制宽一些. 一般来说, 对于双曲型方程组的非特征边界上给出的边界条件均比合格边界条件限制要少一些.

例 2　在 $\mathbb{R}_t \times \mathbb{R}^3$ 中考察偏微分算子

$$P = D_t - \begin{pmatrix} 1 & \\ & -1 \end{pmatrix} D_x - \begin{pmatrix} & 1 \\ 1 & \end{pmatrix} D_y - \begin{pmatrix} & i \\ -i & \end{pmatrix} D_z, \tag{8.2.9}$$

它的特征多项式为

$$\det p(\tau, \xi, \eta, \zeta) = \begin{vmatrix} \tau - \xi & -\eta - i\zeta \\ -\eta + i\zeta & \tau + \xi \end{vmatrix}$$
$$= \tau^2 - \xi^2 - \eta^2 - \zeta^2.$$

所以 P 是关于 t 严格双曲型的.

记 $u = {}^t(u_1, u_2)$, $f = {}^t(f_1, f_2)$, 在 $x > 0$ 区域中给出边值问题

$$\begin{cases} Pu = f, \\ u_2|_{x=0} = g. \end{cases} \tag{8.2.10}$$

今考察 Lopatinski 条件是否满足.

先给出 E^+, 对于 $\tau = \sigma - i\gamma$ $(\gamma > 0)$, $\det p = 0$ 关于 ξ 的根为 $(\sigma^2 - \eta^2 - \zeta^2 - \gamma^2 - 2i\sigma\gamma)^{1/2}$. 取其虚部大于零的根, 记为 $\sqrt[+]{}$. 相应地, E^+ 为一维子空间, 若记为 ${}^t(\alpha, \beta)$, 则有

$$\begin{pmatrix} \sqrt[+]{} - \tau & \eta + i\zeta \\ -\eta + i\zeta & \tau + \sqrt[+]{} \end{pmatrix} \begin{pmatrix} \alpha \\ \beta \end{pmatrix} = 0, \qquad (8.2.11)$$

故有 $\alpha(\tau - \sqrt[+]{}) - \beta(\eta + i\zeta) = 0$, 此即

$$\alpha = \beta(\eta + i\zeta)/(\sigma - i\gamma - \sqrt[+]{(\sigma - i\gamma)^2 - \eta^2 - \zeta^2}). \qquad (8.2.12)$$

注意, 当 $\eta + i\zeta \neq 0$ 时分母不为零. 而当 $\eta + i\zeta = 0$ 时分母中的 $\sqrt[+]{(\sigma - i\gamma)^2 - \eta^2 - \zeta^2} = -(\sigma - i\gamma)$. 故 (8.2.12) 右边不出现 $\dfrac{0}{0}$ 型不定式情形.

根据 (8.2.10) 中的边界条件, 可以取 $B = (0, 1)$, 它将 E^+ 上的非零向量 ${}^t(\beta(\eta + i\zeta)/(\tau - \sqrt[+]{}), \beta)$ 映射成非零实数 β, 所以 B 在 E^+ 上的限制是一个同构. 故 Lopatinski 条件满足.

2. 一致 Lopatinski 条件

以下我们要考察变系数方程组, 而且为了以后微局部分析的需要, 还得对 $\gamma = 0$ 的邻域考察定义 8.1.1 中所述的条件. 现在我们已不再能通过 Fourier-Laplace 变换来导出这种条件, 然而由于有了前面讨论的基础, 我们则致力于说明 Lopatinski 条件在 (t, x') 变动以及当 $\gamma \to +0$ 时的稳定性.

记 $X = (t, x, \sigma, \xi', \gamma)$,

$$\mathscr{X} = \big\{ X; t \in \mathbb{R}, x \in \bar{\mathbb{R}}^n_+, \sigma \in \mathbb{R}, \xi' \in \mathbb{R}^{n-1}, \gamma \geqslant 0, (\sigma, \xi', \gamma) \neq 0 \big\}.$$

对于定义在 $\mathscr{X}$ 上的矩阵 $A(X)$, 仍记其特征值为 λ_j $(j = 1, \cdots, l)$, λ_j 的重数为 m_j, 以及

$$\mu = \sum_{\text{Im } \lambda_j > 0} m_j,$$

$$E^+(X) = \bigoplus_{\text{Im } \lambda_j > 0} \text{Ker}(\lambda_j I - A(X))^{m_j}, \quad \gamma > 0,$$

$$P^+(X) = \frac{1}{2\pi i} \int_{C^+} (\xi_n I - A(X))^{-1} d\xi_n.$$

以下将研究当 $\gamma \to +0$ 时 $E^+(X)$ 的性质.

引入记号

$$\Delta(X, \xi_n) = \det(\xi_n I - A(X)) = \prod_{j=1}^{l} (\xi_n - \lambda_j)^{m_j},$$

$$\Delta^\pm(X, \xi_n) = \prod_{\pm \mathrm{Im}\, \lambda_j > 0} (\xi_n - \lambda_j)^{m_j},$$

$$Q^\pm(X) = \prod_{\mp \mathrm{Im}\, \lambda_j > 0} (A(X) - \lambda_j I)^{m_j} = \Delta^\mp(X, A(X)).$$

则当 $\gamma > 0$ 时, 利用分解式

$$\mathbb{C}^N = \bigoplus_{j=1}^{l} \mathrm{Ker}\left[(A(X) - \lambda_j I)^{m_j}\right].$$

可得 $E^\pm(X) = \mathrm{Ker}\, Q^\mp(X) = \mathrm{Im}\, Q^\pm(X)$ 以及

$$\mathrm{rank}\, Q^\pm(X) = \dim E^\pm(X).$$

当 $\gamma > 0$ 时 $\mathrm{rank}\, Q^\pm(X)$ 均取定值, 今要说明它们当 $\gamma \to +0$ 时也不变. 为此先考察 $A(X)$ 在 $X_0 \in \mathscr{X} \cap \{\gamma = 0\}$ 的邻域时的形式.

引理 8.2.1 对 $X_0 \in \mathscr{X}$, 若以 $\{\lambda_1, \cdots, \lambda_k\}$ 记 $A(X_0)$ 的实特征值集, 以 m_j 记 λ_j 的重数, 则存在一个 $\mathbb{C}^N$ 中的 C^∞ 基变换, 它将 X_0 邻域中的 $A(X)$ 化成块对角形

$$\begin{pmatrix} a_1(X) & & & & \\ & \ddots & & & \\ & & a_k(X) & & \\ & & & a^+(X) & \\ & & & & a^-(X) \end{pmatrix}, \tag{8.2.13}$$

其中 $a^\pm(X)$ 的特征值分别落在上、下半平面, 而 $a_j(X_0)$ 为 m_j 阶方阵, 它具有形式

$$\begin{pmatrix} \lambda_j & & 1 & \\ & \ddots & & \ddots \\ & & \ddots & & 1 \\ & & & & \lambda_j \end{pmatrix}.$$

证明 设 C_j 是复平面上只含 $A(X_0)$ 实特征值的回路, C_+ (相应地 C_-) 是上半平面 (相应地, 下半平面) 中只含 $A(X_0)$ 位于该半平面特征值的回路. 对于充分接近 X_0 的 $X \in \mathscr{X}$, 令

$$P_j(X) = \frac{1}{2\pi i} \int_{C_j} (\xi_n I - A(X))^{-1} d\xi_n,$$
$$P_\pm(X) = \frac{1}{2\pi i} \int_{C_\pm} (\xi_n I - A(X))^{-1} d\xi_n. \tag{8.2.14}$$

则它们在 X 上是 C^∞ 的, 且

$$\mathbb{C}^N = \bigoplus_{j=1}^k \operatorname{Im} P_j(X) \oplus \operatorname{Im} P_+(X) \oplus \operatorname{Im} P_-(X). \tag{8.2.15}$$

当 X 充分接近 X_0 时, $\operatorname{Im} P_j(X_0)$ 的基在映射 $P_j(X)$ 下的像是线性无关的, 它可被取为 $\operatorname{Im} P_j(X)$ 的基. 这个基也是 C^∞ 地依赖于 X. 类似地, 我们构造 $\operatorname{Im} P_\pm(X)$ 的基. 这些基在一起就构成了 $\mathbb{C}^N$ 的基, 且在此基下矩阵 $A(X)$ 就表示成了 (8.2.13) 的形式. 其中 $a^\pm$ 的特征值分别落在上、下半面中, 而对于 $j = 1, \cdots, k$, 矩阵 $a_j(X_0)$ 仅具有特征值 λ_j, 重数为 m_j. 在每个相应的 $\mathbb{C}^{m_j}$ 中再作基变换, 将 $a_j(X_0)$ 化到 Jordan 标准型. 于是我们就找到了一个全空间 $\mathbb{C}^N$ 的基变换, 满足引理 8.2.1 的要求. 引理证毕. ∎

注意, 当 $X_0 \in \mathscr{X} \cap \{\gamma > 0\}$ 时, 在引理 8.2.1 所示的表示式 (8.2.13) 中所有 $a_1(X), \cdots, a_k(X)$ 均不出现, 因为这时 $A(X)$ 不具有实特征值.

引理 8.2.2 子空间 $E^+(X)$ 当 $\gamma > 0$ 时 C^∞ 地依赖于 X, 且可连续地延拓到 $\gamma = 0$, 其空间维数为常数 μ.

证明 当 $\gamma > 0$ 时 $A(X)$ 的特征值均为复数. 如第一段所述, $P^\pm$ 是 $\mathbb{C}^N$ 到 $E^\pm$ 而平行于 $E^\mp$ 的投影算子. 由于 $P^\pm$ 是 C^∞ 地依赖于 X 的, 故 $E^\pm$ 亦然.

　　由 $A(X)$ 特征值的连续性可知 $E^+(X)$ 可连续地延拓到边界. 由于 $E^+ = \text{Im } Q^+$, 故我们只需证明 rank Q^+ 为常数.

　　对于 $X_0 \in \mathscr{X} \cap \{\gamma = 0\}$, 在 X_0 的邻域中 $A(X)$ 可以被表示为 (8.2.13) 的形式. 所以

$$Q^+(X) = \prod_{\text{Im } \lambda_j < 0} (A(X) - \lambda_j I)^{m_j}$$

可以化成

$$\begin{pmatrix} Q_1 & & & & \\ & \ddots & & & \\ & & Q_k & & \\ & & & Q_+ & \\ & & & & Q_- \end{pmatrix}, \tag{8.2.16}$$

其中

$$Q_l = \prod_{\text{Im } \lambda_j < 0} (a_l - \lambda_j)^{m_j} = \Delta^-(X, a_l(X)),$$

$$Q_\pm = \prod_{\text{Im } \lambda_j < 0} (a^\pm - \lambda_j)^{m_j} = \Delta^-(X, a^\pm(X)),$$

当 $X = X_0$ 时, 使 $\text{Im } \lambda_j < 0$ 的特征值中一部分可能变成实特征值, 故我们需要考察在 (8.2.14) 表示式中每一个矩阵块之秩.

　　对于 $A(X_0)$ 的每个实特征值 λ_l, 作一个以 λ_l 为圆心的小圆盘 D_l, 使在 D_l 中不含其他特征值. 由于 λ_l 的重数为 m_l, 故在 X_0 的小邻域 V 中, $A(X)$ 有 m_l 个特征值含于 D_l 中, 如果 $\gamma > 0$, 则这 m_l 个特征值均非实数, 其中有 μ_l 个具正虚部, 有 $m_l - \mu_l$ 个具负虚部. 又若 λ_s 为 $A(X_0)$ 的复特征值, $\text{Im } \lambda_s > 0$ (相应地 $\text{Im } \lambda_s < 0$), 则作以 λ_s 为圆心的小圆盘 D_s, 使 D_s 不与实轴相交, 并在 D_s 中不含其他特征值. 那么, 当 X 落在 X_0 的小邻域中时, $A(X)$ 有 m_s 个特征值位于 D_s 中. 显然, 它们均具有正虚部 (相应地, 负虚部). 此时, 亦可认为 $\mu_s = m_s$ (相应地 $\mu_s = 0$). 于是, 我们有

$$\Delta^-(X_0, \xi_n) = \prod_{l=1}^k (\xi_n - \lambda_l)^{m_l - \mu_l} \Delta_-(\xi_n), \tag{8.2.17}$$

其中 Δ_- 是 $a^-(X_0)$ 的特征多项式. 于是, 由 Cauchy-Hamilton 定理知 $Q_- = \Delta^-(X_0, a^-(X_0)) = 0$, Q_+ 满秩, 而

$$Q_l = (a_l(X_0) - \lambda_l I)^{m_l - \mu_l} T_l, \quad l = 1, \cdots, k,$$

其中 T_l 为可逆矩阵. 显见, Q_l 的像的秩为 μ_l, 所以

$$\mathrm{rank}\, Q^+(X_0) = \sum_{l=1}^{k} \mu_l + m_+ = \mu.$$

这就是所需证明的. 引理证毕. ■

简单地说, 上述引理证明中的想法就是对于 $A(X_0)$ 的实特征值作进一步的分析, 看看哪些是当 $\gamma > 0$ 时具正虚部的复特征值的极限, 然后相应地将空间 $\mathbb{C}^N$ 的分解 (8.2.15) 改成更细的分解, 再将其中一部分合并得 E^+, 它的维数在 $\gamma \geqslant 0$ 中是常数.

于是, 我们可以将定义 8.2.1 中引入的 Lopatinski 条件加强, 如果对一切 $\gamma \geqslant 0$, $B^+(\sigma, \xi', \gamma)$ 是 $E^+(\sigma, \xi', \gamma)$ 到 $\mathbb{C}^d$ 上的同构映射, 则称 (8.2.1) 中的边界条件满足**一致 Lopatinski 条件**.

3. 一般区域的情形

在以上的讨论中都假定了变量 x 的变化区域为 $\mathbb{R}^n_+$, 从而边界条件给定在 $\mathbb{R}_t \times \mathbb{R}^{n-1}_{x'}$ 上. 今若 x 的变化范围为一般的区域 Ω, 而边界条件在 $\mathbb{R}_t \times \partial\Omega$ 上给出, 那么, 通过坐标变换可以判定边界条件是否是 Lopatinski 型的, 而且这一判定实际上与坐标变换无关. 以下我们就来说明这一点, 并以更本质的方式来叙述 Lopatinski 条件.

设我们有边值问题

$$\begin{cases} D_{x_n} - A(t, x, D_t, D_{x'})u = 0, & x_n > 0, \\ Bu = w, & x_n = 0. \end{cases} \tag{8.2.18}$$

现考察它在另一个坐标系中的形式. 若

$$\begin{cases} \tilde{x}' = \tilde{x}'(x', x_n), \\ \tilde{x}_n = \tilde{x}_n(x', x_n) \end{cases} \tag{8.2.19}$$

为一给定的 C^∞ 可逆变换, 且将 $x_n \geqslant 0$ 变换到 $\tilde{x}_n \geqslant 0$, 将 $x_n = 0$ 变换到 $\tilde{x}_n = 0$, 则利用微分法则知, 在对偶变量 $\tilde{\xi}$ 与 ξ 之间有如下的关系式

$$\begin{cases} \xi' = \dfrac{\partial \tilde{x}'}{\partial x'} \tilde{\xi}' + \dfrac{\partial \tilde{x}_n}{\partial x'} \tilde{\xi}_n, \\[3mm] \xi_n = \dfrac{\partial \tilde{x}'}{\partial x_n} \tilde{\xi}' + \dfrac{\partial \tilde{x}_n}{\partial x_n} \tilde{\xi}_n, \end{cases} \tag{8.2.20}$$

其中 $\dfrac{\partial \tilde{x}_n}{\partial x_n} > 0$, 且对于位于边界上的点有 $\dfrac{\partial \tilde{x}'}{\partial x_n} = 0$. 通过坐标变换, (8.2.18) 中的方程组变成

$$\left[\frac{\partial \tilde{x}_n}{\partial x_n} D_{\tilde{x}_n} + \frac{\partial \tilde{x}'}{\partial x_n} D_{\tilde{x}'} - A\left(t, x, D_t, \frac{\partial \tilde{x}'}{\partial x'} D_{\tilde{x}'} + \frac{\partial \tilde{x}_n}{\partial x'} D_{\tilde{x}_n} \right) \right] u = 0. \tag{8.2.21}$$

根据本节第一段的讨论知, 在边界点 $(t_0, x_0', 0)$ 处的空间 E^+ 与方程

$$(D_{x_n} - A(t_0, x_0', 0, \tau, \xi')) v(x_n) = 0 \tag{8.2.22}$$

的有界解相对应. 同样地, 在相应的点 $(t_0, \tilde{x}_0', 0)$ 处, 空间 $\tilde{E}^+$ 与方程

$$(a D_{\tilde{x}_n} + b I - A(t_0, x_0', 0, \tau, \tilde{\xi}')) v(\tilde{x}_n) = 0 \tag{8.2.23}$$

的有界解相对应, 其中

$$a = \frac{\partial \tilde{x}_n}{\partial x_n}(x_0') > 0, \quad b = \frac{\partial \tilde{x}'}{\partial x_n}(x_0') \cdot \tilde{\xi}_0' \in \mathbb{R}.$$

再通过一个变换 $v(\tilde{x}_n) = e^{-i\frac{b}{a}\tilde{x}_n} w\left(\dfrac{\tilde{x}_n}{a} \right)$, 可以使 (8.2.23) 中因子 a 取成 1, 项 bI 消失, 故 (8.2.23) 化成

$$(D_{\tilde{x}_n} - A(t_0, x_0', 0, \tau, \tilde{\xi}')) w(\tilde{x}_n) = 0.$$

于是空间 E^+ 与 $\tilde{E}^+$ 仅相差一个因子 $\dfrac{\partial \tilde{x}'}{\partial x'}(t_0, x_0')$. 它与余切丛 $T^*(\mathbb{R}^{n-1})$ 上的丛变量变化规律一致. 这说明, 如果我们有一个一阶偏微分算子 P 定义在 $(0, T) \times \Omega$ 中, 边界 $(0, T) \times \partial\Omega$ 非特征, 则可以在余切丛 $T^*((0, T) \times \partial\Omega)$ 上定义空间 E^+. 显然, 边界 $(0, T) \times \partial\Omega$ 上定义的矩阵 B 也可视为定义在 $T^*((0, T) \times \partial\Omega)$ 上. 于是, 对于问题 (8.1.1)

Lopatinski 条件有意义, 而且在引理 8.2.2 中的结论仍成立, 即我们有

引理 8.2.3 空间 $E^+(X)$ 当 $\gamma > 0$ 时为 $\mathscr{X} \cap \{\gamma > 0\}$ 上 $\mathbb{C}^N$ 平凡丛的一个 C^∞ 子丛, 它可以延拓为 $\mathscr{X} \cap \{\gamma \geqslant 0\}$ 上 $\mathbb{C}^N$ 平凡丛的一个连续子丛, 秩为常数 μ.

§3. 对称化子及其构造

如第六章中的做法, 我们希望把 (8.2.1) 中的方程组化成对称方程组的形式, 从而据此导出能量不等式, 并进而证明解的存在性. 对于 $x_n > 0$ 的点, 在其邻域中可以采用第六章的方法加以对称化. 对此我们将在下一节再详述. 对于 $x_n = 0$ 的点, 其处理方法完全不同. 但也可利用一致 Lopatinski 条件将 (8.2.1) 对称化. 这就是本节中的主要内容.

定理 8.3.1 设 (8.1.7) 满足一致 Lopatinski 条件, 则对一切的 $X_0 \in \mathscr{X} \cap \{\sigma^2 + |\xi'|^2 + \gamma^2 = 1\}$, 在 X_0 的某邻域 V 中存在矩阵 $r(X)$ 与 $T(X)$, 使得 $r(X)$ 为 Hermite 阵, $T(X)$ 为可逆阵, 且令 $\tilde{B} = BT$, $\tilde{A} = T^{-1}AT$, 则矩阵

$$\operatorname{Im} r(X)\tilde{A}(X) = \begin{pmatrix} h(X) & 0 \\ 0 & e(X) \end{pmatrix} \tag{8.3.1}$$

是块对角阵, 而且满足

(1) $\dfrac{1}{\gamma} h(X)$ 为直到边界 C^∞ 的, 且 $\dfrac{1}{\gamma} h(X) \geqslant cI$; $\qquad$ (8.3.2)

(2) $e(X) \geqslant cI$; $\qquad$ (8.3.3)

(3) $-r(X) + C\tilde{B}^*(X)\tilde{B}(X) \geqslant cI$, 在 $x_n = 0$ 上, $\qquad$ (8.3.4)

式中 C, c 为两个正常数.

这个定理中的 $r(X)$ 也称为**对称化子**. 定理 8.3.1 的证明较长, 它的证明过程就是对称化子的构造过程.

我们以下对 X_0 的三种不同情形来构造 X_0 邻域中的 $r(X)$ 与 $T(X)$, 这三种情形为 $A(X_0)$ 无实特征值 (椭圆点), $A(X_0)$ 仅具单实特征值 (严格双曲点) 与 $A(X_0)$ 具有重实特征值的情形, 以下分别讨论之.

1. X_0 为椭圆点

此时在 X_0 的邻域中 $A(X)$ 可以化成

$$\begin{pmatrix} a^+(X) & \\ & a^-(X) \end{pmatrix}$$

的形式, 其中 a^+, a^- 分别仅含具有正虚部与具有负虚部的特征值. 设 ρ 为待定的充分大的正数, 令

$$r(X) = \begin{pmatrix} I & 0 \\ 0 & -\rho I \end{pmatrix}, \tag{8.3.5}$$

$T(X) = I$. 则

$$\operatorname{Im} r(X)A(X) = \begin{pmatrix} \frac{1}{2i}(a^+ - (a^+)^*) & \\ & -\frac{\rho}{2i}(a^- - (a^-)^*) \end{pmatrix}. \tag{8.3.6}$$

由于 a^+ 仅含具正虚部特征值, $(a^+)^*$ 仅含具负虚部特征值, 故 $\frac{1}{2i}(a^+ - (a^+)^*)$ 仅含正实根, 故有 $c' > 0$, 使

$$\frac{1}{2i}(a^+ - (a^+)^*) \geqslant c'I.$$

同理, 适当选取 c', 可使 $-\frac{\rho}{2i}(a^- - (a^-)^*) \geqslant \rho c'I$.

剩下的工作是验证条件 (8.3.4). 我们先根据 $a^{\pm}$ 的分解, 可以将 $\mathbb{C}^N$ 也分解成 $\mathbb{C}^{m_+} \oplus \mathbb{C}^{m_-}$, 于是对任一 $w \in \mathbb{C}^N$, 可以将它写成 $w^+ \oplus w^-$, 并将 $B(X)w$ 写成 $B^+w^+ + B^-w^-$. 由一致 Lopatinski 条件知 B^+ 为同构映射, 从而存在常数 C, C', 使

$$|w^+|^2 \leqslant C|B^+w^+|^2 \leqslant 2C'(|w^-|^2 + |Bw|^2).$$

又由 $r(X)$ 的表示, 知

$$\begin{aligned}
-(r(X)w, w) &= -|w^+|^2 + \rho|w^-|^2 \\
&= |w^+|^2 + \rho|w^-|^2 - 2|w^+|^2 \\
&\geqslant |w^+|^2 + \rho|w^-|^2 - 4C'|w^-|^2 - 4C'|Bw|^2 \\
&= |w^+|^2 + (\rho - 4C')|w^-|^2 - 4C'|Bw|^2. \tag{8.3.7}
\end{aligned}$$

故取 $\rho > 4C'$, 即有 (8.3.4) 式成立.

2. X_0 为严格双曲点

若 $A(X_0)$ 仅含互异实特征值 $\lambda_1, \cdots, \lambda_N$, 则在 X_0 的邻域内, $A(X)$ 具有互异特征值 $a_1(X), \cdots, a_N(X)$. 取 $T(X) = I$, 则

$$\tilde{A}(X) = A(X) = \mathrm{diag}(a_1(X), \cdots, a_N(X)). \tag{8.3.8}$$

令 $\alpha_j = \dfrac{1}{i}\dfrac{\partial a_j}{\partial \gamma}(X_0)$, 由于 $a_j(X_0)$ 均为单特征值, 故 $\dfrac{\partial a_j}{\partial \gamma} \neq 0$. 若当 $\gamma > 0$ 时 $\mathrm{Im}\, a_j(X) > 0$, 则 $\alpha_j > 0$; 而若当 $\gamma > 0$ 时 $\mathrm{Im}\, a_j(X) < 0$, 则 $\alpha_j < 0$. 今取

$$r(X) = \mathrm{diag}(r_1, \cdots, r_N), \tag{8.3.9}$$

其中 $r_j\ (j = 1, \cdots, N)$ 均为常数: 当 $\alpha_j > 0$ 时取 $r_j = 1$, 当 $\alpha_j < 0$ 时取 $r_j = -\rho$, 而 ρ 为充分大的正常数 (待定). 故我们恒有 $r_j\alpha_j > 0$.

考察 $\mathrm{Im}\, ra$, 这相当于考察每一项 $r_j a_j$. 对于点 $X = (t, x, \sigma, \xi', \gamma)$, 记 $\tilde{X} = (t, x, \sigma, \xi', 0)$, 则 $a_j(X)$ 可写成

$$a_j(X) = a_j(\tilde{X}) + i\gamma D_j(\tilde{X}) + r^2 H_j(X), \tag{8.3.10}$$

其中 $D_j = \dfrac{1}{i}\dfrac{\partial a_j}{\partial \gamma}$, H_j 为 C^∞ 函数, 于是

$$\mathrm{Im}\, r_j a_j = \gamma r_j \mathrm{Re}\, D_j(\tilde{X}) + \gamma^2 r_j \mathrm{Im}\, H_j(X).$$

由 $r_j\alpha_j > 0$ 可知 $r_j \mathrm{Re}\, D_j(\tilde{X}) > 0$. 从而当 γ 充分小时 (8.3.2) 式成立.

由于 (8.3.1) 式中 $e(X)$ 不出现, 故以下只需验证 (8.3.4) 式, 将 $\mathbb{C}^N$ 分解成对应于特征值 $a_1(X), \cdots, a_N(X)$ 的特征向量的直和, 则

$$E^\pm(X_0) = \{w \in \mathbb{C}^N; w_j = 0 \ \text{若}\ \alpha_j \lessgtr 0\}.$$

记 $w^\pm$ 为 w 在 $E^\pm(X_0)$ 上的投影. 则 $w = w^+ \oplus w^-$, 且

$$-(r(X_0)w, w) = -|w^+|^2 + \rho|w|^2.$$

于是, 与椭圆型的情形相仿, 当一致 Lopatinski 条件满足时, 可以将 ρ 取得充分大而使不等式 (8.3.4) 成立.

3. $A(X_0)$ 具重实特征值

这时在 X_0 的邻域中 $A(X)$ 可以化成块对角阵 (8.2.13) 的形式, 其每一个对角块 $a_j(X)$ 在 X_0 点为 Jordan 阵. 仿照 (8.3.10) 的写法, 我们有

$$a_j(X) = \lambda_j I + A_j + B_j(\tilde{X}) + i\gamma D_j(\tilde{X}) + \gamma^2 H_j(X), \qquad (8.3.11)$$

其中

$$A_j = \begin{pmatrix} 0 & & 1 & & 0 \\ & \ddots & & \ddots & \\ & & \ddots & & 1 \\ & & & \ddots & \\ 0 & & & & 0 \end{pmatrix}, \quad B_j(\tilde{X}) = a_j(\tilde{X}) - a_j(X_0),$$

$$D_j(\tilde{X}) = \frac{1}{i}\frac{\partial a_j}{\partial \gamma}(\tilde{X}).$$

进一步分析矩阵 D_j 与 B_j 的特点, 我们有

引理 8.3.1　在引理 8.2.1 的记号下, 令 $(a_j)_{m_j,1}$ 为 $a_j(X)$ 的左下角元素, $\alpha_j = \frac{1}{i}\frac{\partial}{\partial \gamma}(a_j)_{m_j,1}\Big|_{X=X_0}$, 则有结论

(1) α_j 为非零实数;

$$(2)\ \mu_j = \begin{cases} m_j/2, & m_j \text{ 为偶数}, \\ (m_j \pm 1)/2, & m_j \text{ 为奇数, 且 } \alpha_j \gtrless 0. \end{cases} \qquad (8.3.12)$$

证明　取 $X_0 = (t_0, x_0, \sigma_0, \xi_0', 0)$, $\tau = \sigma - i\gamma$, 并采用记号

$$\Delta(\tau, \xi_n) = \det(\xi_n I - A(X)),$$

$$\Delta_j(\tau, \xi_n) = \det(\xi_n I - a_j(X)),$$

$$\tilde{\Delta}(\tau, \xi_n) = \det(\xi_n I - a^+(X)) \cdot \det(\xi_n I - a^-(X)).$$

根据严格双曲组的假定, $\Delta(\tau, \xi_n)$ 应当有分解式

$$\Delta(\tau, \xi_n) = C \prod_{l=1}^{N}(\tau - \tau_l(\xi_n)), \qquad (8.3.13)$$

其中 τ_l 为实数. 而另一方面 $\Delta(\tau,\xi_n)$ 作为 ξ_n 的多项式可以写成

$$\Delta(\tau,\xi_n) = \xi_n^N + C_1(\tau)\xi_n^{N-1} + \cdots + C_N(\tau). \tag{8.3.14}$$

因此, 比较 (8.3.13) 与 (8.3.14) 中 ξ_n^N 的系数, 可知 C 为实数. 并可知当 $\gamma = 0$, $\xi_n \in \mathbb{R}$ 时 $\Delta(\tau,\xi_n)$ 为实数. 注意到 $\dfrac{\partial}{\partial\tau}$ 即 $\dfrac{1}{i}\dfrac{\partial}{\partial\gamma}$, 故 $\dfrac{1}{i}\dfrac{\partial\Delta}{\partial\gamma}(\tau,\xi_n)$ 也是实数.

由以上事实又可知 $\Delta(\tau,\xi_n)$ 作为 ξ_n 的多项式, 其系数当 $\gamma = 0$ 时均为实数, 故零点 ξ_n 为共轭复数. 因此, 当 $\gamma = 0$ 时, $\Delta_j(\tau,\xi_n)$ 与 $\tilde{\Delta}(\tau,\xi_n)$ 作为 ξ_n 的多项式, 其系数也是实的. 故当 $\gamma = 0$, $\xi_n \in \mathbb{R}$ 时 Δ_j, $\tilde{\Delta}$ 均为实数, 将 Δ 写成乘积 $\Delta_1 \cdots \Delta_k \tilde{\Delta}$, 则有

$$\frac{\partial\Delta}{\partial\gamma} = \frac{\partial\Delta_1}{\partial\gamma}\Delta_2\cdots\Delta_k\tilde{\Delta} + \cdots + \Delta_1\cdots\Delta_k\frac{\partial\tilde{\Delta}}{\partial\gamma}. \tag{8.3.15}$$

根据严格双曲性知 $\dfrac{\partial\Delta}{\partial\gamma}(\sigma,\lambda_j)\neq 0$, 但因 λ_j 为 $\Delta_j = 0$ 之根, 故 $\Delta_j(\sigma,\lambda_j) = 0$. 这样, 将 (8.3.15) 中的变量 τ, ξ_n 取成 σ, λ_j, 右边除 $\Delta_1\cdots\Delta_{j-1}\dfrac{\partial\Delta_j}{\partial\gamma}$ $\Delta_{j+1}\cdots\Delta_k\tilde{\Delta}$ 这一项外均为零. 这立刻可推知

$$\frac{1}{i}\frac{\partial\Delta_j}{\partial\gamma}(\sigma,\lambda_j) \neq 0,$$

且为实数.

再计算 $\left.\dfrac{1}{i}\dfrac{\partial\Delta_j}{\partial\gamma}(\sigma,\lambda_j)\right|_{X=X_0}$ 之值, 即

$$\frac{1}{i}\frac{\partial}{\partial\gamma}\det(\lambda_j I - a_j(X))\bigg|_{X=X_0}.$$

由于对行列式的导数为对各行分别求导后所得行列式之和, 注意到

$$\lambda_j I - a_j(X)|_{X=X_0} = -\begin{pmatrix} 0 & 1 & & & \mathbf{0} \\ & \ddots & \ddots & & \\ & & \ddots & \ddots & \\ & & & \ddots & 1 \\ \mathbf{0} & & & & 0 \end{pmatrix}, \tag{8.3.16}$$

故有

$$\frac{1}{i}\frac{\partial}{\partial\gamma}\det(\lambda_j I - a_j(X))\Big|_{X=X_0} = -\frac{1}{i}\frac{\partial}{\partial\gamma}(a_j)_{m_j,1}\Big|_{X=X_0} = -\alpha_j,$$

从而证得了 α_j 为非零实数的结论.

为证 (8.3.12) 式, 考察方程 $\Delta_j(\sigma - i\gamma, \xi_n) = 0$, 对于 $\gamma = 0$, 根 $\xi_n = \lambda_j$ 为 m_j 重根; 对于 $\xi_n = \lambda_j$, $\gamma = 0$ 为单根. 于是由 Puiseux 引理[①] 知, 当 $\gamma \to 0$ 时, $\Delta_j(\sigma - i\gamma, \xi_n) = 0$ 作为 ξ_n 多项式的根可以写成

$$\lambda_j^l(\gamma) = \lambda_j + \gamma^{1/m_j}(i\alpha_j)_l^{1/m_j} + O(\gamma^{2/m_j}) \quad (l = 1, \cdots, m_j), \quad (8.3.17)$$

其中 $(i\alpha_j)_l^{1/m_j}$ $(l = 1, \cdots, m_j)$ 表示 $(i\alpha_j)^{1/m_j}$ 的 m_j 个可能值. 由于 μ_j 就是当 $\gamma > 0$ 时 $\lambda_j^l(\gamma)$ 中取正虚部值的个数, 故由关于 $\lambda_j^l(\gamma)$ 辐角的计算可得 (8.3.12) 式. 引理证毕. ∎

引理 8.3.2 在适当的基变换下, (8.3.11) 式中的矩阵 $B_j(\tilde{X})$ 可取成实矩阵.

证明 我们证明存在 $\mathbb{C}^{m_j}$ 中的基变换 $U_j(\tilde{X})$, 使得

$$U_j^{-1}(\tilde{X})(A_j + B_j(\tilde{X}))U_j(\tilde{X}) = A_j + B_j'(\tilde{X}),$$

其中 $B_j'(\tilde{X})$ 具有实系数. 事实上, 以 $e_1, \cdots, e_{m_j}$ 记 $\mathbb{C}^{m_j}$ 的原始基向量组. 则 $A_j^l e_{m_j} = e_{m_j-l}$ $(l = 0, \cdots, m_j - 1)$. 由于 $B_j(X_0) = 0$, 故 $(A_j + B_j(\tilde{X}))^l e_{m_j}$ $(l = 0, \cdots, m_j - 1)$ 在 X 充分接近于 X_0 时仍构成 $\mathbb{C}^{m_j}$ 的基. 取 $U_j(\tilde{X})$, 使

$$U_j(\tilde{X})A_j^l e_{m_j} = (A_j + B_j(\tilde{X}))^l e_{m_j}, \quad l = 0, \cdots, m_j - 1, \quad (8.3.18)$$

[①]Puiseux 引理: 设 $P(\xi, \gamma) = \xi^m + C_1(\gamma)\xi^{m-1} + \cdots + C_m(\gamma)$ 为 ξ, γ 的多项式, 则有分解式

$$P(\xi, \gamma) = \prod_{l=1}^{m}(\xi - \lambda^{(l)}(\gamma)),$$

其中 $\lambda^{(l)}$ 当 $0 < |\gamma| < \delta$ 时对某个整数 p 是 $\gamma^{\frac{1}{p}}$ 的解析函数

$$\lambda^{(l)}(\gamma) = \sum_{0}^{\infty} a_k(\gamma^{\frac{1}{p}})^k.$$

则对于 $l = 0, \cdots, m_j - 2$, 有

$$U_j^{-1}(\tilde{X})(A_j + B_j(\tilde{X}))U_j(\tilde{X})e_{m_j-l} = U_j^{-1}(\tilde{X})(A_j + B_j(\tilde{X}))^{l+1}e_{m_j}$$
$$= A_j^{l+1}e_{m_j} = e_{m_j-l-1} \quad (l = 0, \cdots, m_j-2).$$

故 $U_j^{-1}(\tilde{X})(A_j + B_j(\tilde{X}))U_j(\tilde{X})$ 具有形式

$$\begin{pmatrix} b_1(\tilde{X}) & 1 & & \text{\Large 0} \\ & & \ddots & \\ \vdots & \text{\Large 0} & & 1 \\ b_{m_j}(\tilde{X}) & 0 \cdots 0 & \end{pmatrix} = B_j'(\tilde{X}) + A_j.$$

注意到 $b_i(\tilde{X})$ 恰为 $\det(A_j + B_j'(\tilde{X}) - \xi_n I)$ 中 ξ_n^{m-i} 的系数, 而

$$\det(A_j + B_j'(\tilde{X}) - \xi_n I) = \det(a_j(\tilde{X}) - \xi_n I)$$
$$= \Delta_j(\tau, \xi_n)(-1)^{m_j}.$$

根据引理 8.3.1 的讨论知这些系数都是实的. 引理 8.3.2 证毕.   ∎

现在设 $A(X)$ 已化成块对角的形式, 每个 $a_j(X)$ 具形式 (8.3.11), 且 $B_j(\tilde{X})$ 为实矩阵. 今取

$$r(X) = \begin{pmatrix} r_1(X) & & & & \\ & \ddots & & & \\ & & r_k(X) & & \\ & & & I & \\ & & & & -\rho I \end{pmatrix}, \tag{8.3.19}$$

其中 ρ 为充分大的待定常数. 又

$$r_j(X) = E_j + F_j(\tilde{X}) + i\gamma G_j, \tag{8.3.20}$$

其中 E_j, G_j 为常系数阵, E_j, $F_j(\tilde{X})$ 为实对称阵, G_j 为实反对称阵, $F_j(X_0) = 0$. 于是 $r_j(X)$, $r(X)$ 均为 Hermite 阵. 以下就说明可以具体地决定 E_j, F_j, G_j 以及 ρ, 使得定理 8.3.1 中诸条件满足.

作 $\text{Im } r(X)A(X)$, 并将右下角的 $m_+ + m_-$ 矩阵块视为 $e(X)$, 则如椭圆点邻域中的讨论可知条件 (8.3.3) 成立, 又在前 k 个对角块中选取 E_j, F_j, G_j, 使

$$(E_j + F_j(\tilde{X}))(A_j + B_j(\tilde{X})) \quad 对称, \qquad\qquad (8.3.21)$$
$$\mathrm{Re}(E_j D_j + G_j A_j) \qquad\qquad\quad 正定,$$

则

$$\mathrm{Im}(r_j a_j) = \frac{1}{2i}(r_j a_j - (r_j a_j)^*)$$

$$= \frac{1}{2i}(i\gamma G_j(\lambda_j + A_j) + i\gamma E_j D_j - (i\gamma G_j(\lambda_j + A_j) + i\gamma E_j D_j)^*) + \gamma M$$

$$= \gamma(E_j D_j + G_j A_j + (E_j D_j)^* + (G_j A_j)^*) + \gamma M.$$

式中的 M 为 C^∞ 矩阵, 具有 $O(\gamma) + O(|X_0 - \tilde{X}|)$ 的形式 (注意, $B(X_0) = 0$, $B(\tilde{X}) = O(|X_0 - \tilde{X}|)$). 故根据所要求的 $\mathrm{Re}(E_j D_j + G_j A_j)$ 的正定性知定理 8.3.1 中的不等式 (8.3.2) 成立.

关于 E_j, F_j, G_j 的选取, 我们补充下面的引理.

引理 8.3.3 能取到 E_j, $F_j(\tilde{X})$ 与 $G_j(\tilde{X})$, 使 (8.3.21) 成立.

证明 取

$$E_j = \begin{pmatrix} 0 & & & d_1 \\ & \ddots & & d_2 \\ & & \ddots & \vdots \\ d_1 & d_2 & \cdots & d_{m_j} \end{pmatrix}, \quad F_j(\tilde{X}) = \begin{pmatrix} \Phi_j(\tilde{X}) & & & 0 \\ & & & \vdots \\ & & & \vdots \\ 0 & \cdots\cdots & 0 \end{pmatrix}, \qquad (8.3.22)$$

其中 $d_1, \cdots, d_{m_j}$ 为待定的实常数, $\Phi_j(\tilde{X})$ 为 $m_j - 1$ 阶实对称阵. 显然, $E_j A_j$ 为对称矩阵, 故 (8.3.21) 中的对称性要求等价于

$$F_j(\tilde{X})(A_j + B_j(\tilde{X})) + E_j B_j(\tilde{X}) \qquad\qquad (8.3.23)$$

为对称的. 使 (8.3.23) 为对称的要求可以导出一个含 $\frac{1}{2} m_j(m_j - 1)$ 个方程的线性方程组 (S), 而 $\Phi_j(\tilde{X})$ 在上三角阵中所有元素都是该方程组的未知量, 它们的个数也恰为 $\frac{1}{2} m_j(m_j - 1)$. 注意到方程组 (S) 当 $X = X_0$ 时只有零解. 事实上, 当 $X = X_0$ 时, $B_j(X_0) = 0$, 利用 F_j 与 A_j 的特定形式可知, 只有 $\Phi_j(X_0) = 0$, 才能使 $F_j(X_0)A_j$ 为对称阵. 于是, 当 $\tilde{X} = X_0$ 时方程组 (S) 系数阵的行列式不等于零, 从而在 X_0 的邻域中 (S) 的系数阵仍为非奇异的, 所以 $F_j(\tilde{X})$ 可以被决定为 $\tilde{X}$ 的 C^∞ 函数.

再看 (8.3.21) 中的正定性要求, 仍以 α_j 记 $D_j(X_0)$ 的左下角元素, 由引理 8.3.1 知它是非零常数. 故可取 (8.3.22) 中的 d_1, 使 $d_1\alpha_j > 3$, 将 $w \in \mathbb{C}^{m_j}$ 写成 $(w_1, w') = (w_1, w_2, \cdots, w_{m_j})$, 则

$$\begin{aligned}
(E_j D_j(X_0)w, w) &= d_1\alpha_j|w_1|^2 + \sum_{(i,l)\neq(1,1)} \beta_{il} w_i \bar{w}_l \\
&\geqslant d_1\alpha_j|w_1|^2 - (w_1^2 + C|w'|^2) \\
&\geqslant 2|w_1|^2 - C|w'|^2.
\end{aligned}$$

取 G_j 为反对称阵, 使其元素 $g_{i,l}$ 中仅仅 $g_{i-1,i}$ 与 $g_{i,i-1}$ (对一切可能的 i) 不等于零, 则

$$\operatorname{Re}(G_j A_j w, w) = \sum_{i=2}^{m_j} g_{i,i-1}|w_i|^2 - \operatorname{Re} \sum_{i=1}^{m_j-2} g_{i+1,i} w_{i+2} \bar{w}_i.$$

顺着 i 增加的次序, 逐个地取 $g_{i,i-1}$ 充分大, 并多次利用 Schwarz 不等式, 即可以使

$$\operatorname{Re}((E_j D_j(X_0) + G_j A_j)w, w) \geqslant |w|^2.$$

引理证毕. ■

于是, 为了证明定理 8.3.1 的全部结论, 就只需适当地选定 (8.3.19) 中的 ρ 以及对每个 j 选定 (8.3.22) 中的 $d_1, \cdots, d_m$, 使得不等式 (8.3.4) 成立. 由于连续性, 我们只需指出该式对于 $X = X_0$ 成立, 即

$$(-r(X_0)w, w) + C|\tilde{B}(X_0)w|^2 \geqslant c|w|^2, \quad \forall w \in \mathbb{C}^N. \tag{8.3.24}$$

先对 $r(X_0)$ 的对角块 $r_j(X_0)$ 进行考察. 由 (8.3.20) 知, 对于 $\mathbb{C}^{m_j}$ 中的向量 w,

$$-(r_j(X_0)w, w) = -(E_j w, w).$$

于是, 将 $\mathbb{C}^{m_j}$ 按引理 8.2.2 的方式进行分解 $\mathbb{C}^{m_j} = \mathbb{C}^{\mu_j} \oplus \mathbb{C}^{m_j - \mu_j}$, 相应地 $w = (w_+, w_-) = (w_1, \cdots, w_{\mu_j}, w_{\mu_j+1}, \cdots, w_{m_j})$. 则根据 E_j 的形式知

$$-(E_j w, w) = \sum_{s=1}^{m_j} \left(-d_s \sum_{i+l=m_j+s} w_l \bar{w}_i \right). \tag{8.3.25}$$

引理 8.3.4 对任意 $\bar{d} > 0$ 以及满足 $-d_1 \alpha_j > 3$ 的 d_1, 可以选取 $d_2, \cdots, d_{m_j}$, 使

$$-(E_j w, w) \geqslant C''(-|w_+|^2 + \bar{d}\, |w_-|^2). \tag{8.3.26}$$

证明 若 m_j 为偶数, 则 $\mu_j = \dfrac{m_j}{2}$. 取 $d_3 = d_5 = \cdots = 0$, 在 (8.3.25) 右边和式中将出现

$$-d_2|w_{\mu_j+1}|^2 - d_4|w_{\mu_j+2}|^2 - \cdots - d_{m_j}|w_{m_j}|^2 - \sum C_{li} w_l \bar{w}_i,$$

其中 C_{li} 当 $l = i$ 时为零. 于是, 依次地选取 $d_2, \cdots, d_{m_j}$ 为充分负的常数, 即有 (8.3.26) 式.

若 m_j 为奇数, 又 $\alpha_j > 0$, 则 $\mu_j = \dfrac{m_j+1}{2}$. 这时取 $d_2 = d_4 = \cdots = 0$, 在 (8.3.25) 右边和式中将出现

$$-d_1|w_{\mu_j+1}|^2 - d_3|w_{\mu_j+2}|^2 - \cdots - d_{m_j}|w_{m_j}|^2 - \sum C_{li} w_l \bar{w}_i.$$

其中 C_{li} 当 $l = i$ 时为零. 于是, 依次地选取 $d_1, d_3, \cdots, d_{m_j}$ 为充分负的常数, 即有 (8.3.26) 式.

若 m_j 为奇数, 又 $\alpha_j < 0$, 则 $\mu_j = \dfrac{m_j-1}{2}$, 这时的讨论相仿. 引理证毕. ■

利用引理 8.3.4 可知, 对任意 $\rho > 0$, 可以选取形如 (8.3.22) 的矩阵 E_j $(j = 1, \cdots, k)$, 使得每个矩阵 E_j 中的元素 d_1 满足 $d_1 \alpha_j > 3$, 而且使得具有形式 (8.3.19) 的矩阵 $r(X_0)$ 满足

$$-(r(X_0)w, w) \geqslant C''(-|w^+|^2 + \rho|w^-|^2), \quad \forall w \in \mathbb{C}^N. \tag{8.3.27}$$

式中 $w^\pm$ 为 w 在

$$E^+ \oplus E^- = \left(\bigoplus_{j=1}^{k} \mathbb{C}^{\mu_j} \oplus \mathbb{C}^{m_+} \right) \bigoplus \left(\bigoplus_{j=1}^{k} \mathbb{C}^{m_j-\mu_j} \oplus \mathbb{C}^{m_-} \right)$$

上的分解.

由于 (8.1.6) 满足 Lopatinski 条件, 故如本节第一段的方法可知

$$|w^+|^2 \leqslant C'|B^+w^+|^2 \leqslant 2C'(|w^-|^2 + |Bw|^2).$$

所以

$$
\begin{aligned}
-(r(X_0)w, w) &\geqslant -C''|w^+|^2 + \rho C''|w^-|^2 \\
&\geqslant |w^+|^2 - (C''+1)|w^+|^2 + \rho C''|w^-|^2 \\
&\geqslant |w^+|^2 + \rho C''|w^-|^2 - 2C'(C''+1)|w^-|^2 - 2C'(C''+1)|Bw|^2.
\end{aligned}
$$

从而当 ρ 取充分大时可以使不等式 (8.3.4) 成立.

至此, 我们已证得了按 (8.3.19) 所决定的 $r(X)$ 满足定理 8.3.1 中对称化子的一切要求. 从而完成了在 $A(X_0)$ 具有重实特值时对称化子的构造. 定理 8.3.1 也已获证.

§4. 能量不等式

本节中利用前面的结果建立能量不等式. 读者将从本节的做法可见, 微局部的能量不等式是如何被拼接为整体的能量不等式的, 并从中体会到微局部分析的基本思想.

对于问题 (8.1.5), 设它的边界条件为满足 Lopatinski 条件的, 我们来建立能量不等式, 先在内点建立局部的能量不等式, 即

定理 8.4.1　设 P 为严格双曲算子, 其系数在一个紧集外为常系数, 则存在 γ_0 与 C, 使得

$$\gamma\|u\|_{0,\gamma} \leqslant C\|Pu\|_{0,\gamma}, \quad \gamma \geqslant \gamma_0 \tag{8.4.1}$$

对一切 $u \in C_c^\infty(\mathbb{R}_+^{n+1})$ 成立, 其中 $\mathbb{R}_+^{n+1}$ 表示 (t,x) 空间中 $x_n > 0$ 的区域.

证明　在第六章中已证明, 对于严格双曲算子 $P = D_t - H$ 存在 $\mathbb{R}_+^{n+1} \times (\mathbb{R}^n \backslash \{0\})$ 上的 $N \times N$ Hermite 矩阵 $r_0(t, x, \xi)$ 关于 ξ 为零阶的, 本身及其各阶导数在 $|\xi| = 1$ 上有界, 又满足

(1) $r_0(t, x, \xi)h_1(t, x, \xi)$ 为 Hermite 阵;

(2) $(r_0 w, w) \geqslant c|w|^2, \ \forall w \in \mathbb{C}^N,$ 　　　　　　(8.4.2)

其中 h_1 为 H 的主象征, $c > 0$ 不依赖于 t, x, ξ. 于是, 以 R 表示具象征 r_0 的拟微分算子, 并记 $Pu = f$, 则有

$$\frac{1}{2}\frac{d}{dt}e^{-2\gamma t}(Ru, u)$$

$$= -\gamma e^{-2\gamma t}(Ru, u) + \frac{1}{2}e^{-2\gamma t}(RiD_t u, u)$$

$$+ \frac{1}{2}e^{-2\gamma t}(Ru, iD_t u) + \frac{1}{2}e^{-2\gamma t}(R_t' u, u)$$

$$= -\gamma e^{-2\gamma t}(Ru, u) + \frac{1}{2}e^{-2\gamma t}((iRHu, u) + (iRf, u))$$

$$+ \frac{1}{2}e^{-2\gamma t}(Ru, iHu) + \frac{1}{2}e^{-2\gamma t}(Ru, if) + \frac{1}{2}e^{-2\gamma t}(R_t' u, u)$$

$$= -\gamma e^{-2\gamma t}(Ru, u) - e^{-2\gamma t}\mathrm{Im}(RHu, u)$$

$$+ e^{-2\gamma t}\mathrm{Im}(Ru, f) + \frac{1}{2}e^{-2\gamma t}(R_t' u, u).$$

关于 t 在 $(-\infty, +\infty)$ 上积分两边, 得

$$\gamma \int (Re^{-\gamma t}u, e^{-\gamma t}u)dt = -\int \mathrm{Im}(RHe^{-\gamma t}u, e^{-\gamma t}u)dt$$

$$+ \int \mathrm{Im}(Re^{-\gamma t}u, e^{-\gamma t}f)dt + \frac{1}{2}\int (R_t' e^{-\gamma t}u, e^{-\gamma t}u)dt.$$

$$(8.4.3)$$

利用 (8.4.2) 知

$$|\mathrm{Im}(RHe^{-\gamma t}u, e^{-\gamma t}u)|$$

$$= \left|((RH - H^*R)e^{-\gamma t}u, e^{-\gamma t}u)\right| = O(\|e^{-\gamma t}u(t, \cdot)\|^2).$$

由于 R_t' 是有界的. 故 $|(R_t' e^{-\gamma t}u, e^{-\gamma t}u)| = O(\|e^{-\gamma t}u(t, \cdot)\|^2)$. 利用 (8.4.2) 中所示的 r_0 的正定性, 并利用 Gårding 不等式, 易由 (8.4.3) 导得

$$C''\gamma\|u\|_{0,\gamma}^2 \leqslant C'\|u\|_{0,\gamma}\|f\|_{0,\gamma} + C'\|u\|_{0,\gamma}^2.$$

于是, 利用 Schwarz 不等式, 并取 γ 充分大, 即得 (8.4.1) 式. 定理证毕. ∎

现考虑边值问题的解, 我们将证明它们也满足一类能量不等式. 下面, 我们先设边值问题已化成 (8.1.7) 的形式.

定理 8.4.2　对于问题 (8.1.7), 若一致 Lopatinski 条件满足, 则存

在正常数 C 与 γ_0, 使对一切 $u \in C_c^\infty(\bar{\mathbb{R}}_+^{n+1})$ 成立

$$\gamma\|u\|_{0,\gamma}^2 + |u|_{0,\gamma}^2 \leqslant C\left(\frac{1}{\gamma}\|P_\gamma u\|_{0,\gamma}^2 + |B_\gamma u|_{0,\gamma}^2\right), \quad \gamma \geqslant \gamma_0. \qquad (8.4.4)$$

证明 根据定理 8.3.1 知, 对一切 $X_0 \in \mathscr{X} \cap \{\sigma^2 + |\xi'|^2 + \gamma^2 = 1\}$, 在 X_0 的邻域中存在该定理所要求的 $r(X)$ 与 $T(X)$. 我们暂先设 $r(X)$, $T(X)$ 在 $\mathscr{X} \cap \{\sigma^2 + |\xi'|^2 + \gamma^2 = 1\}$ 上整体地定义, 且 $T(X) = I$, 这时能量不等式的导出比较简单, 然后再指出在一般情形下如何将局部的能量不等式互相拼接.

当 $r(X)$, $T(X)$ 在 $\mathscr{X} \cap \{\sigma^2 + |\xi'|^2 + \gamma^2 = 1\}$ 上整体地定义时, 在定理 8.3.1 中出现的 $e(X)$, $h(X)$ 也整体地存在. $r(X)$, $T(X)$ 都可作为 (σ, ξ', γ) 的正齐零次函数而延拓到 $\mathscr{X}$ 中. 仿照定理 8.4.1 的推导, 并将 $D_t - H$ 用 $D_{x_n} - A_\gamma$ 替换, 则对任意的 $u \in C_c^\infty(\bar{\mathbb{R}}_+^{n+1})$ 有

$$\frac{d}{dx_n}(R_\gamma u, u)_{0,\gamma} = -2\mathrm{Im}(R_\gamma A_\gamma u, u)_{0,\gamma} + 2\mathrm{Im}(R_\gamma u, f)_{0,\gamma} + (R'_{x_n} u, u)_{0,\gamma}.$$
$$(8.4.5)$$

由条件 (8.3.1) 知 $\mathrm{Im}\, r(X)A(X) = \mathrm{diag}(h(X), e(X))$. 故 $h(X)$, $e(X)$ 关于 (σ, ξ', γ) 为正齐一次函数, 由条件 (8.3.2) 知 $\dfrac{1}{\gamma}h(X)$ 为正定零阶象征, 从而可应用 Gårding 不等式于与此象征对应的拟微分算子. 同理, 由条件 (8.3.3) 知 $(\sigma^2 + |\xi'|^2 + \gamma^2)^{-1}e(X)$ 为零阶象征, 从而也可以将 Gårding 不等式应用于与此象征对应的拟微分算子. 所以, 我们利用定理 8.3.1 的结论可推得不等式

$$\mathrm{Im}(R_\gamma A_\gamma u, u)_{0,\gamma} \geqslant c_0|\Lambda_\gamma u|_{0,\gamma}^2 - C_0|u|_{0,\gamma}^2.$$

当 γ 充分大时, 有

$$\mathrm{Im}(R_\gamma A_\gamma u, u)_{0,\gamma} \geqslant \frac{1}{2}c_0\gamma|u|_{0,\gamma}^2. \qquad (8.4.6)$$

又由 (8.3.4) 知, 在 $x_n = 0$ 上

$$(R_\gamma u, u)_{0,\gamma} \leqslant C|B_\gamma u|_{0,\gamma}^2 - c|u|_{0,\gamma}^2. \qquad (8.4.7)$$

现在将 (8.4.5) 关于 x_n 在区间 $(0, +\infty)$ 上积分, 并将 (8.4.6), (8.4.7)

代入, 可得

$$c'|u|_{0,\gamma}^2 + C_0\gamma\|u\|_{0,\gamma}^2 \leqslant C_1(\|u\|_{0,\gamma}\|f\|_{0,\gamma} + \|u\|_{0,\gamma}^2) + C|B_\gamma u|_{0,\gamma}^2. \quad (8.4.8)$$

再利用 Schwarz 不等式并取 γ 充分大, 即有 (8.4.4) 式.

我们指出, 若 $T(X) \neq I$, 则证明过程中只需将 A_γ 改成为 $\tilde{A}_\gamma = T^{-1}A_\gamma T$, 并不增加新的困难.

今若 $r(X), T(X)$ 仅在每一点

$$X_0 \in \mathscr{X} \cap \{\sigma^2 + |\xi'|^2 + \gamma^2 = 1\}$$

的邻域 V 中定义. 由于矩阵 A_γ, B_γ 当 $t + |x|$ 充分大时不依赖于 t, x, 我们可以引入 $\mathscr{X}$ 中的一个单位分解. 即找到 $(t, x, \sigma, \xi', \gamma)$ 空间中的一个有限锥开集组 $\{V_\alpha\}$(关于 σ, ξ', γ 具有锥性质), 使 $\bigcup_\alpha V_\alpha \supset \mathscr{X}$ 而在每个开区域 V_α 中存在定理 8.3.1 所需要的 $r(X)$ 与 $T(X)$. 又对每个 V_α, 有 $\varphi_\alpha \in C_c^\infty(V_\alpha)$, 且在整个 $\mathscr{X}$ 上 $\sum \varphi_\alpha \equiv 1$. 此外, 每个 φ_α 关于 σ, ξ', γ 为正齐零次的函数.

在每个 V_α 中作 $C^\infty(V_\alpha)$ 函数 ψ_α, 使 ψ_α 在 supp φ_α 上恒等于 1, supp $\psi_\alpha \subset V_\alpha, 0 \leqslant \psi_\alpha \leqslant 1$, 且 ψ_α 关于 (σ, ξ', γ) 也是正齐零次的. 再作以 φ_α 为象征的拟微分算子 $(\varPhi_\alpha)_\gamma$ (见 (8.1.2) 式), 显然, 对任意 $u \in C_c^\infty(\bar{\mathbb{R}}_+^{n+1})$, 必有 $(\varPhi_\alpha)_\gamma u \in C_c^\infty(\bar{\mathbb{R}}_+^{n+1})$.

以下为记号简单起见省略脚标 α, 以 $r\psi + I(1 - \psi)$ 代替 r, 以 $T\psi + I(1 - \psi)$ 代替 T, 则 $r(X), T(X)$ 在 $\mathscr{X}$ 上整体地定义, 且在 supp φ_α 上定理 8.3.1 的结论成立. 利用定理 4.2.1 可知, 若以 $e(X), h(X)$ 代替定理 4.2.1 中的 a, 以 $\varPhi_\gamma u$ 代替 u, 仍有 Gårding 不等式成立. 而由引理 8.1.1 知, 当 γ 充分大时所有的误差项均充分小. 于是对 $\varPhi_\gamma u$ (8.4.4) 式成立:

$$\gamma\|\varPhi_\gamma u\|_{0,\gamma}^2 + |\varPhi_\gamma u|_{0,\gamma}^2 \leqslant C\left(\frac{1}{\gamma}\|P_\gamma\varPhi_\gamma u\|_{0,\gamma}^2 + |B_\gamma\varPhi_\gamma u|_{0,\gamma}^2\right). \quad (8.4.9)$$

将每个 V_α 中成立的不等式 (8.4.9) 关于 α 求和, 可得

$$\gamma\|u\|_{0,\gamma}^2 + |u|_{0,\gamma}^2 \leqslant C\left(\frac{1}{\gamma}\|P_\gamma u\|_{0,\gamma}^2 + |B_\gamma u|_{0,\gamma}^2\right)$$

$$+ C\left(\frac{1}{\gamma}\sum_\alpha \|[P_\gamma, \Phi_\gamma]u\|_{0,\gamma}^2 + \sum_\alpha |[B_\gamma, \Phi_\gamma]u|_{0,\gamma}^2\right).$$

由于 $[P_\gamma, \Phi_\gamma]$ 为零阶的, $[B_\gamma, \Phi_\gamma]$ 为 -1 阶的, 故

$$\|[P_\gamma, \Phi_\gamma]u\|_{0,\gamma} \leqslant C'\|u\|_{0,\gamma},$$

$$|[P_\gamma, \Phi_\gamma]u|_{0,\gamma} \leqslant \frac{C'}{\gamma}|u|_{0,\gamma}.$$

故取 γ 充分大, 仍得 (8.4.4) 式. 定理证毕. ∎

进而, 对于在一般区域 $\mathbb{R}_t \times \Omega$ 上的边值问题, 我们也有

定理 8.4.3 *若严格双曲型方程组的边值问题*

$$\begin{cases} (Pu)(t,x) = f(t,x), & \text{在 } \mathbb{R}_t \times \Omega \text{ 中}, \\ (Bu)(t,x') = g(t,x'), & \text{在 } \mathbb{R}_t \times \partial\Omega \text{ 上} \end{cases} \tag{8.4.10}$$

满足一致 Lopatinski 条件, P 与 B 的系数在一紧集外为常系数, 则存在正常数 C 与 γ_0, 使

$$\gamma\|u\|_{0,\gamma}^2 + |u|_{0,\gamma}^2 \leqslant C\left(\frac{1}{\gamma}\|Pu\|_{0,\gamma}^2 + |Bu|_{0,\gamma}^2\right), \quad \gamma \geqslant \gamma_0 \tag{8.4.11}$$

对一切 $u \in C_c^\infty(\mathbb{R}_t \times \bar{\Omega})$ 成立.

证明 由于 P 为微分算子, B 为乘法算子, 故 $P_\gamma = P$, $B_\gamma = B$. 对于有界开集 Ω, 考虑 $\bar{\Omega}$ 的一个覆盖 $\{U_j\}_{j=0,\cdots,J}$. 且使 $\bigcup\limits_{j=1}^{J} U_j \supset \partial\Omega$. 作从属于 $\{U_j\}$ 的单位分解 $1 \equiv \sum \varphi_j$, 其中 $\varphi_j \in C_c^\infty(U_j)$. 则若 $u \in C_c^\infty(\mathbb{R} \times \bar{\Omega})$, 对于 $\varphi_0 u$ 由定理 8.4.1 知

$$\gamma\|\varphi_0 u\|_{0,\gamma}^2 \leqslant C\gamma^{-1}\|P(\varphi_0 u)\|_{0,\gamma}^2, \quad \gamma \geqslant \gamma_0.$$

由于 $P(\varphi_0 u) = \varphi_0 Pu + [P, \varphi_0]u$, 而 $[P, \varphi_0]$ 为零阶的, 故

$$\gamma\|\varphi_0 u\|_{0,\gamma}^2 \leqslant \frac{C'}{\gamma}\|Pu\|_{0,\gamma}^2 + \frac{C''}{\gamma}\|u\|_{0,\gamma}^2, \quad \gamma \geqslant \gamma_0. \tag{8.4.12}$$

又对于区域 U_j, 作边界的展平, 即作一个坐标变换 $x = Ty$, 使 $\bar{\Omega} \cap U_j$ 对应于 $y_n = 0$ 中的 V_j, 而 $\partial\Omega \cap U_j$ 对应于 $\{x_n = 0\} \cap V_j$,

在此变换下 P, B 分别变成 $\tilde{P}$, $\tilde{B}$, 其中 $\tilde{P}$ 仍为严格双曲的, 且一致 Lopatinski 条件仍满足. 此外, 范数 $\|\ \|_{0,\gamma}$ 与 $|\ |_{0,\gamma}$ 在两个坐标系中为等价的, 由于 $\varphi_j u$ 在 V_j 外为零, 故可以将 $\tilde{P}$, $\tilde{B}$ 分别延拓到 $\mathbb{R}_+^{n+1}$ 与 $\mathbb{R}^n$, 使 $\tilde{P}$ 的严格双曲性、一致 Lopatinski 条件均满足, 且其系数在一个紧集外为常系数. 于是, 利用定理 8.4.2 可得, 当 $\gamma \geqslant \gamma_0$ 时

$$\gamma \|\varphi_j u\|_{0,\gamma}^2 + |\varphi_j u|_{0,\gamma}^2 \leqslant C \left(\frac{1}{\gamma} \|P\varphi_j u\|_{0,\gamma}^2 + |B\varphi_j u|_{0,\gamma}^2 \right)$$

$$\leqslant C' \left(\frac{1}{\gamma} \|Pu\|_{0,\gamma}^2 + |Bu|_{0,\gamma}^2 \right) + \frac{C''}{\gamma} \|u\|_{0,\gamma}^2.$$

$$(8.4.13)$$

将 (8.4.12) 与关于所有 j 的 (8.4.13) 式相加, 并取 γ_0 充分大, 即有 (8.4.11) 式. 定理证毕. ∎

§5. 无初始条件的边值问题之求解

现在利用能量不等式导出问题 (8.1.5) 的解的存在性, 我们先作出问题 (8.1.5) 的共轭问题, 并说明共轭问题也满足一致 Lopatinski 条件, 从而可以对共轭问题建立类似的能量不等式.

我们所考察的原始问题为

$$\begin{cases} Pu = f, & \text{在 } \mathbb{R}_t \times \Omega \text{ 中}, \\ Bu = g, & \text{在 } \mathbb{R}_t \times \partial\Omega \text{ 上}, \end{cases} \qquad (8.5.1)$$

其中 $P = D_t + \sum\limits_{j=1}^{} M_j D_{xj} + C$, B 是秩为 d 的 $d \times N$ 矩阵, (P, B) 在一个紧集外为常系数算子. 若以 ν 记边界 $\partial\Omega$ 的外法向,

$$M(t, x') = -\sum_{j=1}^{} \nu_j(x') M_j(t, x'),$$

则对任意的 N 维向量函数 $\varphi, \psi \in C_c^\infty(\mathbb{R}_t \times \bar{\Omega})$ 成立

$$((P\varphi, \psi)) = ((\varphi, P^*\psi)) + i(M\varphi, \psi). \qquad (8.5.2)$$

由于边界非特征, 故 M 非奇异, 我们指出可以找到 C^∞ 的 $d \times N$ 矩阵

$\tilde{A}$ 与 $(N-d) \times N$ 矩阵 A, $\tilde{B}$, 使得对任意的 α, $\beta \in \mathbb{C}^N$,

$$\langle M\alpha, \beta \rangle_{\mathbb{C}^N} = \langle B\alpha, \tilde{A}\beta \rangle_{\mathbb{C}^d} + \langle A\alpha, \tilde{B}\beta \rangle_{\mathbb{C}^{N-d}} \qquad (8.5.3)$$

成立, 式中 $\langle \ , \ \rangle$ 表示复向量空间的内积. 事实上, 若在适当的基选取下, B 将 $e_{d+1}, \cdots, e_N$ 变成零, 即 $\mathrm{Ker}\, B = \{e_{d+1}, \cdots, e_N\}$, 则可以取 A 为 $\mathbb{C}^N$ 到 $\{e_{d+1}, \cdots, e_N\}$ 的投影. 算子 A, B 可以用矩阵形式写成

$$B = (\ast_{d \times d} \vdots 0_{d \times (N-d)}), \quad A = (0_{(N-d) \times d} \vdots I_{(N-d) \times (N-d)}). \qquad (8.5.4)$$

于是, 对任一 $\alpha \in \mathbb{C}^N$, 将它作关于 $\mathrm{Ker}\, A \oplus \mathrm{Ker}\, B$ 的分解: $\alpha = \alpha_1 + \alpha_2$, 同时将 M 写成分块形式 $M = (M_1 \vdots M_2)$, 其中 M_1, M_2 分别由 M 的前 d 列与后 $(N-d)$ 列组成, 则 (8.5.3) 式等价于

$$\langle M_1 \alpha_1, \beta \rangle_{\mathbb{C}^N} = \langle B_1 \alpha_1, \tilde{A}\beta \rangle_{\mathbb{C}^d},$$

$$\langle M_2 \alpha_2, \beta \rangle_{\mathbb{C}^N} = \langle \alpha_2, \tilde{B}\beta \rangle_{\mathbb{C}^{N-d}}.$$

故取

$$\tilde{B} = \begin{pmatrix} M_2^* \\ 0 \end{pmatrix}, \quad \tilde{A} = \begin{pmatrix} (M_1 B_1^{-1})^* \\ 0 \end{pmatrix}.$$

就得 (8.5.3).

我们还指出, 在上述 A, $\tilde{A}$, $\tilde{B}$ 的选取下, 有 $\mathbb{C}^N = \mathrm{Ker}\, A \oplus \mathrm{Ker}\, B$ 与 $\mathbb{C}^N = \mathrm{Ker}\, \tilde{A} \oplus \mathrm{Ker}\, \tilde{B}$. 前者是显然的事实. 为说明后者, 注意到 B_1 满秩, 故有以下的等式:

$$\mathrm{Ker}\, \tilde{B} \oplus \mathrm{Ker}\, \tilde{A} = \mathrm{Ker}\, M_2^* \oplus \mathrm{Ker}(M_1 B_1^{-1})^*$$

$$= (\mathrm{Im}\, M_2)^\perp \oplus (\mathrm{Im}\, M_1 B_1^{-1})^\perp = (\mathrm{Im}\, M_2 \cap \mathrm{Im}\, M_1 B_1^{-1})^\perp$$

$$= (\mathrm{Im}\, M_2 \cap \mathrm{Im}\, M_1)^\perp = 0^\perp = \mathbb{C}^N.$$

于是, 我们引入如下的定义

定义 8.5.1 对于给定的问题 (8.5.1), 构造边值问题

$$\begin{cases} P^* u = \tilde{f}, & \text{在 } \mathbb{R}_t \times \Omega \text{ 中,} \\ \tilde{B} u = \tilde{g}, & \text{在 } \mathbb{R}_t \times \partial\Omega \text{ 上,} \end{cases} \qquad (8.5.5)$$

其中 $\tilde{B}$ 为前面所决定的满足 (8.5.3) 的矩阵, 则称问题 (8.5.5) 为问题 (8.5.1) 的**共轭问题**.

为记号简单起见, 我们也称问题 $(P^*, \tilde{B})$ 为问题 (P, B) 的**共轭问题**.

引理 8.5.1 若边值问题 (8.5.5) 为问题 (8.5.1) 的共轭问题, 则 (8.5.1) 也是 (8.5.5) 的共轭问题.

证明 由 (8.5.2) 可得, 对任意的 $\varphi, \psi \in C_c^\infty(\mathbb{R}_t \times \bar{\varOmega}, \mathbb{C}^N)$ 成立

$$((P^*\psi, \varphi)) = ((\psi, P\varphi)) + i(M^*\psi, \varphi). \tag{8.5.6}$$

由于 $(P^*)^* = P$, 而 M^* 恰好就是 P^* 的系数与边界外法向 ν 所作出的边界矩阵. 故我们只需说明, 能找到 C^∞ 的 $(N-d) \times N$ 矩阵 $\tilde{G}$ 与 $d \times N$ 矩阵 G, 使

$$\langle M^*\alpha, \beta \rangle_{\mathbb{C}^N} = \langle \tilde{B}\alpha, \tilde{G}\beta \rangle_{\mathbb{C}^{N-d}} + \langle G\alpha, B\beta \rangle_{\mathbb{C}^d}, \quad \forall \alpha, \beta \in \mathbb{C}^N. \tag{8.5.7}$$

就可断定 (P, B) 为 $(P^*, \tilde{B})$ 的共轭问题. 现与 (8.5.3) 相比较知, 这只需令 $\tilde{G} = A$, $G = \tilde{A}$ 就有 (8.5.7) 成立. 引理证毕. ∎

引理 8.5.2 若边值问题 (8.5.1) 满足 Lopatinski 条件, 则共轭边值问题 (8.5.5) 满足后向一致 Lopatinski 条件 (即将原一致 Lopatinski 条件中的 $\gamma \geqslant 0$ 换成 $\gamma \leqslant 0$).

证明 在以下证明中为避免混淆, 对共轭边值问题中所引入的算子, 边界矩阵及有关空间均加上 $\sim$. 又若我们事先将 P 写成 $D_{x_n} - A$ 的形式, 则在 (8.5.2) 中的矩阵 M 即为单位矩阵 I, 故以下不妨设 $M = I$.

现先计算 $\tilde{E}^+(\sigma, \xi', -\gamma)$. 由 §2 知, $\tilde{E}^+$ 为 $\tilde{P}^+$ 的投影. 由于当 $\gamma > 0$ 时,

$$P^\pm = \frac{1}{2\pi i} \int_{C^\pm} p(\tau, \xi', \xi_n)^{-1} d\xi_n,$$

其中 $C^\pm$ 为复平面上环绕 $\det p(\tau, \xi', \xi_n)$ 的零点的回路. 所以

$$\tilde{P}^+(\sigma, \xi', -\gamma) = \frac{1}{2\pi i} \int_{C^+} \tilde{p}(\bar{\tau}, \xi', \xi_n)^{-1} d\xi_n$$

$$= \frac{1}{2\pi i} \int_{C^+} (p^*(\tau, \xi', \xi_n))^{-1} d\xi_n$$

$$= (P^-(\sigma, \xi', \gamma))^*,$$

上式中 $\tilde{p}$ 指 p 的系数的共轭, p^* 指整个矩阵 $p(\tau, \xi', \xi_n)$ 的共轭. 由此知

$$\tilde{E}^+(\sigma, \xi', -\gamma) = E^+(\sigma, \xi', \gamma)^\perp, \quad \gamma > 0. \tag{8.5.8}$$

由连续性知上式对 $\gamma \geqslant 0$ 成立. 于是

$$\begin{aligned}
\mathrm{Ker}\,\tilde{B} \cap \tilde{E}^+(\sigma, \xi', -\gamma) &= (\mathrm{Ker}\,B)^\perp \cap E^+(\sigma, \xi', \gamma)^\perp \\
&= (\mathrm{Ker}\,B \oplus E^+(\sigma, \xi', \gamma))^\perp \\
&= (\mathbb{C}^N)^\perp = \{0\}.
\end{aligned}$$

又因为 $\dim(\mathrm{Ker}\,\tilde{B}) + \dim \tilde{E}^+(\sigma, \xi', -\gamma) = d + N - d = N$, 所以 $\tilde{B}$ 在 $\tilde{E}^+(\sigma, \xi', -\gamma)$ 上的限制为同构映射, 这就是一致 Lopatinski 条件所要求的. 引理证毕. ∎

由此我们可以导出下面关于解的存在性、唯一性与正则性定理等.

定理 8.5.1 *存在 $\gamma_0 > 0$, 使得对一切 $\gamma > \gamma_0$, 只要*

$$f \in e^{\gamma t} L^2(\mathbb{R}_t \times \Omega), \quad g \in e^{\gamma t} L^2(\mathbb{R}_t \times \partial\Omega),$$

必存在 $u \in e^{\gamma t} L^2(\mathbb{R}_t \times \Omega)$ 满足 (8.5.1).

证明 我们先指出, 若能得到 $u \in e^{\gamma t} L^2(\mathbb{R}_t \times \Omega)$, 则由 u, $Pu \in e^{\gamma t} L^2(\mathbb{R}_t \times \Omega)$ 可推出 u 在 $\mathbb{R}_t \times \partial\Omega$ 上的迹有意义, 它属于 $H_{\mathrm{loc}}^{-\frac{1}{2}}(\mathbb{R}_t \times \partial\Omega)$, 而且

$$((Pu, \psi)) = ((u, P^*\psi)) + i(Mu, \psi), \quad \forall \psi \in C_c^\infty(\mathbb{R}_t \times \bar{\Omega}) \tag{8.5.9}$$

成立.

关于问题 (8.5.1) 解的存在性的证明可采用标准格式通过其共轭问题的能量不等式得出. 设 $(P^*, \tilde{B})$ 为 (P, B) 的共轭问题, 定义空间

$$E = \{\psi \in C_c^\infty(\mathbb{R}_t \times \bar{\Omega}); \tilde{B}\psi = 0\}.$$

又定义 P^*E 上的线性泛函 l:

$$l(P^*\psi) = ((f, \psi)) - i(g, \tilde{A}\psi), \tag{8.5.10}$$

则有

$$|l(P^*\psi)| \leqslant C(|((f,\psi))| + |(g,\tilde{A}\psi)|)$$

$$\leqslant C\|f\|_{0,\gamma}\|\psi\|_{0,-\gamma} + C|g|_{0,\gamma}|\psi|_{0,-\gamma}.$$

利用共轭问题的能量不等式

$$l(P^*\psi) \leqslant C\,\|P^*\psi\|_{0,-\gamma}\left(\frac{1}{\gamma}\|f\|_{0,\gamma} + \frac{1}{\sqrt{\gamma}}|g|_{0,\gamma}\right),$$

于是, l 是 P^*E 上按 $\|\cdot\|_{0,-\gamma}$ 模的线性有界泛函. 利用 Hahn-Banach 定理将 l 延拓到全空间 $e^{-\gamma t}L^2(\mathbb{R}_t \times \Omega)$, 再由 Riesz 表示定理知, 存在 $u \in e^{\gamma t}L^2(\mathbb{R}_t \times \Omega)$, 使

$$((u, P^*\psi)) = ((f, \psi)) - i(g, \tilde{A}\psi). \tag{8.5.11}$$

取 $\psi \in C_c^\infty(\mathbb{R}_t \times \Omega)$, 即可推出 $Pu = f$.

再取 $\psi \in C_c^\infty(\mathbb{R}_t \times \bar{\Omega})$, 并利用 (8.5.9) 式可导得

$$(Mu, \psi) = (g, \tilde{A}\psi), \quad \forall \psi \in E.$$

再利用 (8.5.3) 式, 有

$$(Bu - g, \tilde{A}\psi) = 0, \quad \forall \psi \in E. \tag{8.5.12}$$

利用定义 8.5.1 前导出的等式 $\mathbb{C}^N = \operatorname{Ker} \tilde{A} \oplus \operatorname{Ker} \tilde{B}$. 可知, $\tilde{A}$ 在 $\operatorname{Ker} \tilde{B}$ 上的限制为同构, 所以 $\tilde{A}$ 将 $\operatorname{Ker} \tilde{B}$ 映射到整个 $\mathbb{C}^d$ 上, 从而由 (8.5.12) 知 $Bu = g$. 定理证毕. ■

以下讨论边值问题 (8.5.1) 的解的正则性. 在此我们利用 Hörmander 的方法, 对于 $H^s(\mathbb{R}^n)$ 函数 u, 引入 $|\cdot|_{s,\delta}$ 模:

$$|u|_{s,\delta}^2 = \int (1 + |\xi|^2)^{s+1}(1 + |\delta\xi|^2)^{-1}|\hat{u}(\xi)|^2 d\xi. \tag{8.5.13}$$

它具有性质: 对 $u \in H^{s+1}$, $\lim\limits_{\delta \to 0}|u|_{s,\delta} = |u|_{s+1}$, 而且当 $0 < \delta \leqslant 1$ 时 $|u|_{s,\delta}$ 的一致有界性可以推出 $u \in H^{s+1}$. 此外, $|u|_{s,\delta}$ 还可以用 u 的磨光函数 $\rho_\varepsilon * u$ 的积分来估计:

$$C_1|u|_{s,\delta}^2 \leqslant |u|_s^2 + \int_0^1 |\rho_\varepsilon * u|_{L^2}^2 \varepsilon^{-2(s+1)}\left(1 + \frac{\delta^2}{\varepsilon^2}\right)^{-1}\frac{d\varepsilon}{\varepsilon}$$

$$\leqslant C_2 |u|^2_{s,\delta}. \tag{8.5.14}$$

这里 $\rho_\varepsilon(x) = \rho\left(\dfrac{x}{\varepsilon}\right)$ 是 $C_c^\infty(\mathbb{R}^n)$ 函数, 它对某个 $h > s+1$ 满足

$$\hat{\rho}(\xi) = O(|\xi|^h), \quad \xi \to 0 \tag{8.5.15}$$

以及

$$\hat{\rho}(t\xi) = 0 \text{ 对一切实数 } t \text{ 成立} \Rightarrow \xi = 0. \tag{8.5.16}$$

显然, 函数 $\rho(x)$ 可以取为 $\Delta^h\theta$, 其中 $\theta(x) \in C_c^\infty(\mathbb{R}^n)$, $\hat{\theta}(0) \neq 0$.

引入了 $|\cdot|_{s,\delta}$ 模, 就可以使提高函数 u 的正则性的证明化为 $|\cdot|_{s,\delta}$ 模一致有界性的证明. 而 (8.5.14) 式又使我们只需估计 $|\rho_\varepsilon * u|^2_{L^2}$ 带权的积分, 所以我们在证明问题 (8.5.1) 解的正则性定理时实际上只需用到零阶能量不等式 (8.4.4). 此外, 我们还需要一个关于换位算子的估计, 若 Q 为 m 阶微分算子, 具有 C^∞ 系数, 则对 $u \in H^{s+m-1}, 0 < \delta \leqslant 1$ 成立

$$\int_0^1 |[Q, \rho_\varepsilon *]u|^2_{L^2}\, \varepsilon^{-2(s+1)} \left(1 + \frac{\delta^2}{\varepsilon^2}\right)^{-1} \frac{d\varepsilon}{\varepsilon} \leqslant C|u|^2_{s+m-1,\delta}. \tag{8.5.17}$$

不等式 (8.5.14), (8.5.16) 的证明可以参见 [Ho6], 这里从略.

定理 8.5.2 记 $\Sigma = \mathbb{R}_t \times \bar{\Omega}$, 若 (P, B) 为问题 (8.5.1) 中定义的算子, 则对任意 $k \geqslant -1$, 存在 $\gamma_k > 0$, 使当 $\gamma > \gamma_k$ 时, 若 $u \in e^{\gamma t}H^k(\Sigma) \cap e^{\gamma t}L^2(\Sigma)$, $Pu \in e^{\gamma t}H^{k+1}(\Sigma)$, $u|_{\partial\Sigma} \in e^{\gamma t}H^k(\partial\Sigma)$, $Bu \in e^{\gamma t}H^{k+1}(\partial\Sigma)$, 必有 $u \in e^{\gamma t}H^{k+1}(\Sigma)$, $u|_{\partial\Sigma} \in e^{\gamma t}H^{k+1}(\partial\Sigma)$.

证明 利用局部化与展平边界的办法, 我们不妨设 $\Sigma = \mathbb{R}_+^{n+1}, \partial\Sigma = \mathbb{R}^n$. 并为了记号简单起见, 当 $k \geqslant -1$ 时, 对于 $\varphi \in H^k(\mathbb{R}^n)$, 令

$$\eta_\delta(\varphi) = \int_0^1 |\rho_\varepsilon * \varphi|^2_0\, \varepsilon^{-2(k+1)} \left(1 + \frac{\delta^2}{\varepsilon^2}\right)^{-1} \frac{d\varepsilon}{\varepsilon}, \quad 0 < \delta \leqslant 1,$$

又对于 $\psi \in H^k(\bar{\mathbb{R}}_+^{n+1}) \cap L^2(\bar{\mathbb{R}}_+^{n+1})$, 令

$$N_\delta(\psi) = \int_0^{+\infty} \eta_\delta(\psi(\cdot, x_n)) dx_n, \quad 0 < \delta \leqslant 1.$$

此外, 记 $v = e^{-\gamma t}u$. 则不等式 (8.4.4) 即

$$\gamma\|v\|_0^2 + |v|_0^2 \leqslant C\left(\frac{1}{\gamma}\|P^{(\gamma)}v\|_0 + |Bv|_0\right), \quad \gamma \geqslant \gamma_0,$$

其中 $P^{(\gamma)} = P - i\gamma$. 今将上式中 v 改成 $\rho_\varepsilon * v$, 则得

$$\gamma\|\rho_\varepsilon * v\|_0^2 + |\rho_\varepsilon * v|_0^2$$

$$\leqslant C\left(\frac{1}{\gamma}\|P^{(\gamma)}\rho_\varepsilon * v\|_0 + |B\rho_\varepsilon * v|_0\right)$$

$$\leqslant C\left(\frac{1}{\gamma}\|\rho_\varepsilon * P^{(\gamma)}v\|_0 + \frac{1}{\gamma}\|[P^{(\gamma)}, \rho_\varepsilon*]v\|_0 + \right.$$

$$\left. |\rho_\varepsilon * Bv|_0 + |[B, \rho_\varepsilon*]v|_0\right),$$

其中 $[P^{(\gamma)}, \rho_\varepsilon*] = [P, \rho_\varepsilon*]$, 此式两边乘以

$$\varepsilon^{-2(k+1)}\left(1 + \frac{\delta^2}{\varepsilon^2}\right)^{-1}\frac{1}{\varepsilon},$$

关于 ε 从 0 到 1 积分, 则利用不等式 (8.5.17) 可得

$$\eta_\delta(v) + \gamma N_\delta(v) \leqslant C\left(\frac{1}{\gamma}\int_0^\infty |(Pv)(\cdot, x_n)|_{k,\delta}^2\, dx_n + N_\delta(v)\right.$$

$$\left. + \frac{1}{\gamma}\int_0^\infty |v(\cdot, x_n)|_{k,\delta}^2\, dx_n + |Bv|_{k,\delta}^2 + |v|_{k-1,\delta}^2\right).$$

取 γ 充分大, 利用本定理的假设条件即知 $\eta_\varepsilon(v) + \gamma N_\delta(v)$ 一致有界. 从而令 $\delta \to 0$ 可得 $v \in L^2((0, +\infty), H^{k+1}(\mathbb{R}^n))$ 与 $v|_{x_n=0} \in H^{k+1}(\mathbb{R}^n)$. 再利用边界为非特征的性质知 $v \in H^{k+1}(\mathbb{R}_+^{n+1})$. 定理证毕. ∎

系　对 $k \geqslant 0$, 存在 $\gamma_k > 0$, 使得若 $\gamma \geqslant \gamma_k$, u 满足 $u \in e^{\gamma t}L^2(\Sigma)$, $Pu \in e^{\gamma t}H^k(\Sigma)$, 则 $u \in e^{\gamma t}H^k(\Sigma)$, $u|_{\partial\Sigma} \in e^{\gamma t}H^k(\partial\Sigma)$.

事实上, 由 $u \in e^{\gamma t}L^2(\Sigma)$ 与 $Pu \in e^{\gamma t}L^2(\Sigma)$ 可得

$$u|_{\partial\Sigma} \in e^{\gamma t}H^{-\frac{1}{2}}(\partial\Sigma) \subset e^{\gamma t}H^{-1}(\partial\Sigma).$$

于是, 对 $k = -1$ 可以利用定理 8.5.2 得 $u|_{\partial\Sigma} \in e^{\gamma t}L^2(\partial\Sigma)$. 对递增的整数 k 反复应用定理 8.5.2 即可得系中的结论.

综合以上的结论, 我们将本节中主要结论归结为

定理 8.5.3　若严格双曲型方程组的边值问题 (8.5.1) 满足一致

Lopatinski 条件, 其中算子 P, B 在一个紧集外为常系数算子, 则存在正常数 C 与 γ_0, 使对一切 $\gamma \geqslant \gamma_0$, $f \in e^{\gamma t}L^2(\Sigma)$, $g \in e^{\gamma t}L^2(\partial\Sigma)$. 则 (8.5.1) 存在唯一的解 $u \in e^{\gamma t}L^2(\Sigma)$, 使

$$u|_{\partial\Sigma} \in e^{\gamma t}L^2(\partial\Sigma), \tag{8.5.18}$$

并满足能量不等式

$$\gamma\|u\|_{0,\gamma}^2 + |u|_{0,\gamma}^2 \leqslant C\left(\frac{1}{\gamma}\|f\|_{0,\gamma}^2 + |g|_{0,\gamma}^2\right). \tag{8.5.19}$$

证明　前面的讨论已得到了问题 (8.5.1) 的解的存在性, 为完成定理 8.5.3 的证明, 我们还需说明解的唯一性以及 (8.5.18), (8.5.19) 两式. 我们先利用 $C_c^\infty(\Sigma)$ 在 $e^{\gamma t}H^1(\Sigma)$ 中的稠密性可知能量不等式 (8.4.11) 对一切 $u \in e^{\gamma t}H^1(\Sigma)$ 成立. 今若有 u_1, u_2 均满足 (8.5.1), 则 $v = u_1 - u_2$ 满足

$$\begin{cases} Pv = 0, & \text{在 } \Sigma \text{ 中,} \\ Bv = 0, & \text{在 } \partial\Sigma \text{ 上.} \end{cases}$$

故 v 应当满足 $v \in e^{\gamma t}H^1(\Sigma)$ 以及

$$\gamma\|v\|_{0,\gamma}^2 + |v|_{0,\gamma}^2 \leqslant 0,$$

从而 $v \equiv 0$, 这就是唯一性.

为证解 u 满足 (8.5.18) 与 (8.5.19), 对给定的 f, g, 取定 $f_j \in C_c^\infty(\Sigma)$, $g_j \in C_c^\infty(\partial\Sigma)$. 并使它们在 $e^{\gamma t}L^2$ 中分别收敛于 f, g. 利用前面的结果知, 存在 $u_j \in e^{\gamma t}H^1(\Sigma)$, 使

$$\begin{cases} Pu_j = f_j, & \text{在 } \Sigma \text{ 中,} \\ Bu_j = g_j, & \text{在 } \partial\Sigma \text{ 上.} \end{cases} \tag{8.5.20}$$

由对 $e^{\gamma t}H^1(\Sigma)$ 函数成立的能量不等式可知, $\{u_j\}$ 与 $\{u_j|_{\partial\Sigma}\}$ 分别为 $e^{\gamma t}L^2(\Sigma)$ 与 $e^{\gamma t}L^2(\partial\Sigma)$ 中的 Cauchy 序列. 故它们分别收敛于极限 $v \in e^{\gamma t}L^2(\Sigma)$ 与 $w \in e^{\gamma t}L^2(\partial\Sigma)$. 且 $Pv = f$, 进而有 $u_j|_{\partial\Sigma}$ 在 $H^{-\frac{1}{2}}(\partial\Sigma)$ 中收敛于 $v|_{\partial\Sigma}$, 这又导出 $v|_{\partial\Sigma} = w \in e^{\gamma t}L^2(\partial\Sigma)$. 此即 (8.5.18) 式. 至于 (8.5.19) 可以由 u_j 所满足的能量不等式取极限得到, 定理证毕.　■

　　最后, 我们证明一个有关解的支集的定理. 它说明问题 (8.5.1) 中决定解的资料的 "未来" 部分不对解的 "过去" 部分产生影响.

　　定理 8.5.4　对问题 (8.5.1) 存在 $\tilde{\gamma}_0$, 使对 $\gamma \geqslant \tilde{\gamma}_0$, 若 $f \in e^{\gamma t} L^2(\Sigma)$, $g \in e^{\gamma t} L^2(\partial \Sigma)$, 且 f, g 当 $t < t_0$ 时为零, 则在 $e^{\gamma t} L^2(\Sigma)$ 中的 u 也必当 $t < t_0$ 时为零.

　　证明　设 γ_0 为定理 8.5.3 中所决定的常数, $\tilde{\gamma}_0 \geqslant \gamma_0$. 则对 $\gamma > \tilde{\gamma}_0$, $f \in e^{\gamma t} L^2(\Sigma)$, $g \in e^{\gamma t} L^2(\partial \Sigma)$, 问题 (8.5.1) 有解 $u \in e^{\gamma t} L^2(\Sigma)$. 根据 f, g 支集的特性知, 对任意 j, $f \in e^{(\gamma+j)t} L^2(\Sigma)$, $g \in e^{(\gamma+j)t} L^2(\partial \Sigma)$. 故又可得 $u_j \in e^{(\gamma+j)t} L^2(\Sigma)$, 满足 $Pu_j = f$, $Bu_j = g$. 由能量不等式知

$$\gamma \|u_j\|_{0,\gamma+j} < \frac{1}{\gamma} \|f\|_{0,\gamma+j} + \|g\|_{0,\gamma+j}. \tag{8.5.21}$$

但 f, g 当 $t < t_0$ 时恒为零, 故 (8.5.21) 右边关于 j 一致有界. 所以

$$\sup_j \|u_j\|_{0,\gamma+j} < +\infty. \tag{8.5.22}$$

　　现在来指出若 $\tilde{\gamma}_0$ 充分大, 则所有 u_j 均相等. 事实上, 取 $\theta \in C^\infty(\mathbb{R}_t)$ 满足 $\theta > 0$, 且对 $t \geqslant 1$ 有 $\theta(t) = e^{-t}$, 对 $t \leqslant 0$ 有 $\theta(t) = 1$. 则 $\dfrac{\theta'(t)}{\theta(t)}$ 有界. 从而当 $\tilde{\gamma}_0$ 充分大时, 也能使相应于 $\left(P + \dfrac{i\theta'(t)}{\theta(t)}, B \right)$ 的边值问题成立能量不等式 (8.5.19). 于是, 由

$$\theta(u_{j+1} - u_j) \in e^{(\gamma+j)t} L^2(\Sigma),$$

$$\left(P + \frac{i\theta'(t)}{\theta(t)} \right) (\theta(u_{j+1} - u_j)) = \theta P(u_{j+1} - u_j) = 0,$$

$$B\theta(u_{j+1} - u_j) = 0,$$

以及定理 8.5.3 可知, $\theta(u_{j+1} - u_j) = 0$. 故 $u_{j+1} = u_j$.

　　将 u_j 统一记为 u, 则 (8.5.22) 即说明 $\sup\limits_j \|u\|_{0,\gamma+j} < +\infty$, 任取 $\varphi \in C_c^\infty((-\infty, -\varepsilon) \times \Omega)$. 则对任意 γ 有 $\|\varphi\|_{0,-\gamma} = \|e^{\gamma t} \varphi\|_0 \leqslant C e^{-\gamma \varepsilon}$. 所以

$$|(u, \varphi)| \leqslant \|u\|_{0,\gamma+j} \|\varphi\|_{0,-(\gamma+j)} \leqslant C' e^{-(\gamma+j)\varepsilon}.$$

令 $j \to \infty$, 即得 $(u, \varphi) = 0$. 再由 φ 以及 ε 的任意性可知, u 在 $(-\infty, 0) \times \Omega$ 上为零. 定理证毕. ■

§6. 初边值问题之求解

1. 主要结论

利用前几节的结果, 我们可以讨论以下的初边值问题

$$\begin{cases} Pu = f, & (t, x) \in (0, T) \times \Omega, \\ Bu = g, & (t, x) \in (0, T) \times \partial\Omega, \\ u|_{t=0} = 0, & x \in \Omega. \end{cases} \tag{8.6.1}$$

定理 8.6.1 设 P 为一阶严格双曲算子组, P, B 的系数在紧集外为常系数, 边界 $(0, T) \times \partial\Omega$ 为 C^∞ 光滑的、非特征, 且边界条件满足一致 Lopatinski 条件, 又对整数 $k \geqslant 0$, $f \in H^k([0, T] \times \Omega)$, $g \in H^k([0, T] \times \partial\Omega)$, 以及对 $0 \leqslant j \leqslant k - 1$ 有 $D_t^j f|_{t=0} = 0$, $D_t^j g|_{t=0} = 0$. 则存在唯一的函数 $u \in H^k([0, T] \times \Omega)$ 满足 (8.6.1).

证明 将 f, g 分别延拓到 $\Sigma = \mathbb{R}_t \times \Omega$ 与 $\partial\Sigma = \mathbb{R}_t \times \partial\Omega$ 中, 并使它们在 $t < 0$ 中的值为零. 将延拓后所得的函数分别记为 $\tilde{f}$ 与 $\tilde{g}$. 则 $\tilde{f} \in e^{\gamma t} H^k(\Sigma)$, $\tilde{g} \in e^{\gamma t} H^k(\partial\Sigma)$ 对一切 $\gamma > 0$ 成立. 根据定理 8.5.3 知, 存在解 $\tilde{u} \in e^{\gamma t} H^k(\Sigma)$, 使 $P\tilde{u} = \tilde{f}$. $B\tilde{u} = \tilde{g}$. 而且定理 8.5.4 指出 $\tilde{u}$ 的支集在 $t > 0$ 中. 于是, 取 u 为 $\tilde{u}$ 在 $[0, T] \times \Omega$ 上的限制, 就得到了 $H^k([0, T] \times \Omega)$ 解.

以下指出解的唯一性. 设 $u \in L^2([0, T] \times \Omega)$ 满足 $Pu = 0$, $Bu = 0$, $u|_{t=0} = 0$. 将 u 往 $t < 0$ 作零延拓, 得 $\tilde{u} \in L^2((-\infty, T] \times \Omega)$, 它仍满足 $P\tilde{u} = 0$, $B\tilde{u} = 0$. 现在对任意 $t_0 \in (0, T)$, 取 $\zeta(t) \in C^\infty(\mathbb{R})$, 它满足当 $t < t_0$ 时 $\zeta(t) = 1$, 当 $t > T$ 时 $\zeta(t) = 0$. 则对 $\gamma > 0$ 有

$$\zeta\tilde{u} \in e^{\gamma t} L^2(\Sigma), \quad P(\zeta\tilde{u}) \in e^{\gamma t} L^2(\Sigma), \quad B(\zeta\tilde{u}) \in e^{\gamma t} L^2(\partial\Sigma). \tag{8.6.2}$$

且由于 $P(\zeta\tilde{u})$, $B(\zeta\tilde{u})$ 当 $t < t_0$ 时为零, 故由定理 8.5.4 知 $\zeta\tilde{u}$ 当 $t < t_0$ 时也为 0. 这可导出 u 当 $t < t_0$ 时为零, 由于 t_0 为任意的小于 T 的数, 故知 u 在 $[0, T] \times \partial\Omega$ 中恒为零. 从而得到唯一性. 定理证毕. ■

若 (8.6.1) 中的 f 与 g 在初始平面上不满足 k 阶零点的条件, 或更一般地, 初始条件为非齐次的, 这时为使可微解存在, 就要求成立**相容性条件**, 它的导出如下.

若将 P 写成 $D_t - A(t, x, D_x)$, 并以 $A^{(1)}$ 记 A 对第一变量的导数, 则有

$$D_t = A + P.$$
$$D_t^2 = (A^{(1)} + A \cdot A) + (A + D_t) \cdot P,$$
$$\cdots\cdots$$

等等. 一般地, 有

$$D_t^k = A_k(t, x, D_x) + C_k(t, x, D_t, D_x) \cdot P, \tag{8.6.3}$$

其中 A_k, C_k 可按递推关系

$$A_{k+1} = A_k \cdot A + (A_k)^{(1)}, \quad C_{k+1} = A_k + D_t \cdot C_k$$

得出. 因此, 如果问题

$$\begin{cases} Pu = f, & (t, x) \in (0, T) \times \Omega, \\ Bu = g, & (t, x) \in (0, T) \times \partial\Omega, \\ u|_{t=0} = h, & x \in \Omega \end{cases} \tag{8.6.4}$$

有 C^s 解, 在等式右边的资料必须满足

$$(D_t^l g)(0, x) = \sum_{k=0}^{l} \binom{l}{k} (D_t^{l-k} B)(0, x) \cdot [A_k(0, x, D_x) h|_{\partial\Omega}$$
$$+ C_k(0, x, D_t, D_x) f|_{\{0\} \times \partial\Omega}], \tag{8.6.5}$$

其中 $l \leqslant s$. 这个条件称为**相容性条件**. 反之, 我们有

定理 8.6.2　设 P 为具 C^∞ 系数的一阶严格双曲算子组, 边界 $(0, T) \times \partial\Omega$ 为 C^∞ 的, 关于算子 P 为非特征. 边界算子 B 也具有 C^∞ 系数, 且满足一致 Lopatinski 条件. 此外, $f \in C^\infty([0, T] \times \bar{\Omega})$, $g \in C^\infty([0, T] \times \partial\Omega)$, $h \in H^\infty(\Omega)$, 而且对任意非负整数 l 满足相容性条件 (8.6.5). 则 (8.6.4) 存在唯一解 $u \in C^\infty([0, T] \times \bar{\Omega})$.

证明 因为边界 $\partial\Omega$ 为 C^∞ 的, 故我们可以将 f 与 h 保持 C^∞ 而分别延拓到 $[0,T] \times \mathbb{R}^n$ 与 $\mathbb{R}^n$ 中. 通过解严格双曲型方程组的 Cauchy 问题可以得到 $\tilde{v} \in C^\infty([0,T] \times \mathbb{R}^n)$, 使 $P\tilde{v} = \tilde{f}, \tilde{v}|_{t=0} = \tilde{h}$. 记 $U = u - v$, 则 U 应满足

$$\begin{cases} PU = f - Pv \quad (= 0), & (t,x) \in (0,T) \times \Omega, \\ BU = g - Bv, & (t,x) \in (0,T) \times \partial\Omega, \\ U|_{t=0} = [h - v]_{t=0} \quad (= 0), & x \in \Omega. \end{cases} \tag{8.6.6}$$

由于 f, g, h 满足相容性条件 (8.6.5), 而 $v \in C^\infty([0,T] \times \bar{\Omega})$, 故 $F = f - Pv$, $G = g - Bv$, $H = h - v|_{t=0}$ 也满足相容性条件. 然而 $F = 0$, $H = 0$, 所以 (8.6.5) 对任意 l 成立, 即表示 G 在 $t = 0$ 上为平坦的. 所以由定理 8.5.3 知, 对任意 k, 问题 (8.6.4) 的 $H^k([0,T] \times \bar{\Omega})$ 解 u 唯一地存在. 再利用 Sobolev 嵌入定理可得 u 为 C^∞ 解. 定理证毕. ∎

2. 有限传播速度

与第六章的做法相仿, 我们可以利用双曲型方程的有限传播速度的性质来去掉前面几节诸定理中对算子 P, B 在紧集外为常系数的限制条件. 关于初边值问题的有限传播速度性质可以由以下的局部唯一性定理导出.

定理 8.6.3 若初边值问题 (8.6.1) 中的 $\Omega \subset \mathbb{R}^n_+$, 算子 P 为严格双曲的, 边界 $[0,T] \times \mathbb{R}^{n-1}$ 为非特征, 边界条件满足 Lopatinski 条件. 又存在原点的邻域 W, 使函数 $u \in L^2(W, \mathbb{C}^N)$ 满足

$$\begin{cases} Pu = 0, & \text{在 } W \cap \{x_n \geqslant 0\} \cap \{t \geqslant 0\} \text{ 中}, \\ Bu = 0, & \text{在 } W \cap \{x_n = 0\} \cap \{t \geqslant 0\} \text{ 上}, \\ u = 0, & \text{在 } W \cap \{x_n \geqslant 0\} \cap \{t = 0\} \text{ 上}, \end{cases} \tag{8.6.7}$$

则存在原点的邻域 W_0, 使 u 在 $W_0 \cap \{x_n \geqslant 0\} \cap \{t \geqslant 0\}$ 中恒等于零.

证明 如同证明 Holmgren 定理一样, 作变换

$$\tilde{x} = x, \tilde{t} = t + |x|^2. \tag{8.6.8}$$

经此变换后, 算子 P, B 分别变成 $\tilde{P}$, $\tilde{B}$. 在原点附近, $\tilde{P}$ 仍为严格双曲算子, 边界 $\tilde{x}_n = 0$ 仍为非特征, 而且, 由连续性知 $\tilde{B}$ 在 $\tilde{E}^+$ 上的限制仍为同构, 故一致 Lopatinski 条件仍满足.

取 $\theta(s) \in C^\infty(\mathbb{R})$, 使 $0 \leqslant \theta \leqslant 1$, 而且当 $s \leqslant \dfrac{\varepsilon}{2}$ 时 $\theta = 1$, 当 $s > \varepsilon$ 时 $\theta = 0$. 作变换

$$\rho : (\tilde{t}, \tilde{x}) \mapsto (\tilde{t}\theta(\tilde{t}^2 + |x|^2), \tilde{x}\theta(\tilde{t}^2 + |x|^2)). \tag{8.6.9}$$

当 ε 充分小, 而使 $\left\{\tilde{t}^2 + |x|^2 \leqslant \dfrac{\varepsilon}{2}\right\} \subset W$ 时, 在邻域 W 中 $\tilde{P}$, $\tilde{B}$ 的形式不因变换 (8.6.9) 而变, 故有

$$\begin{cases} \tilde{P}u = 0, & W \cap \{\tilde{x}_n \geqslant 0\} \cap \{\tilde{t} \geqslant |\tilde{x}|^2\}, \\ \tilde{B}u = 0, & W \cap \{\tilde{x}_n = 0\} \cap \{\tilde{t} \geqslant |\tilde{x}|^2\}, \\ u = 0, & W \cap \{\tilde{x}_n \geqslant 0\} \cap \{\tilde{t} = |\tilde{x}|^2\}, \end{cases} \tag{8.6.10}$$

且 $\tilde{P}$, $\tilde{B}$ 在全空间中有定义, 并因 ε 充分小而满足严格双曲条件与一致 Lopatinski 条件, 且 $\tilde{P}$, $\tilde{B}$ 在紧集外为常系数.

取 r_0 充分小, 使

$$(\{\tilde{x}_n \geqslant 0\} \cap \{r_0 \geqslant \tilde{t} \geqslant |\tilde{x}|^2\}) \subset \{\tilde{t}^2 + |\tilde{x}|^2 < \varepsilon\}.$$

将 u 往 $\tilde{t} < |\tilde{x}|^2$ 一侧作零延拓, 并记为 u^0, 则 u^0 满足

$$\begin{cases} \tilde{P}u^0 = 0, & \tilde{x}_n \geqslant 0, \tilde{t} \leqslant r_0, |\tilde{x}|^2 < r_0, \\ \tilde{B}u^0 = 0, & \tilde{x}_n = 0, |\tilde{x}|^2 < r_0, \\ u^0 = 0, & \tilde{t} \leqslant 0, |\tilde{x}|^2 < r_0. \end{cases} \tag{8.6.11}$$

所以由定理 8.6.1 知 u^0 当 $\tilde{t} \leqslant r_0$, $|\tilde{x}|^2 < r_0$, $\tilde{x}_n \geqslant 0$ 时恒为零. 回到原始坐标 (t, x), 即得所需结论, 定理证毕. ■

如双曲型方程的 Cauchy 问题那样, 由定理 8.6.3 可以导出双曲型方程初边值问题具有有限传播速度的性质, 其具体表述与推导留给读者.

3. 单个高阶方程的情形

对于单个高阶双曲型方程的初边值问题, 也可以建立相应的结论, 为此可以通过将单个高阶方程化成一阶方程组, 再利用前几节中已建立的定理导出这些结论. 以下我们仅在 $t \geqslant 0$, $x_n \geqslant 0$ 的区域中来考察高阶双曲型方程的初边值问题. 此处仅给出导出高阶方程相应结论的方法, 但不再作详细的推导.

设在 $t \geqslant 0$, $x_n \geqslant 0$ 区域中定义了 m 阶线性偏微分算子 P, 它的参数为 C^∞ 的, 关于 t 是双曲型的, 且使 $x_n = 0$ 为非特征曲面, 则 P 可以写成

$$P = D_{x_n}^m + \sum_{k=0}^{m-1} a_{m-k}(t, x, D_t, D_{x'}) D_{x_n}^k, \tag{8.6.12}$$

其中 a_{m-k} 为关于 D_t, $D_{x'}$ 的 $m - k$ 次多项式. 又在 $x_n = 0$ 上定义

$$B_j = D_{x_n}^{m_j} + \sum_{k=0}^{m_j-1} b_{jk}(t, x, D_t, D_{x'}) D_{x_n}^k, \quad j = 1, \cdots, d, \tag{8.6.13}$$

其中 b_{jk} 为关于 D_t, $D_{x'}$ 的 $m_j - k$ 次多项式, 也具有 C^∞ 系数, 以下考察初边值问题

$$\begin{cases} Pu = f, & (t, x) \in \mathbb{R}_t \times \mathbb{R}_+^n, \\ B_j u = g_j, \quad j = 1, \cdots, d, & (t, x) \in \mathbb{R}_t \times \mathbb{R}^{n-1}, \\ \partial_t^j u|_{t=0} = 0, \quad j = 0, \cdots, m-1, & x \in \mathbb{R}^n. \end{cases} \tag{8.6.14}$$

令 Λ 为以 $\lambda = (\sigma^2 + |\xi'|^2 + \gamma^2)^{1/2}$ 为象征的拟微分算子, 记

$$u_j = D_{x_n}^{j-1} \Lambda_\gamma^{m-j} u, \quad j = 1, \cdots, m.$$

$$U = \begin{pmatrix} u_1 \\ \vdots \\ u_m \end{pmatrix}, \quad F = \begin{pmatrix} 0 \\ \vdots \\ f \end{pmatrix}, \quad G = \begin{pmatrix} \Lambda^{m-m_1-1} g_1 \\ \vdots \\ \Lambda^{m-m_d-1} g_d \end{pmatrix},$$

就可以把 (8.6.14) 化成

$$\begin{cases} (D_{x_n} - A_\gamma) U = F, \\ B_\gamma U = G, \\ U|_{t=0} = 0, \end{cases} \tag{8.6.15}$$

其中 A_γ 的主象征为 $m \times m$ 矩阵

$$a^0 = \begin{pmatrix} 0 & & \lambda & & \\ \vdots & \ddots & & \ddots & \mathbf{0} \\ 0 & \cdots & 0 & & \lambda \\ a_m^0 \lambda^{1-m} & a_{m-1}^0 \lambda^{2-m} & \cdots & a_1^0 & \end{pmatrix},$$

B_γ 的主象征为 $d \times m$ 矩阵

$$b^0 = \begin{pmatrix} b_{10}^0 \lambda^{-m_1} & \cdots & b_{1m_d}^0 \lambda^{-m_1}, & 0 & \cdots & 0 \\ & & \cdots \cdots & & & \\ b_{d0}^0 \lambda^{-m_d} & \cdots & b_{dm_d}^0 & 0 & \cdots & 0 \end{pmatrix}.$$

如果 (8.6.15) 满足一致 Lopatinski 条件, 则称原初值问题 (8.6.14) 满足 **一致 Lopatinski 条件** (或 (P, B_j) 满足**一致 Lopatinski 条件**).

记 $|u|_{k,\gamma} = |\Lambda_\gamma^k u|_{0,\gamma}, \|u\|_{k,\gamma} = \sum_{j=0}^k \left\| \Lambda_\gamma^{k-j} D_{x_n}^j u \right\|_{0,\gamma}^2.$

则由 (8.6.15) 的能量不等式

$$\gamma \|U\|_{0,\gamma}^2 + |U|_{0,\gamma}^2 \leqslant C \left(\frac{1}{\gamma} \|F\|_{0,\gamma}^2 + |G|_{0,\gamma}^2 \right), \quad \gamma \geqslant \gamma_0$$

可以导出 (8.6.14) 的能量不等式

$$\gamma \|u\|_{m-1,\gamma}^2 + \sum_{j=0}^{m-1} \left| \partial_{x_n}^j u \right|_{m-1-j,\gamma}^2 \leqslant C \left(\frac{1}{\gamma} \|f\|_{0,\gamma}^2 + \sum_{j=1}^d |g_j|_{m-1-m_j,\gamma}^2 \right),$$

$$\gamma \geqslant \gamma_0, u \in C_c^\infty(\mathbb{R}_+^{n+1}). \tag{8.6.16}$$

据此, 又可导出如下的存在性定理.

定理 8.6.4 设问题 (8.6.14) 中 P 为 m 阶严格双曲算子, $x_n = 0$ 为算子 P 的非特征曲面; 对于 $j = 1, \cdots, d$, B_j 为 m_j 阶偏微分算子. 又 (P, B_j) 满足一致 Lopatinski 条件. 则存在正常数 C 与 γ_0, 使对一切 $\gamma \geqslant \gamma_0$, 若 $f \in e^{\gamma t} L^2(\mathbb{R}_+^{n+1})$, $g_j \in e^{\gamma t} H^{m-m_j-1}(\mathbb{R}^n)$, 则 (8.6.14) 存在唯一的解 $u \in e^{\gamma t} H^{m-1}(\mathbb{R}_+^{n+1})$, 满足能量不等式 (8.6.16).

第九章
奇性传播与反射

本章讨论偏微分方程解的奇性传播与反射问题. 这是对解的正则性的精确描述. 如所知, 解的正则性的反面表述就是解的奇性, 而解的奇性的产生与它的分布往往是偏微分方程理论研究与各种应用问题所特别关心的, 特别是用偏微分方程描写波的传播问题时, 在物理空间中可以用解的奇性集描述波阵面, 从而解的奇性分布可描述波的位置或波的传播过程.

本章 §1 先介绍偏微分方程经典理论中关于解的奇性分布的结论与分析方法. 从 §2 起用微局部分析的观点来提出与讨论奇性传播问题. 其后的讨论要比 §1 深入得多, 由于这时问题的提法本身就是微局部的, 因此也只有在拟微分算子理论产生与成熟以后方有可能被详细地加以研究. §3 与 §4 讨论奇性在边界上的反射. 考虑到本书的篇幅, 我们仅限于对主型偏微分方程进行讨论, 并且不讨论次特征在边界上掠射的情形. 本章 §2 以后用以描述奇性的波前集的定义与性质可参见第三章.

§1. 经典的奇性传播定理

考察一般的 m 阶线性偏微分方程. 它的形式是

$$\sum_{\alpha_1+\cdots+\alpha_n=\alpha,|\alpha|\leqslant m} a_{\alpha_1,\cdots,\alpha_n}(x)\frac{\partial^\alpha u}{\partial x_1^{\alpha_1}\cdots\partial x_n^{\alpha_n}} = f(x_1,\cdots,x_n), \quad (9.1.1)$$

该方程的弱间断解定义是:

定义 9.1.1　若在变量 $(x_1,\cdots,x_n)$ 变化的区域 Ω 内有一个 C^m 曲面 S, 函数 $u(x_1,\cdots,x_n)$ 在 $\Omega\backslash S$ 上为 C^m 的, 且满足方程 (9.1.1), 又 $u\in C^{m-1}(\Omega)$, u 的 m 阶导数在 S 上有第一类间断, 则称 u 为方程 (9.1.1) 的**弱间断解**. 此时, 称曲面 S 为**弱间断面**.

对于方程 (9.1.1), 曲面 $\phi(x_1,\cdots,x_n)=0$ 称为它的**特征曲面**, 若在 $\phi=0$ 上的每一点满足

$$\sum_{|\alpha_1+\cdots+\alpha_n|=m} a_{\alpha_1,\cdots,\alpha_n}\left(\frac{\partial\phi}{\partial x_1}\right)^{\alpha_1}\cdots\left(\frac{\partial\phi}{\partial x_n}\right)^{\alpha_n}=0. \qquad (9.1.2)$$

定理 9.1.1　若 $u(x_1,\cdots,x_n)$ 为方程 (9.1.1) 的弱间断解, 则它的弱间断面必定为特征曲面.

证明　设 P 为弱间断面 S 上的任一点. 记曲面 S 在 P 点邻域中的方程为 $\psi(x_1,\cdots,x_n)=0$, 它满足 $\sum\psi_{x_i}^2\neq 0$. 不妨设 $\psi_{x_1}\neq 0$, 则可以在 P 点的邻域引进如下的变换:

$$y_1=\psi(x_1,\cdots,x_n), \quad y_2=x_2,\cdots,y_n=x_n, \qquad (9.1.3)$$

显然 $\dfrac{\partial(y_1,\cdots,y_n)}{\partial(x_1,\cdots,x_n)}\neq 0$, 故 (9.1.3) 是一个局部的同胚变换. 在此变换下, 函数 $u(x)$ 变为 $U(y)=u(x(y))$, 曲面 S 变为 $y_1=0$, 方程 (9.1.1) 变为

$$\sum_{|\alpha_1+\cdots+\alpha_n|=m} a_{\alpha_1,\cdots,\alpha_n}(x(y))\left(\frac{\partial\psi}{\partial x_1}\right)^{\alpha_1}\cdots\left(\frac{\partial\psi}{\partial x_n}\right)^{\alpha_n}\frac{\partial^m U}{\partial y_1^m}$$

$$+\sum_{\beta_1+\cdots+\beta_n=\beta,|\beta|\leqslant m,\beta_1<m} b_{\beta_1,\cdots,\beta_n}(y)\frac{\partial^\beta U}{\partial y_1^{\beta_1}\cdots\partial y_n^{\beta_n}}=f(x(y)). \quad (9.1.4)$$

根据弱间断解的定义可知, (9.1.4) 式中各项除等式左端的首项外, 都在 P 点的邻域中连续, 于是在 S 的两侧考察等式 (9.1.4) 在 P 点的极限, 并将此两侧的极限值相减, 可得到

$$\sum_{|\alpha_1+\cdots+\alpha_n|=m} a_{\alpha_1,\cdots,\alpha_n}(x(y)) \left(\frac{\partial \psi}{\partial x_1}\right)^{\alpha_1} \cdots \left(\frac{\partial \psi}{\partial x_n}\right)^{\alpha_n} \left[\frac{\partial^m U}{\partial y_1^m}\right] = 0,$$

$$(9.1.5)$$

其中 $[\cdot]$ 表示方括号内的量在曲面 S 上的跃度. 因为 $u(x)$ 的 m 阶导数在 S 上有间断, 故 $\left[\dfrac{\partial^m U}{\partial y_1^m}\right] \neq 0$, 所以为使 (9.1.5) 成立, 其系数必须为零. 而这正意味着 $\psi = 0$ 满足特征方程的要求. 这样就证得了 S 必为特征曲面. 引理证毕. ∎

注 定理 9.1.1 说明, 偏微分方程 (9.1.1) 的弱间断解的 m 阶导数的间断总是分布在特征曲面上, 这一事实对于更弱的奇性也是对的. 也就是说, 若 $u(x_1, \cdots, x_n)$ 为方程 (9.1.1) 的 C^k 解, $k \geqslant m$, 但 u 的 $k+1$ 阶导数在 C^k 类曲面 S 上有第一类间断, 那么 S 必为 (9.1.1) 的特征曲面.

定理 9.1.1 中所述的结论对非线性方程也是成立的. 但这时需注意的是特征曲面与解有关. 高阶非线性偏微分方程的一般形式为

$$F\left(x_1, \cdots, x_n, u, \cdots, \frac{\partial^{\alpha_1+\cdots+\alpha_n} u}{\partial x_1^{\alpha_1} \cdots \partial x_n^{\alpha_n}}, \cdots\right) = 0, \qquad (9.1.6)$$

其中 F 为其变元 $(x_1, \cdots, x_n, u, \cdots, p_{\alpha_1,\cdots,\alpha_n}, \cdots)$ 的 C^∞ 函数. 对于给定的解 $u(x)$, 曲面 $\phi(x_1, \cdots, x_n) = 0$ 称为方程 (9.1.6) 的**特征曲面**, 如果

$$\sum_{|\alpha_1+\cdots+\alpha_n|=m} \frac{\partial F}{\partial p_{\alpha_1\cdots\alpha_n}}\left(x, u, \cdots, \frac{\partial^{\alpha_1+\cdots+\alpha_n} u}{\partial x_1^{\alpha_1} \cdots \partial x_n^{\alpha_n}}, \cdots\right)$$

$$\times \left(\frac{\partial \phi}{\partial x_1}\right)^{\alpha_1} \cdots \left(\frac{\partial \phi}{\partial x_n}\right)^{\alpha_n} = 0 \qquad (9.1.7)$$

在曲面 $\phi(x_1, \cdots, x_n) = 0$ 的每一点成立. 相应地, 我们有以下定理:

定理 9.1.2 若 $u(x_1, \cdots, x_n)$ 为方程 (9.1.6) 的 C^k 解 $(k \geqslant m+1)$, 但它的 $k+1$ 阶导数在曲面 S 上有第一类间断, 则 S 必为方程 (9.1.6) 的特征曲面.

此定理的证明与定理 9.1.1 相似, 读者可自行证明之.

定理 9.1.1 与定理 9.1.2 说明了弱奇性解的奇性必定出现在特征曲面上. 但是, 在该特征曲面上并不一定处处都出现解的奇性. 那么, 能否对解的奇性作更细致的刻画呢? 下面就线性方程 (9.1.1) 的情形进行讨论, 对于非线性方程的讨论是类似的.

定义 9.1.2 将 (9.1.2) 视为关于函数 $\phi(x_1, \cdots, x_n)$ 的一阶偏微分方程, 它的特征线称为方程 (9.1.1) 的**次特征线**.

将 (9.1.2) 简记为 $H\left(x_1, \cdots, x_n, \dfrac{\partial \phi}{\partial x_1}, \cdots, \dfrac{\partial \phi}{\partial x_n}\right) = 0$, 它是函数 ϕ 的非线性方程, 且是一个不明显地含有 ϕ 的一阶偏微分方程. 若函数 ϕ 已知, 则常微分方程组

$$\frac{dx_i}{ds} = \frac{\partial H}{\partial p_i} \quad (i = 1, \cdots, n) \tag{9.1.8}$$

满足初始条件 $x_i(0) = x_{i0}$ 的解就是方程 (9.1.2) 的特征线. 在曲面 $\phi = 0$ 上, 记 $p_i = \dfrac{\partial \phi}{\partial x_i}(x_1, \cdots, x_n)$, 则有

$$\frac{dp_i}{ds} = \frac{\partial^2 \phi}{\partial x_i \partial x_j} \cdot \frac{dx_j}{ds} = \frac{\partial^2 \phi}{\partial x_i \partial x_j} H_{p_i}.$$

但由特征方程 (9.1.2) 本身求导可得

$$H_{x_i} + H_{p_j} \frac{\partial^2 \phi}{\partial x_i \partial x_j} = 0,$$

故 $p_i(s)$ 满足

$$\frac{dp_i}{ds} = -\frac{\partial H}{\partial x_i}(x, \phi_x). \tag{9.1.9}$$

现将 $p_1, \cdots, p_n$ 也视为未知函数, 则 $(x_1(s), \cdots, x_n(s), p_1(s), \cdots, p_n(s))$ 满足方程组

$$\begin{cases} \dfrac{dx_i}{ds} = \dfrac{\partial H}{\partial p_i}, \\ \dfrac{dp_i}{ds} = -\dfrac{\partial H}{\partial x_i} \end{cases} \quad (i = 1, \cdots, n), \tag{9.1.10}$$

式中 H 的变元为 $x_1, \cdots, x_n$ 与 $p_1, \cdots, p_n$. 方程组 (9.1.10) 的解也称为偏微分方程 (9.1.1) 的**次特征带**, 而 (9.1.1) 的次特征线正是次特征

带在 $(x_1, \cdots, x_n)$ 空间的投影.

定理 9.1.3　方程 (9.1.1) 的弱间断解在特征曲面 $\phi = 0$ 上的奇性是沿着次特征线传播的.

证明　与定理 9.1.1 的证明相仿, 作变换 (9.1.3), 得到

$$H\left(\frac{\partial \phi}{\partial x_1}\frac{\partial}{\partial y_1}, \frac{\partial \phi}{\partial x_2}\frac{\partial}{\partial y_1} + \frac{\partial}{\partial y_2}, \cdots, \frac{\partial \phi}{\partial x_n}\frac{\partial}{\partial y_1} + \frac{\partial}{\partial y_n}\right)u(x(y)) + Ku(x(y))$$
$$= f(x(y)), \tag{9.1.11}$$

其中 K 为低于 m 阶的偏微分算子. 将 (9.1.11) 中的 H 作多项式展开, 并注意到函数 ϕ 所满足的方程 (9.1.2), 即有

$$\sum_{i=2}^{n} H_{p_i}\left(\frac{\partial \phi}{\partial x_1}, \cdots, \frac{\partial \phi}{\partial x_n}\right) \cdot \frac{\partial}{\partial y_i}\left(\frac{\partial^{m-1}u}{\partial y_1^{m-1}}\right) + b\frac{\partial^{m-1}u}{\partial y_1^{m-1}} + \cdots = f, \tag{9.1.12}$$

其中被省略的项中关于 y_1 的求导次数不超过 $m-2$. 由于 u 在曲面 S 上有弱间断, 它在 S 的两侧 $\frac{\partial^m u}{\partial y_1^m}$ 存在, 但它们在 S 上的极限值不同. 在 (9.1.12) 两边关于 y_1 求导, 可得

$$\sum_{i=2}^{n} H_{p_i} \cdot \frac{\partial}{\partial y_i}\left(\frac{\partial^m u}{\partial y_1^m}\right) + b_1\frac{\partial^m u}{\partial y_1^m} + \cdots = f, \tag{9.1.13}$$

其中被省略的项中关于 y_1 的求导次数不超过 $m-1$. 于是, 记

$$w = \left(\frac{\partial^m u}{\partial y_1^m}\right)_+ - \left(\frac{\partial^m u}{\partial y_1^m}\right)_-$$

为 $\frac{\partial^m u}{\partial y_1^m}$ 在 S 上的跃度, 则 w 应满足

$$\sum_{i=2}^{n} H_{p_i}\frac{\partial}{\partial y_i}w + b_1 w = 0 \tag{9.1.14}$$

或者

$$\frac{dw}{ds} + b_1 w = 0.$$

所以沿着次特征线有下式成立:

$$w = w_0 \cdot \exp\left(-\int_{s_0}^{s} b_1 ds\right), \tag{9.1.15}$$

这里 w_0 表示 w 在 $s = s_0$ 的值. 此式表示在弱间断面上间断是沿着次特征线传播的, 即如果 $\partial^m u$ 在一条次特征线的某一点的跃度不等于零, 则它在次特征线的任何一点都不会消失. 定理证毕. ■

与定理 9.1.1 后面的说明相同, 定理 9.1.3 的结论对于更弱的间断也是适用的.

§2. 主型方程的奇性传播定理

1. 用微局部分析观点来描述奇性传播

虽然在上节中所述的经典理论能说明许多关于奇性分布的信息, 但是它还不够精确, 且对有些问题不能给予确切的回答, 例如, 考察二维波动方程的 Cauchy 问题:

$$\begin{cases} \dfrac{\partial^2 u}{\partial t^2} = \dfrac{\partial^2 u}{\partial x^2} + \dfrac{\partial^2 u}{\partial y^2}, \\ u(0, x, y) = \phi(x, y), u_t(0, x, y) = 0, \end{cases} \tag{9.2.1}$$

当 $\phi(x, y)$ 取为 $\delta(x, y)$ 时, 它的解是

$$u_\delta(t, x, y) = \begin{cases} \dfrac{1}{2\pi}\dfrac{\partial}{\partial t}\dfrac{1}{\sqrt{t^2 - x^2 - y^2}}, & x^2 + y^2 < t^2, \\ 0, & x^2 + y^2 \geqslant t^2. \end{cases} \tag{9.2.2}$$

而当 $\phi(x, y)$ 取为 Heaviside 函数 $\theta(x)$ 时, 它的解为

$$u_\theta(t, x, y) = \begin{cases} 1, & x > t, \\ \dfrac{1}{2}, & -t \leqslant x \leqslant t, \\ 0, & x < -t. \end{cases} \tag{9.2.3}$$

由解的表达式可知, $u_\delta(t, x, y)$ 的奇性从原点出发, 沿着特征锥 $x^2 + y^2 = t^2$ 往各个方向传播, 而 $u_\theta(t, x, y)$ 的奇性分布在两个平面 $x = \pm t$ 上.

按照定理 9.1.3 的结论, 奇性沿次特征线传播. 通过直接运算可知, 方程 (9.2.1) 过 $(0, x_0, y_0)$ 的次特征线为

$$t = s, \quad x = ps + x_0, \quad y = qs + y_0, \tag{9.2.4}$$

其中 p, q 为常数, 满足 $p^2 + q^2 = 1$. 当 (p, q) 在满足此限制条件下任意变动时, 所有这些次特征线布满了过 $(0, x_0, y_0)$ 点的特征锥面: $(x-x_0)^2 + (y - y_0)^2 = t^2$. 解 $u_\delta(t, x, y)$ 的奇性正与此一致. 但是, 在 $\phi(x, y) = \theta(x)$ 的情形, y 轴上的每一点都是初始条件的间断点, 过 y 轴上各点的特征锥面的集合是整个楔状区域 $x^2 \leqslant t^2$. 也就是说, 过 $t = 0$ 平面上间断点的所有次特征线的集合充满整个楔状区域. 于是, 按定理 9.1.3, 该区域中每一点都可能是解的奇点, 但实际上解的奇性仅仅发生在该楔状区域的表面. 我们自然希望了解其中的缘由, 并得到奇性分布的更精确的信息.

在物理学中有这样一个原理, 称为 **Huygens 构图原理** (或称 Huygens 构图法). 这个原理说: 在波的传播过程中, 在时刻 $t = t_1$ 的波阵面是以 $t = 0$ 时的波阵面上的点为源发出的波动在时刻 t_1 形成的所有波阵面的包络. 如果考虑在均匀介质中波的传播, 在时刻 t_1 时的波阵面就是以 $t = 0$ 时的波阵面上的各点为球心, 以 $t_1 - t$ 为半径的诸球面的包络. 如果这个波动过程可以用一个偏微分方程 (一般来说是双曲型方程) 来描述, 则波阵面一般表现为满足这个方程解的奇性的曲面. 但是, 对照定理 9.1.3, 解的奇性有可能出现在所有这些球面的内部. 也就是说, 解的奇性有可能充满以 $t = 0$ 时的波阵面为中心面, 厚度为 t 的整整一层. 那么, 为什么实际上在时刻 t 解的奇性只出现在包络面上呢?

数学家通过长期的研究, 特别是通过对偏微分方程含高频振动的解的讨论, 认识到函数的奇性应该利用点的位置与奇性的方向两个要素联合刻画. 奇性传播的途径与这两个要素有关. 这是近代偏微分方程的奇性分析理论中一个重要的思想, 本书第三章中引入的波前集概念就为此作了准备. 下面我们就讨论偏微分方程解的波前集在 $\mathbb{R}_x^n \times \mathbb{R}_\xi^n$ 空间中的传播规律, 先引入一些有关的概念.

设 $P = p(x, D)$ 是一个给定的 m 阶偏微分算子, 它的主象征 $p_m(x, \xi)$ 为实值函数 (当 P 的最高阶项具实系数时, 可以通过乘以一个常数因

子, 使 $p_m(x,\xi)$ 化为实值函数), 则称

$$H_{p_m} = \left\{ \frac{\partial p_m}{\partial \xi_1}, \cdots, \frac{\partial p_m}{\partial \xi_n}, -\frac{\partial p_m}{\partial x_1}, \cdots, -\frac{\partial p_m}{\partial x_n} \right\} \qquad (9.2.5)$$

为 $p_m(x,\xi)$ 的 **Hamilton 向量场**. H_{p_m} 的积分曲线为下面方程组

$$\begin{cases} \dfrac{dx_j}{ds} = \dfrac{\partial p_m}{\partial \xi_j}, \\[2mm] \dfrac{d\xi_j}{ds} = -\dfrac{\partial p_m}{\partial x_j}, \end{cases} \qquad j = 1, \cdots, n \qquad (9.2.6)$$

的解, 称为**次特征带** (或简称**次特征**), 与 (9.1.10) 一致. 显然, 若 (x_0, ξ_0) 满足 $p_m(x_0, \xi_0) = 0$, $(x(s), \xi(s))$ 为过 (x_0, ξ_0) 的次特征带, 则由于

$$\frac{d}{ds} p_m(x(s), \xi(s)) = \sum_j \left(\frac{\partial p_m}{\partial x_j} \frac{dx_j}{ds} + \frac{\partial p_m}{\partial \xi_j} \frac{d\xi_j}{ds} \right) = 0,$$

故有 $p_m(x(s), \xi(s)) \equiv 0$. 这样的次特征带称为**零次特征带** (或简称**零次特征**).

本节中所讨论的算子 P 将满足条件: 在 P 的特征集 $\{(x,\xi)|$ $p_m(x,\xi) = 0\}$ 上 $\nabla_\xi p_m(x,\xi) \neq 0$. 这样的算子称为**主型算子** (或称为**狭义主型算子**)[①], 由 (9.2.6) 知.对主型算子来说, 在其次特征带上任一点均有 $\sum_j \left(\dfrac{dx_j}{ds} \right)^2 \neq 0$.

次特征带在空间 $\mathbb{R}_x^n$ 上的投影即为次特征线. 对于主型偏微分算子来说, 它的次特征线不可能退化为一点.

2. 一阶双曲型方程的情形

我们先考察一阶双曲型方程解的奇性传播定理. 由于一阶线性偏微分方程的解容易直接求出, 故解的奇性传播规律也不难得到. 下面我们讨论一阶双曲型拟微分方程, 为一般高阶方程解的奇性传播规律的讨论做准备.

设 P 为一阶双曲型拟微分算子, 它的主象征 $p_1(x,\xi)$ 是 ξ 的正齐一次函数, 由于 $\nabla_\xi p_1 \neq 0$, 故不妨认为 $\dfrac{\partial p_1}{\partial \xi_n} \neq 0$. 以下讨论的 P 的

[①]关于主型算子更广义的定义可参见 [Ho6, QCe] 等.

形式为

$$P = D_n - \lambda(x, D_1, \cdots, D_{n-1}) - \sigma_0(x, D_1, \cdots, D_{n-1}), \qquad (9.2.7)$$

其中 $\lambda(x, \xi')$ 为齐一次实函数, $\sigma_0(x, \xi') \in S^0$, 它可以写成为 $p_0 + p_{-1} + \cdots$, 这里 p_{-j} 为 $-j$ 次齐次函数. 我们将证明如下的命题:

定理 9.2.1 若 P 为 (9.2.7) 中定义的算子, $Pu \in C^\infty$, γ 为 P 的零次特征. $(\bar{x}, \bar{\xi}) \in \gamma$, 如果 $(\bar{x}, \bar{\xi}) \notin WFu$, 则整个 γ 均不属于 WFu.

证明 我们不妨设 u 有紧支集. 若 $(\bar{x}, \bar{\xi}) \notin WFu$, 则存在 $(\bar{x}, \bar{\xi})$ 的邻域 Ω, 使 $\Omega \cap WFu = \varnothing$. 从而可选取一个零阶拟微分算子 A, 使 A 的象征 $a(x, \xi)$ 的支集在 Ω 中, 且在 $(\bar{x}, \bar{\xi})$ 更小的邻域 $\Omega_1 \subset\subset \Omega$ 中, $a(x, \xi) \equiv 1$. 于是 $Au \in C^\infty$. 以下的目的是构造一个零阶拟微分算子 B, 使 $Bu \in C^\infty$, 并且沿着 γ, 算子 B 的主象征 $b_0(x, \xi) \neq 0$. 这样, 利用定理 3.2.5 就证明了本定理.

我们先选取 B, 使 $PBu \in C^\infty$. 注意到

$$PBu = BPu + [P, B]u, \qquad (9.2.8)$$

而 $Pu \in C^\infty$, 故只需选取 B, 使交换子 $[P, B]$ 的象征为零. 记 B 的全象征为 $b(x, \xi) = b_0(x, \xi) + b_{-1}(x, \xi) + \cdots$, 其中 b_{-j} 为 $-j$ 次的, 则由拟微分算子乘积的象征表示式知

$$\frac{1}{i} H_{p_1} b_0 = 0,$$

$$\frac{1}{i} H_{p_1} b_{-1} + \frac{1}{i} H_{p_0} b_0 + \sum_{|\alpha|=2} \frac{1}{\alpha!} (\partial_\xi^\alpha p_1 \cdot D_x^\alpha b_0 - \partial_\xi^\alpha b_0 \cdot D_x^\alpha p_1) = 0,$$

$$\cdots\cdots \qquad (9.2.9)$$

由于 H_{p_1} 的方向与平面 $x_n = \text{const}$ 横截, 故若在 $x_n = \bar{x}_n$ 上给定 $b_0, b_{-1}, \cdots$ 的初值, (9.2.9) 中的方程都是可解的. 在 $x_n = \bar{x}_n$ 上的初值这样给定: 选择 b_0, 使它为零次齐次函数, 在它的支集上 $a(x, \xi) \equiv 1$. 又在 $(\bar{x}, \bar{\xi})$ 更小的邻域中有 $b_0 = 1$. 对于 b_{-j} $(j \geqslant 1)$, 我们选择其初值为零.

根据上面选定的 $b(x,\xi)$, 构造算子 B, 则 $[P, B]$ 的象征为零. 从而 $[P, B]u \in C^\infty$, $PBu \in C^\infty$. 此外, 方程组 (9.2.9) 的第一式说明 b_0 在 p 的次特征上为常数, 故根据 $b_0(x,\xi)$ 初值的选取方法可知, 当 x_n 充分接近于 $\bar{x}_n$ 时, 在 b_0 的支集上 $a(x,\xi) \equiv 1$. 至于 b_{-j} $(j \geqslant 1)$, 可根据 (9.2.9) 递推地决定, 在 b_0 支集外它们均为零. 所以 $a(x,\xi)$ 在 b 的支集上恒等于 1. 由此可知, 当 x_n 充分接近于 $\bar{x}_n$ 时, $B(I - A)$ 的象征为零. 从而当 x_n 充分接近于 $\bar{x}_n$ 时, $Bu = B(I - A)u + BAu$ 属于 C^∞.

利用定理 6.1.1 及其注可知 $Bu \in C^\infty$, 再注意到 B 的主象征在 γ 上不为零, 即有 $\gamma \cap WFu = \varnothing$, 这就是所需证明的. 定理证毕. ■

定理 9.2.1 已清楚地说明, 当 $Pu \in C^\infty$ 时, u 的奇性 (波前集) 是沿着 P 的次特征传播的.

3. 高阶方程的情形

定理 9.2.2　设 P 为 m 阶具 C^∞ 系数的主型偏微分算子, 它的主象征 $p_m(x,\xi)$ 为实函数, 且满足 $\nabla_\xi p_m(x,\xi) \neq 0$, u 为满足 $Pu = f \in C^\infty$ 的解. 如果 $(\bar{x}, \bar{\xi})$ 满足 $p_m(\bar{x}, \bar{\xi}) = 0$, $(\bar{x}, \bar{\xi}) \notin WFu$, 则过 $(\bar{x}, \bar{\xi})$ 的零次特征 γ 上任一点均不属于 WFu.

证明　我们只需局部地证明上述结果, 因为在本定理的情形不难综合局部性的结果而导得定理所要求的结论. 由定理假设知 $\nabla_\xi p_m(\bar{x}, \bar{\xi}) \neq 0$, 我们不妨设 $\dfrac{\partial p_m}{\partial \xi_n}(\bar{x}, \bar{\xi}) \neq 0$. 于是可设 $p_m(x,\xi)$ 具有形式

$$p_m(x,\xi) = \xi_n^m + \sum_{k=0}^{m-1} a_{m-k}(x,\xi')\xi_n^k. \tag{9.2.10}$$

由于 $p_m(x,\xi)$ 作为 ξ_n 的多项式在 $(\bar{x}, \bar{\xi}')$ 处有单根 $\bar{\xi}_n$, 所以多项式 $p_m(x,\xi)$ 可以被因式分解为

$$p_m(x,\xi) = (\xi_n - \lambda(x,\xi'))q_{m-1}(x,\xi), \tag{9.2.11}$$

其中 $\lambda(x,\xi')$ 是 ξ' 的齐一次函数, $q_{m-1}(x,\xi)$ 为 ξ 的齐 $m-1$ 次函数, 且 $q_{m-1}(\bar{x}, \bar{\xi}) \neq 0$. 以下我们先证明相应于 (9.2.11) 存在算子 P 的一个因式分解:

$$P(x, D_{x'}, D_{x_n}) = (D_{x_n} - \sigma(x, D_{x'}))Q(x, D_{x'}, D_{x_n}) + R, \qquad (9.2.12)$$

其中 R 是一个象征为零的拟微分算子, σ 与 Q 分别为一阶与 $m-1$ 阶拟微分算子, $\sigma(x, D_{x'})$ 的主象征为 $\lambda(x, \xi')$, Q 为 D_{x_n} 的多项式:

$$Q(x, D_{x'}, D_{x_n}) = \sum_{j=0}^{m-1} a_j(x, D_{x'}) D_{x_n}^j,$$

而 a_j 是以 x' 为变量的 $m-1-j$ 阶拟微分算子.

为证明 (9.2.12), 我们将 Q 与 σ 的象征写成

$$Q(x, \xi', \xi_n) \sim q_{m-1} + q_{m-2} + q_{m-3} + \cdots,$$

$$\sigma(x, \xi') \sim \lambda(x, \xi') + \sigma_0 + \sigma_{-1} + \cdots,$$

其中 q_j 是 ξ 的 j 次齐次函数, 且是 ξ_n 的多项式, 而 σ_j 是 ξ' 的 j 次齐次函数. 为决定这些象征, 我们写出 $(D_{x_n} - \sigma)Q$ 的象征展开, 并将它与 P 的象征加以比较. 考虑 $m-1$ 次的项, 我们有

$$-\sigma_0 q_{m-1} + D_{x_n} q_{m-1} - \sum_{j=1}^{n-1} \frac{1}{i} \frac{\partial \lambda}{\partial \xi_j} \frac{\partial q_{m-1}}{\partial x_j} + (\xi_n - \lambda) q_{m-2} = p_{m-1}.$$

$$(9.2.13)$$

令 $\xi_n = \lambda(x, \xi')$, 由于 $q_{m-1} \neq 0$, 故有

$$\sigma_0 = \left. \frac{D_{x_n} q_{m-1} - \sum_{j=1}^{n-1} \frac{1}{i} \frac{\partial \lambda}{\partial \xi_j} \frac{\partial q_{m-1}}{\partial x_j} - p_{m-1}}{q} \right|_{\xi_n = \lambda(x, \xi')}. \qquad (9.2.14)$$

将它代入 (9.2.13) 式, 约去因子 $\xi_n - \lambda$, 可以定出 q_{m-2}, 继续比较 $m-2$ 次的项, 可以得 σ_{-1} 与 q_{m-3}. 如此继续下去我们就可以得到象征 $\sigma(x, \xi')$ 与 $Q(x, \xi', \xi_n)$ 的渐近展开, 并利用第二章的方法构造出这些渐近展开的和. 再据此构造拟微分算子 σ 与 Q, 它们即满足 (9.2.12) 式.

利用 (9.2.12) 式可以把满足 $Pu \in C^\infty$ 的函数 u 的奇性传播问题, 化为满足 $(D_{x_n} - \sigma(x, D_{x'}))v \in C^\infty$ 的函数 v 的奇性传播问题来处理. 先由 $WF(Qu) \subset WFu$ 知, $(\bar{x}, \bar{\xi}) \notin WFu$ 可推出 $(\bar{x}, \bar{\xi}) \notin WF(Qu)$. 由于 $Pu \in C^\infty$, 故在 (9.2.12) 式有效的范围内

$$(D_{x_n} - \sigma(x, D_{x'}))Qu = Pu - Ru \in C^{\infty}, \tag{9.2.15}$$

又从分解式 (9.2.11) 知, $p_m(x, \xi)$ 过 $(\bar{x}, \bar{\xi})$ 的次特征与 $\xi_n - \lambda(x, \xi')$ 过 $(\bar{x}, \bar{\xi})$ 的次特征是一致的. 这是因为 $q_{m-1}(x, \xi)$ 不等于零, 从而当 $\xi_n - \lambda(x, \xi') = 0$ 时, H_{p_m} 与 $H_{\xi_n - \lambda}$ 成正比. 于是由定理 9.2.1 的结果知 $WF(Qu)$ 与算子 $D_{x_n} - \sigma(x, D_{x'})$ 的次特征 γ 不相遇. 再利用 Q 的主象征在 γ 上非零的性质知 $WFu \cap \gamma = \varnothing$. 定理证毕. ■

例 下面以三维波动方程为例说明解的奇性传播过程. 三维波动方程

$$\frac{\partial^2 u}{\partial t^2} - c^2 \left(\frac{\partial^2 u}{\partial x_1^2} + \frac{\partial^2 u}{\partial x_2^2} + \frac{\partial^2 u}{\partial x_3^2} \right) = 0 \tag{9.2.16}$$

可用于描述均匀介质中声波、电磁波或光波的运动. 波动算子的象征为 $\tau^2 - c^2(\xi_1^2 + \xi_2^2 + \xi_3^2)$, 由此导出的次特征方程是

$$\begin{cases} \dfrac{dt}{ds} = 2\tau, & \dfrac{dx_i}{ds} = -2c^2\xi_i \quad (i = 1, 2, 3), \\ \dfrac{d\tau}{ds} = 0, & \dfrac{d\xi_i}{ds} = 0 \quad (i = 1, 2, 3). \end{cases} \tag{9.2.17}$$

将其积分可得

$$\begin{cases} t = 2\tau_0 s + t_0, & x_i = -2c^2\xi_{i0}s + x_{i0} \quad (i = 1, 2, 3), \\ \tau = \tau_0, & \xi_i = \xi_{i0} \quad (i = 1, 2, 3), \end{cases} \tag{9.2.18}$$

其中 $\tau_0^2 - c^2(\xi_{10}^2 + \xi_{20}^2 + \xi_{30}^2) = 0$. 定理 9.2.2 告诉我们, 用波前集描写的奇性在空间 $(t, x_1, x_2, x_3; \tau, \xi_1, \xi_2, \xi_3)$ 中沿次特征 (9.2.18) 传播. 该次特征在空间 (t, x_1, x_2, x_3) 中的投影为

$$t = 2\tau_0 s + t_0, \quad x_i = -2c^2\xi_{i0}s + x_{i0}. \tag{9.2.19}$$

消去 s, 可得

$$x_i = -\frac{c\xi_i(t - t_0)}{\sqrt{\xi_1^2 + \xi_2^2 + \xi_3^2}} + x_{i0}. \tag{9.2.20}$$

此直线即是波动方程在空间 (t, x_1, x_2, x_3) 中的次特征线. 在空间 (t, x_1, x_2, x_3) 中, 方程 (9.2.16) 的解的奇性沿此次特征线传播. 由此也可说明光在均匀介质中沿直线传播.

§3. 奇性反射 (双曲点情形)

在上一节中, 我们讨论了偏微分方程的解在其存在区域内部的奇性传播定理. 如果我们在一个有边界的区域中考察偏微分方程的解, 当载有解的奇性的次特征线遇上了区域的边界, 将会发生什么呢? 这个问题实际上就是对解在边界附近的正则性的分析. 它与边界条件的给定方法也有密切的联系. 我们一般将这样的问题称为**奇性反射**问题. 本书中将只考察次特征线与边界横截相交时的奇性反射, 至于更复杂的情况可以参见 [Ho6, Me, Ta2] 等. 在这一节我们先考察在边界的双曲点附近的奇性反射, 下一节中再考察较一般的情形.

1. 一阶方程

我们将局限在边界附近来考察偏微分方程的解. 为方便起见, 不妨设边界已被展平. 边界记成 $x_n = 0$, 边界附近的区域为 $\mathbb{R}_{x'}^{n-1} \times [0, \varepsilon)$. 我们先考察一阶偏微分方程

$$(D_{x_n} - \sigma(x, D_{x'}))u = f, \tag{9.3.1}$$

其中 σ 为 C^∞ 地依赖于 x_n 的拟微分算子. 它有一阶实主象征 $\lambda(x, \xi')$. 设 u 当 $x_n = 0$ 时取值为 $u_0(x)$. 我们有

定理 9.3.1 设 $(x_0, \xi_0') \notin WFu$, $f \in C^\infty([0, \varepsilon) \times \mathbb{R}_{x'}^{n-1})$, 又记 $\gamma = \{\gamma(s)\}$ 为象征 $\xi_n - \lambda(x, \xi')$ 的通过 $(x_0', 0, \xi_0', \lambda(x_0', 0, \xi_0'))$ 的次特征, 其中 $\gamma(s) = (x(s), \xi(s))$ 为 γ 与平面 $x_n = s$ 的交点, 则

$$\begin{aligned} \gamma \cap WFu = \varnothing, & \qquad \text{对 } 0 < x_n < \varepsilon, \\ \gamma(s) \cap WF(u|_{x_n=s}) = \varnothing, & \quad \text{对 } 0 \leqslant s < \varepsilon. \end{aligned} \tag{9.3.2}$$

证明 这个定理的证明与定理 9.2.1 相仿. 我们也设法作一个算子 $B(x, D_{x'})$, 使它的象征支集局限于 γ 的邻域中, 且在 γ 上不为零. 此外, 还要使交换子 $[D_{x_n} - \sigma(x, D_{x'}), B]$ 的象征为零, 而且 $B(x', 0, D_{x'})u_0 \in C^\infty$. 这样的算子 B 仍可通过 (9.2.9) 来决定. 例如 (9.2.9) 的第一式为

$$\frac{\partial b_0}{\partial x_n} - \frac{\partial \lambda}{\partial \xi'} \frac{\partial b_0}{\partial x'} + \frac{\partial \lambda}{\partial x'} \frac{\partial b_0}{\partial \xi'} = 0,$$

从而可以决定 $b_0 = b_0(x, \xi')$, 它与 ξ_n 无关. 类似地, (9.2.9) 其他诸式中决定的 $b_{-1}, b_{-2}, \cdots$ 也与 ξ_n 无关. 从而可以利用这些象征构造算子 $B(x, D_{x'})$.

注意到算子 $[D_{x_n} - \sigma(x, D_{x'}), B]$ 就是

$$\frac{1}{i} B_n - [\sigma, B],$$

其中 B_n 是以 $\dfrac{\partial b}{\partial x_n}$ 为象征的拟微分算子. 故由决定算子 B 的象征的过程知, 算子 $[D_{x_n} - \sigma(x, D_{x'}), B]$ 的象征为零. 于是 $(D_{x_n} - \sigma(x, D_{x'}))Bu \in C^\infty$. 利用第六章中对双曲型方程初值问题的结果知 $Bu \in C^\infty$.

对于 $[0, \varepsilon)$ 中的任一 s, 作为 $\mathbb{R}_{x'}^{n-1}$ 中的拟微分算子 $B(x', s, D_{x'})$ 的象征在 $\gamma(s)$ 上不为零. 故由波前集的性质知 $\gamma(s) \notin WF(u|_{x_n=s})$. 为证明 u 满足 (9.3.2) 中第一个性质我们作 $B(x', x_n, D_{x'})$ 的拟逆算子 $A(x', x_n, D_{x'})$, 它也 C^∞ 地依赖于 x_n, 利用定理 3.2.5 可知, 对 $0 < s < \varepsilon$

$$\gamma \cap WF(ABu) = \varnothing.$$

但 $ABu = u + Ru$, 其中 Ru 关于 x' 与 x_n 均为 C^∞ 函数, 所以 u 也满足 (9.3.2) 中的第一式. 定理证毕. ■

注 定理 9.3.1 中关于 f 的条件可以减弱为

$$\gamma \cap WFf = \varnothing, \qquad \text{对 } 0 < x_n < \varepsilon,$$
$$\gamma(s) \cap WF(f|_{x_n=s}) = \varnothing, \quad 0 \leqslant s < \varepsilon.$$

事实上, 当算子 B 的象征的支集充分接近 γ 时, $Bf \in C^\infty$, 故前面论证中的各步骤均有效.

定理 9.3.1 的结果说明: 以 x_n 为参数, $u(\cdot, x_n)$ 的波前集沿着 γ 传播, 它也是一种奇性传播定理, 但奇性表达方式与定理 9.2.1 不同.

2. 一阶方程组

现在考察方程组的情形, 如前面几章中所做的那样, 高阶方程的问题常可化成方程组的问题来进行讨论, 故这里只对一阶方程组进行

讨论. 由于对方程组来说, 过一点的次特征个数多于 1, 因此奇性在边界附近的传播常呈现出 "反射" 的特性.

在 $\mathbb{R}^{n-1}_{x'} \times [0, \varepsilon)$ 中考察方程组

$$(D_{x_n} - A(x, D_{x'}))U = F, \tag{9.3.3}$$

其中 A 为 C^∞ 地依赖于 x_n 的 $N \times N$ 拟微分算子矩阵, 它的一阶主象征 $a(x, \xi')$ 具有实特征值 $\lambda_1, \cdots, \lambda_N$, 它们两两不同, F 为所考察区域中的 C^∞ 函数.

在边界 $x_n = 0$ 上, U 满足边界条件

$$B(x', D_{x'})U = h, \tag{9.3.4}$$

其中 B 为零阶 $k \times N$ 拟微分算子矩阵, h 为 k 维 C^∞ 向量函数. 为了得到合理的奇性反射的结论, k 的值与诸特征值 λ_j 的符号有密切的关系, 在下面的奇性反射定理 9.3.2 中可看到这一事实.

为讨论问题 (9.3.3) 和 (9.3.4) 的解 U 在边界 $x_n = 0$ 附近的奇性, 我们将方程组 (9.3.3) 化成几乎对角的形状, 这样就可应用关于单个方程 Cauchy 问题的结果. 为此, 先证明几个引理.

引理 9.3.1 设 E 与 F 分别为 $N_1 \times N_1$ 与 $N_2 \times N_2$ 矩阵, F 的特征值与 E 的特征值互相分离, 则按 $\varphi(T) = TF - ET$ 所定义的 φ 为单映射与满映射.

证明 为证引理的结论, 只需说明 $\varphi(T) = TF - ET$ 为单映射, 即说明由 $TF = ET$ 能推出 $T = 0$. 今若 E 已具有形式 $\mathrm{diag}(E_1, \cdots, E_n)$, 其中每个 E_j 为 ν_j 阶 Jordan 块

$$E_j = \begin{pmatrix} \lambda_j & & & \\ 1 & \lambda_j & & \\ & \ddots & \ddots & \\ & & 1 & \lambda_j \end{pmatrix},$$

又记 T 的各行为 $T_1, \cdots, T_n$, 于是有

$$TF = ET = \begin{pmatrix} \lambda_1 T_1 \\ T_1 + \lambda_1 T_2 \\ \vdots \\ T_{\nu_1-1} + \lambda_1 T_{\nu_1} \\ \vdots \end{pmatrix},$$

所以 $T_1 F = \lambda_1 T_1$, 但 λ_1 不是 F 的特征值, 故 $T_1 = 0$. 接着可用同样的方法得知 $T_2 = \cdots = T_{\nu_1} = 0$, 进而又可知 T 的所有各行均为零, 从而 $T = 0$.

对于一般的矩阵 E, 可作矩阵 L 使得 $\tilde{E} = LEL^{-1}$ 具有 Jordan 标准型. 由于 $TF = (L^{-1}\tilde{E}L)T$, 故 $(LT)F = \tilde{E}(LT)$. 根据前面的证明知 $LT = 0$, 从而 $T = 0$. 引理证毕. ∎

引理 9.3.2 设有拟微分方程组

$$D_{x_n} V = GV + HV, \tag{9.3.5}$$

其中 $G = \text{diag}(E, F)$ 具有关于 ξ' 为齐一次的象征, E 与 F 分别为 $N_1 \times N_1$ 与 $N_2 \times N_2$ 拟微分算子矩阵, 其象征的特征值互不相同, H 为零阶拟微分算子矩阵, 则可以找到一个变换 $W = SV$, 使得 W 满足

$$D_{x_n} W = GW + \alpha W + RW, \tag{9.3.6}$$

其中 $\alpha = \text{diag}(\alpha_1, \alpha_2)$ 为零阶拟微分算子矩阵, 而 R 是 $-\infty$ 阶拟微分算子矩阵.

证明 设 $W^{(1)} = (I + K_1)V$, 其中 K_1 为 -1 阶拟微分算子矩阵, 则

$$D_{x_n} W^{(1)} = (I + K_1)GV + (I + K_1)HV + D_{x_n}K_1 V$$
$$= (I + K_1)(G + H)(I + K_1)^{-1}W^{(1)} + \cdots$$
$$= GW^{(1)} + (K_1 G - G K_1 + H)W^{(1)} + \cdots,$$

其中 "$\cdots$" 表示 -1 阶拟微分算子作用于 $W^{(1)}$.

我们希望选取 A_1, A_2 与 K_1 使得

$$K_1 G - G K_1 + H = \text{diag}(A_1, A_2) \tag{9.3.7}$$

能够成立. 记 $H = \begin{pmatrix} H_{11} & H_{12} \\ H_{21} & H_{22} \end{pmatrix}$, 取 K_1 为具有形式 $\begin{pmatrix} 0 & K_{12} \\ K_{21} & 0 \end{pmatrix}$ 的矩阵, 取 $A_1 = H_{11}$, $A_2 = H_{22}$. 由于 E, F 的特征值各不相同, 所以根据引理 9.3.1 可找到矩阵 K_{12}, K_{21}, 使

$$K_{12} F - E K_{12} = -H_{12}, \quad K_{21} E - F K_{21} = -H_{21}, \tag{9.3.8}$$

于是 $W^{(1)}$ 满足

$$D_{x_n} W^{(1)} = G W^{(1)} + \text{diag}(A_1, A_2) W^{(1)} + B W^{(1)}, \tag{9.3.9}$$

其中 B 为 -1 阶拟微分算子矩阵.

再令 $W^{(2)} = (I + K_2) W^{(1)}$, 其中 K_2 为 -2 阶拟微分算子矩阵, 则有

$$D_{x_n} W^{(2)} = G W^{(2)} + \text{diag}(A_1, A_2) W^{(2)}$$
$$+ (K_2 G - G K_2 + B) W^{(2)} + \cdots,$$

其中 "$\cdots$" 表示 -2 阶拟微分算子作用于 $W^{(2)}$. 与上面的方法相仿, 可以适当地选取 B 与 K_2, 使得

$$D_{x_n} W^{(2)} = G W^{(2)} + \text{diag}(A_1, A_2) W^{(2)}$$
$$+ \text{diag}(B_1, B_2) W^{(2)} + \cdots.$$

如此继续下去, 余项中的拟微分算子的阶数就越来越低. 再利用由象征的渐近展开构造拟微分算子的方法, 可以作无穷乘积:

$$I + K \sim \prod_{l=1}^{\infty} (I + K_l).$$

令 $W = (I + K) V$, 即得 (9.3.6). 引理证毕. ∎

引理 9.3.3 若在方程组

$$(D_{x_n} - A(x, D_{x'})) U = F$$

中, A 为 C^∞ 地依赖于 x_n 的 $N \times N$ 拟微分算子矩阵, 它的一阶主象征 $a(x, \xi')$ 具有两两不同的实特征值 $\lambda_1, \cdots, \lambda_N$. 则存在拟微分算子矩

阵 $S(x, D_{x'})$, 使 $W = SU$ 满足

$$D_{x_n}W = \mathrm{diag}(\sigma_1, \cdots, \sigma_N)W + RW + SF, \qquad (9.3.10)$$

其中 $\sigma_j = \sigma_j(x, D_{x'})$ 具有一阶主象征 $\lambda_j(x, \xi')$, R 为 $-\infty$ 阶拟微分算子矩阵.

证明 根据矩阵 $a(x, \xi')$ 的性质, 可以找到一个关于 ξ' 为正齐零次的矩阵 $e(x, \xi')$, 使

$$e \cdot a \cdot e^{-1} = \tilde{a} = \mathrm{diag}(\lambda_1, \cdots, \lambda_N). \qquad (9.3.11)$$

于是, 令 $V = EU = e(x, D_{x'})U$, 则有

$$D_{x_n}V = \tilde{A}(x, D_{x'})V + HV + EF, \qquad (9.3.12)$$

其中 H 为零阶拟微分算子矩阵, 应用引理 9.3.2, 就可通过变换 $W = S_1V$ 将方程组 (9.3.12) 化成 (9.3.10) 的形式, 然后令 $S = S_1E$ 即可. 引理证毕. ∎

利用上面证明的几个引理, 可以证明双曲型方程解的奇性反射定理如下:

定理 9.3.2 对于问题 (9.3.3) 与 (9.3.4), 若 $\lambda_1, \cdots, \lambda_N$ 为矩阵算子 A 的象征 $a(x, \xi')$ 的 N 个实特征根, 它们两两不同. 记 $\gamma_j = (x_j(s); \xi_j(s))$ 为象征 $\xi_n - \lambda_j(x, \xi')$ 的通过 $(x'_0, 0; \xi'_0, \lambda_j(x'_0, 0, \xi'_0))$ 的零次特征, S 为引理 9.3.3 中引入的算子矩阵, 它使方程组 (9.3.3) 几乎对角化. 设在 $x_n = x_{n0}(< \varepsilon)$ 上, $WF(U) \cap \gamma_j = \varnothing$ 对 $j = j_1, \cdots, j_{N_1}$ 成立. 又设在 $x_n = 0$ 上 BS^{-1} 关于 $W_{i_1}, \cdots, W_{i_{N-N_1}}$ 为椭圆, 其中

$$\{i_1, \cdots, i_{N-N_1}\} = \{1, \cdots, N\} \backslash \{j_1, \cdots, j_{N_1}\},$$

则 $WF(U) \cap \gamma_j = \varnothing$ 对一切 j 成立.

证明 由于 $W = SU$ 是一个可逆变换, 故定理的结论等价于 $WF(W) \cap \gamma_j = \varnothing$ 对一切 j 成立. 利用引理 9.3.3, 可将方程组 (9.3.3) 几乎对角化, 变换所得的 W 满足

$$D_{x_n}W = \mathrm{diag}(\sigma_1, \cdots, \sigma_N)W + C^\infty \ \text{项}. \tag{9.3.13}$$

而由于右端的 C^∞ 项并不影响奇性分析, 故实际上可以对 W 的各个分量分别处理.

因为当 $i \neq j$ 时算子 $D_{x_n} - \sigma_i(x, D_{x'})$ 在 γ_j 上为椭圆的, 故 (9.3.13) 说明当 $i \neq j$ 时, $WF(W_i) \cap \gamma_j = \varnothing$. 从而证明定理结论的关键在于指出 $WF(W_i) \cap \gamma_i = \varnothing$ 对一切 i 成立. 今以 $x_n = x_{n0}$ 上的值为初值, 利用本定理的条件以及双曲型方程 Cauchy 问题的奇性传播定理, 可知

$$(x'_0, \xi'_0) \notin \bigcup_{s=1}^{N_1} WF(W_{j_s}|_{x_n=0}). \tag{9.3.14}$$

然而又由于 BS^{-1} 关于 $W_{i_1}, \cdots, W_{i_{N-N_1}}$ 为椭圆的, 故由 $BS^{-1}W = h \in C^\infty$ 可得

$$(x'_0, \xi'_0) \notin \bigcup_{s=1}^{N-N_1} WF(W_{i_s}|_{x_n=0}). \tag{9.3.15}$$

现以 $x_n = 0$ 上的值作为初值, 再次利用奇性传播定理 9.2.1 可得到 $WF(W_{i_s}) \cap \gamma_{i_s} = \varnothing$ 对一切 $1 \leqslant s \leqslant N - N_1$ 成立. 总之, $WF(W)$ 不与任一 γ_i 相遇, 从而 $WF(U)$ 也不与任一 γ_i 相遇. 定理 9.3.2 证毕. ∎

注 定理 9.3.2 的条件蕴含了次特征线与边界横截相交的要求. 事实上, γ_i 为对应于象征 $\xi_n - \lambda_i(x, \xi')$ 的 Hamilton 向量场的积分曲线. 所以, 在 γ_i 上

$$\frac{dx_n}{dt} = \frac{\partial}{\partial \xi_n}(\xi_n - \lambda_i(x, \xi')) \neq 0,$$

故 γ_i 在底空间 $\mathbb{R}^n_x$ 上的投影与边界 $x_n = 0$ 横截相交.

§4. 奇性反射 (一般情形)

在上节中, 我们讨论了关于边界法向为双曲型的偏微分方程组的解在边界附近奇性传播的特性. 由于该方程组关于 x_n 是双曲型的, 所以问题 (9.3.1), (9.3.2) 可视为一个初值问题. 注意到即使对关于某个方向 (时向) 为双曲型的方程组来说, 只要区域的边界不是类空向的,

该方程组关于边界法向也不是双曲型的. 所以我们必须对一般情形进行讨论.

仍设在区域 $\mathbb{R}^{n-1}_{x'} \times [0, \varepsilon)$ 中考察方程组

$$(D_{x_n} - A(x, D_{x'}))U = F \tag{9.4.1}$$

的解 U 的性质, 并设 U 在 $\{x_n = 0\}$ 上满足边界条件

$$B(x', D_{x'})U = h. \tag{9.4.2}$$

并设在 (x_0, ξ'_0) 的邻域 ω 中, 矩阵 $a(x, \xi')$ 具有 N_0 个单实根 $\lambda_1, \cdots, \lambda_{N_0}$, m^+ 个具有正虚部的复根, m^- 个具有负虚部的复根 (当 $a(x, \xi')$ 为实矩阵时, $m^+ = m^-$). 与上节的讨论相仿, 需先将方程组 (9.4.1) 进行块对角化. 由于引理 9.3.1 对于具有复特征值的矩阵也是成立的, 所以按照引理 9.3.2 的做法可以得到如下引理:

引理 9.4.1　若 U 为方程组 (9.4.1) 的解, 一阶拟微分算子矩阵 $A(x, D_{x'})$ 的象征 $a(x, \xi')$ 的特征根的分布如上所述. 则存在拟微分算子矩阵 $S(x, D_{x'})$, 使 $W = SU$ 满足

$$D_{x_n}W = HW + RW, \tag{9.4.3}$$

其中

$$H = \begin{pmatrix} \sigma_1(x, D_{x'}) & & & & \\ & \ddots & & & \\ & & \sigma_{N_0}(x, D_{x'}) & & \\ & & & e^+(x, D_{x'}) & \\ & & & & e^-(x, D_{x'}) \end{pmatrix}.$$

$\sigma_j(x, D_{x'})$ 的主象征为 $\lambda_j(x, \xi')$, e^+ 与 e^- 具有一阶复象征, R 为 $-\infty$ 阶拟微分算子矩阵.

于是, 为了得到一般情形下的奇性反射的结果, 还需讨论椭圆型方程组的边值问题解的正则性.

定理 9.4.1　设 W^+ 满足

$$\begin{cases} D_{x_n}W^+ = E^+W^+ + F^+, \\ W^+(0) = h^+, \end{cases} \qquad (9.4.4)$$

其中 E^+ 的主象征 $e^+(x, \xi')$ 为 ξ' 的正齐一次函数, 且

$$\operatorname{Im}(\operatorname{spec}(e^+)) \geqslant c_0|\xi|, \quad c_0 > 0. \qquad (9.4.5)$$

又设 $(x_0', \xi_0') \notin WF(h^+)$, 并对于 $0 \leqslant s < \varepsilon$, 有 $(x_0', \xi_0') \notin WF(F^+|_{x_n=s})$, 则对 $0 \leqslant s < \varepsilon$, 也必有 $(x_0', \xi_0') \notin WF(W^+|_{x_n=\varepsilon})$ 成立.

证明 先设 $F^+ = 0$, 以下说明定理中的 W^+ 可以写成 Bh^+ 的形状, 这里 $B = b(x, D_{x'})$ 为零阶拟微分算子, 它的象征具有渐近展开式 $b \sim \sum_{j=0}^{-\infty} b_j$, 其中每个 b_j 为 j 阶齐次象征, 且 $\partial_{x_n}^k b_j$ 为 $j+k$ 阶齐次象征. 为决定这些 b_j, 将表达式 $W^+ = Bh$ 代入方程

$$D_{x_n}W^+ = e^+(x, D_{x'})W^+,$$

利用拟微分算子象征的运算法则, 可得

$$D_{x_n}b_0 - e_1^+ b_0 = 0,$$
$$D_{x_n}b_{-1} - e_1^+ b_{-1} = \sum_{|\alpha|=1} \partial_\xi^{(\alpha)} e_1^+ \cdot D_x^{(\alpha)} b_0 + e_0^+ b_0,$$
$$\cdots\cdots \qquad (9.4.6)$$

取这些象征在 $x_n = 0$ 的初值为 $b_0 = 1$, $b_j = 0$ ($j \leqslant -1$), 则所有的 b_j 都可由 (9.4.6) 决定, 例如

$$b_0 = \exp\left(i \int_0^{x_n} e_1^+ dx_n \right).$$

利用 (9.4.5) 式容易验证 $\partial_{x_n}^k b_0$ 为 k 阶象征. 同样可写出 b_j 的表达式, 且由此验证 $\partial_{x_n}^k b_j$ 为 $k+j$ 阶象征. 这说明前面将 W^+ 写成 $b(x, D_{x'})h^+$ 的做法是可行的. 于是, 利用定理 3.3.4 可得本定理的结论.

对于 $F^+ \neq 0$ 的情形, W^+ 可以表示为

$$W^+ = b(x, D_{x'})h^+ + \int_0^{x_n} \tilde{b}(x', D_{x'}, s)F^+(x', s)ds, \qquad (9.4.7)$$

其中 $\tilde{b}(x, D_{x'}, s)$ 为 Cauchy 问题

$$\begin{cases} D_{x_n} W^+ = e^+(x, D_{x'}) W^+, \\ W^+|_{x_n=s} = F^+(x', s) \end{cases} \tag{9.4.8}$$

的解算子. 它也是零阶拟微分算子, 且 C^∞ 地依赖于参数 x_n 和 s. 从而定理的结论当 $F^+ \neq 0$ 时仍成立. 定理证毕.　　　　　　　　　　■

注　将定理 9.4.1 中的 x_n 反向, 即可得到对另一类椭圆算子的结论. 对于问题

$$\begin{cases} D_{x_n} W^- = E^- W^- + F^-, \\ W^-(\varepsilon) = h^-, \end{cases} \tag{9.4.9}$$

其中 E^- 的主象征 e^- 为正齐一次象征, 且

$$\mathrm{Im}(\mathrm{spec}(e^-)) \leqslant c_1 |\xi|, \quad c_1 < 0, \tag{9.4.10}$$

又设 $(x_0', \xi_0') \notin WF(h^-)$, 且当 $0 < s \leqslant \varepsilon$ 时, 有 $(x_0', \xi_0') \notin WF(F^-|_{x_n=s})$, 则对 $0 < s \leqslant \varepsilon$, 有 $(x_0', \xi_0') \notin WF(W^-|_{x_n=s})$.

结合前面关于双曲情形与椭圆情形的讨论, 可以建立如下的定理:

定理 9.4.2　对于问题 (9.4.1) 和 (9.4.2), 若在点 (x_0', ξ_0') 的邻域 ω 内, 矩阵算子 A 的主象征 $a(x, \xi')$ 有 N_0 个单实特征根, m^+ 个具有正虚部的复根, m^- 个具有负虚部的复根. 记 $\gamma_j = (x_j(s); \xi_j(s))$ 为象征 $\xi_n - \lambda_j(x, \xi')$ 的通过 $(x_0', 0; \xi_0', \lambda_j(x_0', 0, \xi_0'))$ 的零次特征, S 为引理 9.4.1 中引入的算子矩阵, 它使方程组 (9.4.1) 几乎块对角化. 设在 $x_n = x_{n0}\ (0 < x_{n0} < \varepsilon)$ 处, $WF(U) \cap \gamma_j = \varnothing$ 对 $j = j_1, \cdots, j_{N_1}$ 成立. 又设 $(x_0', \xi_0') \notin WF(h)$, BS^{-1} 关于 $W_{i_1}, \cdots, W_{i_{N_0-N_1}}, W^+$ 为椭圆的, 其中

$$\{i_1, \cdots, i_{N_0-N_1}\} = \{1, \cdots, N_0\} \backslash \{j_1, \cdots, j_{N_1}\},$$

则 $WF(U) \cap \gamma_j = \varnothing$ 对一切 $j \leqslant N_0$ 成立.

证明　引入变换 $W = SU$ 将方程组 (9.4.1) 化为几乎块对角的形式. 限制在 $x_n = x_{n0}$ 上考察, 因为

$$WF(U|_{x_n=x_{n0}}) \bigcap \left(\bigcup_{s=1}^{N_1} \gamma_{j_s} \right) = \varnothing,$$

故也有

$$WF(W|_{x_n=x_{n0}}) \bigcap \left(\bigcup_{s=1}^{N_1} \gamma_{j_s} \right) = \varnothing.$$

以 $x_n = x_{n0}$ 为初始平面, 利用对双曲型方程组 Cauchy 问题的定理 9.3.2 可知

$$(x_0', \xi_0') \notin \bigcup_{s=1}^{N_1} WF(W_{j_s}|_{x_n=0}),$$

又利用定理 9.4.1 后面的注可得到

$$(x_0', \xi_0') \notin \bigcup_{s=1}^{N_1} WF(W^-|_{x_n=0}),$$

故在平面 $x_n = 0$ 上 W_{j_s} $(s = 1, \cdots, N_1)$ 以及 W^- 都是在 (x_0, ξ_0') 为微局部正则的. 再根据本定理的条件中 BS^{-1} 在平面 $x_n = 0$ 上的椭圆性假定, 有

$$(x_0', \xi_0') \notin WF(W^+|_{x_n=0}) \bigcup \left(\bigcup_{s=1}^{N_0-N_1} WF(W_{i_s}|_{x_n=0}) \right).$$

再考虑以 $x_n = 0$ 为初始平面的初值问题, 利用定理 9.3.2 与定理 9.4.1 可得到

$$\bigcup_{s=1}^{N_0-N_1} \gamma_{i_s} \bigcap WF(W) = \varnothing.$$

而由于算子 S 在 (x_0', ξ_0') 的邻域中为椭圆的, 即得到

$$\bigcup_{s=1}^{N_0-N_1} \gamma_{i_s} \bigcap WF(U) = \varnothing,$$

这就是所需证明的. 定理证毕. ∎

在考察偏微分方程解的奇性反射时, 如果载有奇性的次特征与区域的边界相切, 就会产生**奇性绕射**等现象. 此时, 为了了解奇性是否继

续沿次特征传播, 需要依据次特征与区域边界相切的情形作更细致的分类与逐类的分析.

下面仍以三维波动方程为例, 考察光线 (载有奇性的次特征) 在边界上的反射与折射.

例 1　在区域 $x > 0$ 中, 讨论波动方程

$$u_{tt} - c^2(u_{xx} + u_{yy} + u_{zz}) = 0, \tag{9.4.11}$$

满足边界条件 $u|_{x=0} = 0$ 的解的奇性在边界 $x = 0$ 附近的特性.

(9.4.11) 中波动算子的象征为 $\tau^2 - c^2(\xi^2 + \eta^2 + \zeta^2)$. 令 Λ 是以 $\lambda = (\tau^2 + \eta^2 + \zeta^2)^{1/2}$ 为象征的拟微分算子, $U = (\Lambda u, D_x u)$, 则方程 (9.4.11) 可化成一阶方程组

$$D_x U = A(D_t, D_y, D_z)U, \tag{9.4.12}$$

其中

$$A = \begin{pmatrix} 0 & \Lambda \\ \Lambda^{-1}(c^{-2}D_t^2 - D_y^2 - D_z^2) & 0 \end{pmatrix},$$

它的主象征为

$$a = \begin{pmatrix} 0 & \lambda \\ \lambda^{-1}(c^{-2}\tau^2 - \eta^2 - \zeta^2) & 0 \end{pmatrix}.$$

易见, 矩阵 a 的特征根为 $\pm(c^{-2}\tau^2 - \eta^2 - \zeta^2)^{1/2}$. 对于 $T^*(R_{tyz}^3)$ 上的点 $(t, y, z; \tau, \eta, \zeta)$ 有:

若 $\tau < c(\eta^2 + \zeta^2)^{1/2}$, 则对任意的 ξ, 象征 $\tau^2 - c^2(\xi^2 + \eta^2 + \zeta^2) \neq 0$, 故 u 在 (τ, ξ, η, ζ) 微局部正则, 从而对任意的 $s > 0$, $u|_{x=s}$ 微局部正则. 又由当 $\tau < c(\eta^2 + \zeta^2)^{1/2}$ 时 a 的特征根是虚数的事实, 也可知 $u|_{x=0}$ 在 (τ, η, ζ) 微局部正则.

若 $\tau > c(\eta^2 + \zeta^2)^{1/2}$, 则 a 有两个特征根 $\xi_\pm = \pm(c^{-2}\tau^2 - (\eta^2 + \zeta^2))^{1/2}$, 相应地可以作出两条次特征带 γ^+, γ^-. 若当 x 充分小时 $WF(u) \cap \gamma^+ = \varnothing$, 由定理 9.4.2 知 $WF(u) \cap \gamma^- = \varnothing$, 反之亦然. 总之, 若 u 在次特征带 $\gamma^\pm$ 之一上有奇性, 它必定会反射到另一条次特征带上.

将上述次特征带都投影到底空间上, 就得到光线在边界 $x = 0$ 上反射的特性. 事实上, 若入射线为

$$x = \xi_+ t, \quad y = \eta t + y_0, \quad z = \zeta t + z_0; \quad t < 0,$$

则反射线为

$$x = \xi_- t, \quad y = \eta t + y_0, \quad z = \zeta t + z_0; \quad t > 0.$$

平面 $x = 0$ 的法向为 $(1, 0, 0)$. 显然, 由于 $\xi_+ = -\xi_-$, 故向量 (ξ_+, η, ζ), $(1, 0, 0)$, (ξ_-, η, ζ) 在同一平面上, 且 $(\xi_\pm, \eta, \zeta)$ 与 $(1, 0, 0)$ 的夹角相等. 所以反射线位于入射线和法线所决定的平面内, 反射线和入射线分居于法线的两侧, 反射角等于入射角. 这正是光学中光线反射定律.

例 2 考察光线在不同介质的界面上的反射与折射.

设有两种不同的介质分别处于 $x = 0$ 的两侧, 光波在区域 $\pm x > 0$ 中的传播速度为 $c_\pm$. 则描写此波动过程的偏微分方程是

$$\begin{cases} u_{tt} - c_+^2 (u_{xx} + u_{yy} + u_{zz}) = 0, & x > 0, \\ u_{tt} - c_-^2 (u_{xx} + u_{yy} + u_{zz}) = 0, & x < 0. \end{cases} \tag{9.4.13}$$

在界面 $x = 0$ 上要求 u 及其一阶导数连续. 今如果当 $t < 0$, $x > 0$ 时, u 在 "+" 介质中某条通到原点的次特征线上有弱奇性. 问以后奇性将传往何处?

从 $t < 0$, $x > 0$ 区域中通到原点的次特征线的全体构成一个过原点的半个特征锥面 $c_+ t = -\sqrt{x^2 + y^2 + z^2}$ $(x > 0)$. 不妨设载有奇性的次特征线 l 在 (x, y, z) 空间中的投影为位于 xOy 平面上的直线 L, 它过原点且与 y 轴成 θ 角, 其方程为: $y = -x \tan\theta$, $z = 0$, 次特征线 l 在 (t, x, y, z) 空间中的方程为:

$$x = -\frac{c_+}{\sqrt{1 + \tan^2\theta}} t, \quad y = \frac{c_+ \tan\theta}{\sqrt{1 + \tan^2\theta}} t, \quad z = 0. \tag{9.4.14}$$

为解决这个问题, 将 $x < 0$ 的半空间区域折叠到 $x > 0$ 上, 即令

$$\begin{cases} \tilde{u}_1(t, x, y, z) = u(t, x, y, z), \\ \tilde{u}_2(t, x, y, z) = u(t, -x, y, z), \end{cases} \tag{9.4.15}$$

则 $\tilde{u}_1, \tilde{u}_2$ 满足在区域 $x > 0$ 中的方程组

$$\begin{cases} \tilde{u}_{1xx} = c_+^{-2}\tilde{u}_{1tt} + \tilde{u}_{1yy} + \tilde{u}_{1zz}; \\ \tilde{u}_{2xx} = c_-^{-2}\tilde{u}_{2tt} + \tilde{u}_{2yy} + \tilde{u}_{2zz}. \end{cases} \quad (9.4.16)$$

而界面 $x = 0$ 上的连接条件即化为边界 $x = 0$ 上的边界条件:

$$\tilde{u}_1(t, 0, y, z) = \tilde{u}_2(t, 0, y, z), \quad (9.4.17)$$

$$D_x\tilde{u}_1(t, 0, y, z) = -D_x\tilde{u}_2(t, 0, y, z). \quad (9.4.18)$$

仍以 Λ 记以 $\lambda = (\tau^2 + \eta^2 + \zeta^2)^{1/2}$ 为象征的拟微分算子, 记

$$U = {}^t(\Lambda\tilde{u}_1, D_x\tilde{u}_1, \Lambda\tilde{u}_2, D_x\tilde{u}_2),$$

则有

$$D_xU = A(D_t, D_y, D_z)U, \quad (9.4.19)$$

其中

$$A = \begin{pmatrix} 0 & \Lambda & 0 & 0 \\ E_+ & 0 & 0 & 0 \\ 0 & 0 & 0 & \Lambda \\ 0 & 0 & E_- & 0 \end{pmatrix},$$

$$E_\pm = \Lambda^{-1}(c_\pm^{-2}D_t^2 - D_y^2 - D_z^2),$$

矩阵算子 A 的象征 a 的特征值为 $\pm(c_\pm^{-2}\tau^2 - \eta^2 - \zeta^2)^{1/2}$.

以 U 为未知函数的边值问题的边界条件可以写成

$$BU = 0, \quad (9.4.20)$$

其中

$$B = \begin{pmatrix} 1 & 0 & -1 & 0 \\ 0 & 1 & 0 & 1 \end{pmatrix}.$$

现在应用定理 9.3.2 和 9.4.1. 首先, 经计算可作出将 (9.4.19) 化成对角型的算子矩阵 S^{-1}, S, 它们的象征分别为

$$\begin{pmatrix} \lambda & \lambda & 0 & 0 \\ (\lambda e_+)^{1/2} & -(\lambda e_+)^{1/2} & 0 & 0 \\ 0 & 0 & \lambda & \lambda \\ 0 & 0 & (\lambda e_-)^{1/2} & -(\lambda e_-)^{1/2} \end{pmatrix},$$

$$\begin{pmatrix} \frac{1}{2}\lambda^{-1} & \frac{1}{2}(\lambda e_+)^{-1/2} & 0 & 0 \\ \frac{1}{2}\lambda^{-1} & -\frac{1}{2}(\lambda e_+)^{-1/2} & 0 & 0 \\ 0 & 0 & \frac{1}{2}\lambda^{-1} & \frac{1}{2}(\lambda e_-)^{-1/2} \\ 0 & 0 & \frac{1}{2}\lambda^{-1} & -\frac{1}{2}(\lambda e_-)^{-1/2} \end{pmatrix},$$

其中 $e_{\pm} = \lambda^{-1}(c_{\pm}^{-2}\tau^2 - \eta^2 - \zeta^2)$. 于是 SAS^{-1} 的主象征为

$$\text{diag}\{e_+, -e_+, e_-, -e_-\}. \tag{9.4.21}$$

其次在 (9.4.19) 的次特征带上有下式成立:

$$\frac{dt}{ds} = \tau, \quad \frac{dx}{ds} = c_{\pm}^2\xi, \quad \frac{dy}{ds} = c_{\pm}^2\eta, \quad \frac{dz}{ds} = c_{\pm}^2\zeta,$$

其中 τ, ξ, η, ζ 均取常值, 满足 $\tau^2 - c^2(\xi^2 + \eta^2 + \zeta^2) = 0$. 由特征方程的齐次性, 以下不妨取 $\tau = 1$. 在前面所说的次特征线 l 上, 有

$$\xi = -\frac{c_+^{-1}}{\sqrt{1 + \tan^2\theta}}, \quad \eta = \frac{c_+^{-1}\tan\theta}{\sqrt{1 + \tan^2\theta}}, \quad \zeta = 0.$$

对于 $(\tau, \eta, \zeta) = \left(1, \dfrac{c_+^{-1}\tan\theta}{\sqrt{1 + \tan^2\theta}}, 0\right)$, 矩阵 a 的四个特征值为

$$\frac{\pm c_+^{-1}}{\sqrt{1 + \tan^2\theta}}, \quad \pm\left(c_-^{-2} - c_+^{-2}\frac{\tan^2\theta}{1 + \tan^2\theta}\right)^{1/2},$$

当 $c_+^2 > c_-^2\dfrac{\tan^2\theta}{1 + \tan^2\theta}$ 时, 这四个根都是实根. 此时相应的过原点的次特征线在 (x, y, z) 空间中的投影是

$$L_1 : y = x\tan\theta,$$

$$L_2 : y = -x\tan\theta,$$

$$L_3 : y = \frac{c_+^{-1} x \tan\theta}{\sqrt{c_-^{-2} + (c_-^{-2} - c_+^{-2})\tan^2\theta}},$$

$$L_4 : y = \frac{-c_+^{-1} x \tan\theta}{\sqrt{c_-^{-2} + (c_-^{-2} - c_+^{-2})\tan^2\theta}},$$

其中直线 L_2 就是入射线的方程.

现在取 $i_1 = 1, i_2 = 3$, 根据 B 与 S^{-1} 的表示式, 则有

$$BS^{-1} = \begin{pmatrix} \lambda & \lambda & -\lambda & -\lambda \\ \sqrt{\lambda e_+} & -\sqrt{\lambda e_+} & \sqrt{\lambda e_-} & -\sqrt{\lambda e_-} \end{pmatrix},$$

取其第一列与第三列, 所得的子矩阵为满秩阵, 故可以应用定理 9.3.2, 可知 W_1, W_3 所对应的 L_1, L_3 是由原点往 $y > 0$ 方向发出的直线. 若方程 (9.4.19) 的解在 L_1 和 L_3 上为正则的, 则根据定理 9.3.2 知, 其解必在 L_2 上为正则的, 因此, 反过来说, 当 U 在 L_2 上有奇性时, 它必定会传播到 L_1 与 L_3 上. 注意到在本例之初所作的折叠变换 (9.4.15), $u(t, x, y, z)$ 满足全空间中的原始方程 (9.4.13), L_1 为 L_2 的反射线, 而 L_3 的像为

$$L_3' : y = \frac{-c_+^{-1} \tan\theta}{\sqrt{c_-^{-2} + (c_-^{-2} - c_+^{-2})\tan^2\theta}}\, x,$$

它是 L_2 的折射线.

上面所得到的结果与光学中的折射定律是一致的, 即 L_1, L_2, L_3' 与平面 $x = 0$ 的法线在同一平面上, L_3' 与 L_2 分居于法线的两侧. 又记 L_3' 与 x 轴的夹角为 ψ, 则有

$$\frac{c_+^{-1} \tan\theta}{\sqrt{c_-^{-2} + (c_-^{-2} - c_+^{-2})\tan^2\theta}} = \tan\psi, \tag{9.4.22}$$

故

$$c_-^{-2} \cot^2\theta + c_-^{-2} - c_+^{-2} = c_+^{-2} \cot^2\psi,$$

从而可得

$$\frac{\sin\theta}{\sin\psi} = \frac{c_+}{c_-}. \tag{9.4.23}$$

这也正是折射定律的结论.

注 当 $c_-^{-2} < c_+^{-2} \dfrac{\tan^2 \theta}{1 + \tan^2 \theta}$ 时, 矩阵 a 的四个特征值中有两个是复数. 这时入射光线上的奇性只沿反射线传播, 而无折射光线出现. 这就是光学中的全反射现象.

后　记

　　拟微分算子理论的建立对整个数学理论特别是偏微分方程的发展产生了深刻的影响. 在本书应用篇中所介绍的内容都是将拟微分算子理论应用于偏微分方程研究后所涌现的重要进展. 然而这些只是冰山的一角. 作为补充我们在这里写一段后记将这个领域中的变革再做一个概括性的介绍.

1. 线性微局部分析

　　以拟微分算子为工具可以在底空间与其对偶空间的乘积空间中讨论广义函数的正则性与奇异性, 进而研究偏微分方程及其相应的解. 如果将底空间视为微分流形的一部分, 则上述讨论可以拓广到该微分流形的余切丛上, 从而进行更精细的分析. 这类精细的分析研究称为**微局部分析**. 它是 20 世纪 60 年代形成的一个新的数学分支. 由于最初这类研究集中于解决线性偏微分方程的若干基础性问题, 从而也称为**线性微局部分析**.

　　因为在拟微分算子的框架内算子的运算往往可以借助其象征的运算进行, 从而提供了算子变换更多的可能性, 故拟微分算子的出现也提出了偏微分方程新的分类方法. 例如, 按算子的特征集的性质可以分为椭圆算子、主型算子与重特征算子等. 在经典的偏微分算子分类中双曲型算子属于主型算子, 但主型算子可包括更多的算子. 利用拟微分算子, 人们对椭圆算子与主型算子的研究较成熟. 由于重特征算子的结构复杂, 相应的分类也未定型, 因此对于重特征算子的讨论还远不够完善.

可解性问题一直是微分方程理论最基本的问题. 对于偏微分方程来说更是如此. 由于常见的偏微分方程, 如实系数的一阶偏微分方程、椭圆型方程、双曲型方程等都有无限多个解, 通常都需要借助一些定解条件才能完全确定其解. 因此人们以往的印象是一个给定的偏微分方程总是有解的. 特别是局限在一点的邻域寻找一个给定方程不加其他条件的解应该不会有困难. 然而 1957 年 H. Lewy 构造了一个复系数的一阶偏微分方程

$$\frac{\partial u}{\partial x} + i\frac{\partial u}{\partial y} + 2i(x+iy)\frac{\partial u}{\partial t} = f.$$

他发现对于这样的方程, 可以找到 C^∞ 函数 f, 使得不存在函数 u 能在原点的邻域中满足此方程, 此后还发现, 即使将解的概念拓广到广义函数类, 仍然无解. 而且这样的函数 f 是非常多的. 故人们称这个方程不成立局部可解性. 此后人们又发现了更多的方程也不成立局部可解性, 从而提出了偏微分方程的局部可解性问题. 它是偏微分方程理论的一个基础性问题.

局部可解性 的严格定义如下. 考虑方程 $Pu = f$, 如果当 f 在 x_0 的某个邻域 ω 中为 C^∞ 的时, 则在 x_0 的另一个邻域 $\omega' \subset \omega$ 中必有解存在, 这时称算子 P 为局部可解的. 这里 P 可以是微分算子, 也可以是拟微分算子.

如果将算子 P 的象征记为 $p(x,\xi) = \mathrm{Re}\ p(x,\xi) + i\mathrm{Im}\ p(x,\xi)$, L. Nirenberg 与 F. Treves 给出了一个称为条件 (ψ) 的假设.

(ψ): 不存在 $C^\infty(T^*\omega \setminus 0)$ 中的正齐性复值函数 $q(x,\xi)$ 使得 $\mathrm{Im}(qp)(x,\xi)$ 的值沿着 $\mathrm{Re}(qp)(x,\xi)$ 的次特征 Γ 的正方向由负值变号为正值.

其中次特征的定义参见 (9.2.6). Nirenberg-Treves 证明了当 P 为主型算子时, 条件 (ψ) 是 $Pu = f$ 在一点附近为局部可解的必要条件. 他们

还猜测该条件是 $Pu = f$ 在一点附近为局部可解的充分条件, 并证明了当 P 为偏微分算子时, (ψ) 确实为局部可解的充分条件. 但当 P 为一般的拟微分算子时, 此猜测成为相当长时期内未解决的难题. 直到 21 世纪法国数学家 N. Lerner 和瑞典数学家 N. Dencker 才分别独立给出了 P 为主型算子情形下条件 (ψ) 充分性的证明.

关于非主型算子的可解性问题, 特别是某些具有物理意义的非主型算子的可解性问题仍是人们颇为关注的课题.

拟微分算子理论的发展也极大地丰富了关于解的正则性研究的内容. 在偏微分方程的情形最著名的正则性结论是椭圆型方程解的正则性. 即对于一般具有 C^∞ 系数的 m 阶线性椭圆型方程, 其解的正则性可以比右端函数高 m 阶. 由此即可知道当右端函数为 C^∞ 时, 解也是 C^∞ 的, 称之为**亚椭圆性**. 拟微分算子的出现将这个性质细化了, 导出了**微局部亚椭圆性**等概念, 而且有不少偏微分方程, 虽然不是椭圆的, 也有亚椭圆或微局部亚椭圆的性质. 再则, 还有些偏微分方程, 其解的正则性优于右端函数, 但正则性提高的阶数却低于方程的阶数, 这类方程称为**次椭圆方程**, 对相应的解有**次椭圆估计**. 总之, 正则性的研究已被提到了新的高度, 成为微局部分析中重要的研究方向.

与正则性研究相对应的就是解的奇性传播. 在本书第九章中已经对奇性传播与其在边界上的反射做了介绍. 但当载有偏微分方程解的奇性的次特征与边界相切时, 奇性如何继续传播就很不简单. 它不仅依赖于偏微分方程的类型与边界条件的给法, 也依赖于次特征与边界相切的方式. 即使是二阶双曲型方程的边值问题, 如果它的解在某个与边界相切的次特征上出现奇性, 则在次特征与边界相遇后奇性可能有一部分继续沿此次特征传播并称之为**奇性绕射**, 而另一部分沿边界扩散 (参见 [MS, Ta2] 等). 特别需要指出的是边界上奇性反射的特性往往与偏微分方程边值问题解的存在性密切相关; 在讨论波在无界区域中的扩散例如散射问题时, 奇性传播还与解在无穷远处的渐近性态相关联.

特定类型的拟微分算子还可以应用于研究偏微分方程解的解析性或其他特定意义 (如 Gevrey 类) 的正则性与相关的奇性传播 (参见

[CR]).

L. Hörmander 在其四卷本的名著 [Ho6] 中对于直至该书出版年代的线性偏微分算子理论做了十分详细的发扬与总结, 而可以说其每一部分的内容都与拟微分算子密不可分.

拟微分算子系统理论的建立导致另一个重大数学进展是 Atiyah-Singer 指标定理的建立 (见 [AS]). 如第六章中所述, 如果在一个微分流形上给定一个椭圆型算子组, 则可以按算子的定义域与值域来确定该算子的指标, 也称为解析指标. 另外, 利用流形与椭圆算子组的拓扑性质还可以定义它的拓扑指标[①]. M. F. Atiyah 与 I. M. Singer 证明了椭圆算子组的解析指标等于其拓扑指标. 这种建立数学两大分支学科——分析学与拓扑学之间联系的重要定理引起了学术界的极大重视与赞赏, 并由此开创了一个新的研究方向.

2. 非线性微局部分析

微局部分析在线性偏微分方程理论研究中的广泛应用促进了线性偏微分方程的蓬勃发展. 但由于大量的偏微分方程是非线性的, 因此人们一直希望将微局部分析理论应用于非线性方程的研究. 在 20 世纪 80 年代, J. M. Bony 首先使用微局部分析方法研究非线性方程解的奇异性, 建立了与拟微分算子类似的**仿微分算子** (paradifferential operator) 理论, 并成功地应用于一大类非线性偏微分方程.

在 [Bo1] 中 J. M. Bony 考察 m 阶非线性偏微分方程

$$F(x, u, \nabla u, \cdots, \nabla^m u) = 0,$$

其中 F 是其变元的 C^∞ 函数. 假设 $u \in H^s \left(s > s_0 = \dfrac{n}{2} + m + 1 \right)$ 是方程的一个解, 与非线性算子 F 相应的线性化算子为

$$\mathscr{L}_u \phi = \sum_{|\alpha| \leqslant m} \frac{\partial F}{\partial u_\alpha}(x, u(x), \cdots, \nabla^m u(x)) \partial^\alpha \phi,$$

其中 u_α 是将非线性函数 F 中的 $\partial^\alpha u$ 视为变元而引入的记号, 则 $\mathscr{L}_u$

[①]由于拓扑指标的定义又涉及另外一些数学概念, 故这里从略.

的主象征为

$$l(x, \xi) = \sum_{|\alpha|=m} \frac{\partial F}{\partial u_\alpha}(x, u(x), \cdots, \nabla^m u(x))\xi^\alpha.$$

它的系数是 C^{s-s_0+1} 正则的, 因此可以避免强间断这类奇异性的出现. J. M. Bony 利用他建立的仿微分算子研究了非线性偏微分方程 $F = 0$ 的亚椭圆性. 他证明了如果线性化算子 $\mathscr{L}_u$ 是椭圆的, 则其达到确定有限阶的正则解必为 C^∞ 的. 此外, 他还对于 $\mathscr{L}_u$ 非椭圆的情形证明了 $2s - s_0$ 阶正则性的传播定理.

　　Bony 的研究引发了一系列用微局部分析的观点研究非线性偏微分方程的后续工作. 例如在仿微分算子的基础上引入仿复合运算 (见 [Al1])、对于非线性退化椭圆型方程的研究以及非线性方程各向异性解的奇性传播, 或是将拟微分算子理论应用于一些特定非线性问题的研究等. 由于该类研究集中了一批新的课题, 并显示了微局部分析发展到一个新的层次, 故也被称为**非线性微局部分析**.

3. 在物理、力学中的应用

　　偏微分方程的研究一直与物理、力学紧密相连. 所以拟微分算子理论也在诸多物理、力学问题的研究中发挥了重要的作用. 以下就拟微分算子在流体力学方程组的研究中的作用给予介绍.

　　如所知, 流体力学方程组有很强的非线性性, 流体运动中各类非线性波的出现使得相关微分方程组求解的一些基本问题变得十分复杂. 例如, 高维可压缩流的欧拉方程组含间断解的存在性就是长期困扰人们的一个难题. 1983 年 A. Majda 应用具有有限正则性的拟微分算子理论研究此问题, 他指出了熟知的 Rankine-Hugoniot 激波条件具有某种椭圆特性, 并利用拟微分算子建立了具特定间断初始值解的稳定性所必须的先验估计, 进而证明了允许具有激波的局部解的存在性. 此后, S. Alinhac 将拟微分算子与 Nash-Moser 迭代相结合于 1989 年证明了允许具有高维中心波的局部解的存在性. 2008 年 J. F. Coulombel 与 P. Secchi 又证明了允许出现高维接触间断的局部解的存在性. 综合这些研究, 高维欧拉方程组含非线性奇性波的局部广义解存在性问题得到了完整的解决. 这是可压缩流体运动方程组研究的一个重大进展.

J. Y. Chemin 等从 20 世纪 90 年代开始利用微局部分析理论研究了不可压缩流体动力学方程组解的存在性与奇性. 近年来, 拟微分算子还被应用于三维不可压缩 Navier-Stokes 方程组整体正则解的存在性与否的研究, 成为获得解的精细估计的重要工具 (见 [CZ] 等).

拟微分算子理论进一步发展, 产生了 **Fourier 积分算子理论** (见 [Ho3, DH]). 从形式上看, 它将拟微分算子定义式中表达谐波振荡的指数函数更换为更一般的能表达高速振荡的位相函数 (见本书第五章 §4). 在讨论双曲型等发展型方程及其相应定解问题解的构造 (特别是解的整体构造) 时 Fourier 积分算子有重要的应用. Fourier 积分算子理论提供了拟微分算子在余切丛上的变换法则, 从而为一般拟微分算子的运算与应用提供了更广阔的空间.

我们在此特别指出, 建立拟微分算子与 Fourier 积分算子理论时常用到的渐近展开思想在 P. D. Lax 研究 "具振荡初始值的渐近解" 的论文 [La] 中已有详细的叙述. 它在量子力学等物理问题的研究中也常被用到. 在量子力学的 Schrödinger 方程中含有 Planck 常数 h 为小参数. 依据该小参数作渐近展开可以建立准经典近似理论, 其中的思想与处理问题的方法和振荡积分中参数趋于无穷时展开的考虑有许多相似之处 (如见 [Wa, Zh] 等), 有兴趣的读者可以参阅相关的文献.

索　引

---

[1] 数字表示该名词在文中出现的章节, H 表示后记.

参 考 文 献

[Ad]   Adams R. Sobolev spaces [M]. New York: Academic Press, 1975.

[Al1]   Alinhac S. Paracomposition et opérateurs paradifférentiels [J]. Comm.
         Partial Differential Equations **11**: 87-121, 1986.

[Al2]   Alinhac S. Existence d'ondes de rarefaction pour des systèmes quasi-
         linéaires hyperbolique multidimensionnels [J]. Comm. Partial Differential
         Equations **14**: 173-230, 1989.

[Al3]   Alinhac S. Explosion géométrique pour des systèmes quasi-linéaires [J].
         Amer. J. Math., **117**: 987-1017, 1995.

[AG]   Alinhac S, Gerard P. Opérateurs pseudo-différentials et théorème de
         Nash-Moser [J]. Editions EDP Sciences/ CNRS EDITIONS, Paris:
         France, 1991. (中译本, 姚一隽译, 北京: 高等教育出版社, 2009.)

[AS]   Atiyah M F, Singer I M. The index of elliptic operators. I, II [J]. Ann.
         of Math. **87**: 484-530, 546-604, 1968.

[Bo1]   Bony J M. Calcul symbolique et propagation des singularités pour les
         équations aux dérivées partielles non-linéares [J]. Ann. Scien. E.N.S., **14**:
         209-246, 1981.

[Bo2]   Bony J M. Second microlocalozation and propagation of singularities
         for semilinear hyperbolic equations [C]. Tanikachi Symp. Katata, 11-49,
         1984.

[BF1]   Beals R, Fefferman C. On local solvability of linear partial differential
         equations [J]. Ann. of Math. **97**: 482-298, 1973.

[BF2]   Beals R, Fefferman C. Spatailly inhomogeneous pseudodifferential oper-
         ators I, II [J]. Comm. Pure Appl. Math. **27**: 1-24, 161-205, 1974.

[BR1]   Beals M, Reed M. Propagation of singularities for hyperbolic pseudodifferential operators with non-smooth coefficients [J]. Comm. Pure Appl. Math. **35**: 169-184, 1982.

[BR2]   Beals M, Reed M. Microlocal regularity theorem for nonsmooth pseudodifferential operators and applications to nonlinear problems [J]. Trans. Amer. Math. Soc. **285**: 159-184, 1984.

[Ca]   Calderón A P. Uniqueness in the Cauchy problem for partial differential equations [J]. Amer. J. Math., **80**: 16-36, 1958.

[Ch1]   Chen S X. Pseudodifferential operators with finitely smooth symbols and their applications to quasilinear equations [J]. Nonlinear Analysis TMA, **6**: 1193-1206, 1982.

[Ch2]   Chen S X. Analysis of singularities for partial differential equations [M]. Singapore: Would Scientific, 2010.

[Ch3]   陈恕行. 现代偏微分方程导论. 2 版 [M]. 北京: 科学出版社, 2018.

[Che1] Chemin J-Y. Analyse microlocale et mécanique des fluides en dimension deux [C]// Proceedings of the International Congress of Mathematicians, Zurich, 1994, 1077-1085, Basel: Birkhauser, 1995: 1077-1085.

[Che2] Chemin J-Y. How ideas from microlocal analysis can be applied in 2-D fluid mechnics. Partial differential equations and mathematical physics [C]// Prog. Nonlinear Differential Equations Appl., **21**: 92-121, Boston: Birkhauser 1996.

[Chi]   Ching C H. Pseudodifferential operators with nonregular symbols [J]. Jour. Diff. Eqs., **11**: 436-447, 1972.

[Chq]   陈庆益. 一般线性偏微分方程 [M]. 北京: 高等教育出版社, 1987.

[CF]   Cordaba A, Fefferman C. Wave packet and Fourier integral operators [J]. Comm. Pure Appl. Math., **31**: 979-1005, 1978.

[CL]   Chen S X, Li D. General Riemann problem for Euler system [J]. Science China (Mathematics), **60**: 581-592, 2017.

[CM]   Coifman R, Meyer Y. Au delà des opérateus pseudodifferéntiels [J]. Astérisque, **87**: 1-185, 1978.

[CP]   Chazarian J, Piriou A. Introduction à la théorie des équations aux dérivées partielles linéaires [M]. Gauthier-Villars, 1981.

[CQL]   陈恕行, 仇庆久, 李成章. 仿微分算子引论 [M], 北京: 科学出版社, 1987.

[CR]   Chen H, Rodino L. General theory of PDE and Gevrey classes [M]// Pitman Research Notes in Mathematics Series, **349**: 6-81, Longman, 1996.

[CS] Coulombel J-F, Secchi P. Nonlinear compressible vortex sheets in two space dimensions [J]. Ann. Sci. Ec. Norm. Super., **41**: 85-139, 2008.

[CV] Calderón A P, Vaillancourt R. A class of bounded pseudodifferential operators [J]. Proc. Nat. Acad. Sci. U.S.A. **69**: 1185-1187, 1972.

[CZ] Chemin J-Y, Zhang P. On the critical one component regularity for 3-D Navier-Stokes system [J]. Ann. Sci. Ecole Norm Sup., **49**: 131-167, 2016.

[De] Denker N. The resolution of the Nirenberg-Treves conjecture [J]. Ann. of Math. **163**: 405-444, 2006.

[DH] Duistermaat J J. Hörmander L. Fourier integral operators II [J]. Acta Math. **128**: 183-270, 1972.

[Eg] Egorov Y E. Linear differential operators of principal type [M]. New York: Consultant Bureau, 1985.

[ES] Egorov Y V, Schulze B-W. Pseudo-differential operator singularities, applications [M]. Basel, Boston, Berlin: Birkhauser Verlag, 1997.

[Ho1] Hörmander L. Pseudo-differential operators [J]. Comm. Pure Appl. Math. **18**: 501-517, 1965.

[Ho2] Hörmander L. Hypoelliptic second order differential equations [J]. Acta Math., **119**: 147-171, 1967.

[Ho3] Hörmander L. Fourier integral operators I [J]. Acta Math. **127**: 79-183, 1971.

[Ho4] Hörmander L. On the existence and the regualritiy of solutions of linear pseudodifferential equations [J]. Ens. Math. **17**: 99-163, 1971.

[Ho5] Hörmander L. Spectral analysis of singularities [J]. Ann. of Math. Studies, Princeton Univ. Press, 3-50, Princeton Univ. Press, 1979.

[Ho6] Hörmander L. The analysis of linear partial differential operators I—IV [M], Springer-Verlag, 1985.

[Ho7] Hörmander L. Pseudo-differential operators of type 1, 1 [J]. Comm. PDEs **13**: 1085-1111, 1988.

[Kr] Kreiss H O. Initial boundary value problems for hyperbolic systems [J]. Comm. Pure Appl. Math. **23**: 227-298, 1970.

[KN] Kohn J J, Nirenberg L. An algebra of pseudodifferential operators [J]. Comm. Pure Appl. Math. **18**: 269-305, 1965.

[La] Lax P D. Asymptotic solutions of oscillatory initial value problems [J]. Duke Math. J. **24**: 627-646, 1957.

[Le] Lerner N. Solving pseudo-differential equations [C]. Proceedings of the International Congress of Mathematicians.

[Ma1]   Majda A. The stability of multidimensional shock fronts [J]. Mem. Amer. Math. **275**, 1983.

[Ma2]   Majda A. The existence of multidimensional shock fronts [J]. Mem. Amer. Math. **281**, 1983.

[Me]   Melrose R. Microlocal parametrices for diffractive boundary value problems [J]. Duke Math. J., **42**: 605-635, 1975.

[Mi]   苗长兴. 调和分析及其在偏微分方程中的应用. 2 版 [M]. 北京: 科学出版社, 2004.

[MN]   Muramatsu T, Nagase M. L^2-boundedness of pseudodifferential operators with non-regular symbols [J]. Canadian Math. Soc. Conf. Proc., **1**: 135-144, 1981.

[MS]   Melrose R, Sjöstrand J. Singularities of boundary value problems I [J]. Comm. Pure Appl. Math. **31**: 593-617, 1978.

[Ni]   Nirenberg L. Lectures on linear partial differential equations [M]. Regional Conference Series **17**, A.M.S., Providence, R.I. 1973.

[NT]   Nirenberg L, Treves F. On local solvability of linear partial differential equations, I. Necessary conditions, II. Sufficient conditions [J]. Comm. Pure Appl. Math. **23**: 1-38, 459-509, 1970.

[Qi]   齐民友. 线性偏微分算子引论 (上)[M]. 北京: 科学出版社, 1986.

[QCe]   仇庆久, 陈恕行, 是嘉鸿, 刘景麟, 蒋鲁敏. 傅里叶积分算子理论及其应用 [M]. 北京: 科学出版社, 1985.

[QX]   齐民友, 徐超江. 线性偏微分算子引论 (下)[M]. 北京: 科学出版社, 1992.

[QXW]   齐民友, 徐超江, 王维克. 现代偏微分方程引论 [M]. 武汉: 武汉大学出版社, 1994.

[Sh]   Shubin M. Pseudodifferential operators and spectral theory [M]. Berlin: Springer-Verlag, 1987.

[Sj]   Sjöstrand J. Singularitiés analytiques microlocales [J]. Astérisque, **95**, SMF, 1982.

[St]   Stein E M. Singular integrals and differentiability properties of functions [M]. Princeton: Princeton Univ. Press, 1970.

[Ta1]   Taylor M. Reflection of singularities of solutions to systems of differential equations [J]. Comm. Pure Appl. Math. **28**: 457-478, 1975.

[Ta2]   Taylor M. Propagation, reflection and diffraction of singularities of solutions to wave equations [J]. Bull. A.M.S. **84**: 589-611, 1978.

[Ta3]   Taylor M. Pseudodifferential operators [M]. Princeton: Princeton Univ. Press, N. J. 1981.

[Ta4] Taylor M. Pseudodifferential operators and nonlinear PDEs [M]. Progress in Math., **108**, Boston Basel Berlin, Birkhauser, 1991.

[Tr]   Treves F. Introduction to pseudodifferential and Fourier integral operators [M]. New York: London: Plenum Press, 1980.

[Tri] Triebel H. Interpolation theory, function spaces, differential operators [M]. Amsterdam, North-Holland Pub. Co., 1978.

[Wa]   Wang X P. Time decay of scattering solutions and resolvent for semiclassical Schrödinger operators [J]. Jour. Diff. Eqs. **71**: 348-395, 1988.

[Zh]   Zhang P. Wigner measure and semiclassical limit of nonlinear Schrödinger Equations [M]. CIMS-AMS Lecture Notes **17**, Courant Institute, 2008.